国家高校网络教育系列教材（土木工程专业）

砌体结构

高向玲　　主编

蔡惠菊　刘　威　编著

中国建筑工业出版社

图书在版编目（CIP）数据

砌体结构/高向玲主编. —北京：中国建筑工业出版社，2012. 11

国家高校网络教育系列教材（土木工程专业）

ISBN 978-7-112-14747-2

Ⅰ.①砌… Ⅱ.①高… Ⅲ.①砌体结构 Ⅳ.①TU36

中国版本图书馆 CIP 数据核字（2012）第 233738 号

本书根据最新的《砌体结构设计规范》GB 50003—2011 相关内容，结合砌体结构设计与构造的要求，突出工程应用，较系统地介绍了砌体材料及其基本力学性能，砌体结构的形式和结构整体的内力分析方法，砌体结构构件承载力计算，配筋砌体结构构件承载力计算，挑梁、过梁、墙梁和圈梁，砌体结构房屋抗震设计等。

本书可作为高等院校土建类专业与相近专业砌体结构课程的教材，也可作为建筑结构设计、施工、科研及工程技术人员的参考用书。

* * *

责任编辑：王 梅 杨 允

责任设计：李志立

责任校对：张 颖 赵 颖

国家高校网络教育系列教材（土木工程专业）

砌体结构

高向玲 主编

蔡惠菊 刘 威 编著

*

中国建筑工业出版社出版、发行（北京西郊百万庄）

各地新华书店、建筑书店经销

北京红光制版公司制版

北京建筑工业印刷厂印刷

*

开本：787×1092 毫米 1/16 印张：11¼ 字数：276 千字

2013 年 1 月第一版 2013 年 1 月第一次印刷

定价：**29.00** 元

ISBN 978-7-112-14747-2

（22815）

版权所有 翻印必究

如有印装质量问题，可寄本社退换

（邮政编码 100037）

前　言

本书是为高等学校土木工程专业所编写的教材，其中有关的内容均按国家标准《砌体结构设计规范》GB 50003—2011 等新规范编写。砌体结构是土木工程专业建筑工程方向的一门专业课程，对土木工程的其他方向亦有重要的选修价值。

砌体结构的发展有着悠久的历史，并且目前我国仍有大量的房屋采用砌体结构的形式，但是与其他结构形式相比，砌体结构的理论研究起步较晚，对有些受力形式的承载机理至今仍未完全清楚，在砌体结构设计中根据长期实践的经验进行。相对于理想化的力学模型和分析而言，凝聚了学者和工程师丰富经验的半经验半理论的分析公式和构造措施是砌体结构设计的必要保证。

砌体结构设计这门课程的特点是密切联系实际，内容实用，信息量大。读者学习本书应注重基本理论学习，同时应注重相关的经验和构造措施，两者相辅相成，互成一体。

本书的三位作者多年来从事地震工程、钢筋混凝土结构和砌体结构的研究、教学和工程实践，深感砌体结构是一门涉及多个学科、理论与实践并重的学科。

本教材由高向玲担任主编并编写第 1 章～第 6 章，第 7 章由蔡惠菊编写，第 8 章由刘威编写，研究生颜迎迎、马东华进行了部分编写工作，全书由高向玲统一修改定稿。

向本教材所参考的规范以及相关书籍的作者表示感谢。

本教材的出版受到同济大学网络与继续教育学院教材基金的资助，在此一并表示深深的谢意。

由于作者水平有限，书中难免有疏漏之处，欢迎读者批评指正。

联系邮箱：gaoxl@tongji. edu. cn

作　者

2012 年 8 月于同济大学

目　录

第1章　绪　　论

1.1　砌体结构的发展历史

砌体是指块体（包括黏土砖、空心砖、砌块、石材等）和砂浆通过砌筑而成的建筑材料。由砌体砌筑而成的墙、柱作为建筑物主要受力构件的结构体系就是砌体结构。

砌体结构有不同的分类标准：按结构中是否配有钢筋，砌体可分为无筋砌体和配筋砌体两种；按所用块体材料的种类不同可分为砖砌体、砌块砌体和石砌体等三类。

1.1.1　古代砌体结构的发展简史

砌体结构在我国有着悠久的历史，其中石砌体与砖砌体在我国更是源远流长，构成了我国独特文化体系的一部分。

考古资料表明，我国在原始社会末期就有大型石砌祭坛遗址，在辽宁西部的建平、凌源两县交界处还发现有女神庙遗址和数处积石冢群，以及一处类似于城堡或广场的石砌围墙遗址，这些遗址距今已有5000多年的历史。闻名于世的万里长城（图1-1）始建于公元前7世纪春秋时期，明代又对万里长城进行了工程浩大的修筑，使长城蜿蜒起伏总长约6300公里，其中部分城墙用精制的大块砖重修。在隋代由李春所建造的河北赵县安济桥，又称赵州桥（图1-2），距今已有约1400年，桥长50.82m，跨径37.02m，券高7.23m，两端宽9.6m，中间略窄，宽9m，外形十分美观，是世界上最早建造的单孔圆弧石拱桥。

图1-1　万里长城

图1-2　赵县安济桥

我国生产和使用烧结砖的历史有3000年以上。西周时期（公元前1134～前771年）已有烧制的黏土瓦，并出现了我国最早的铺地砖。战国时期出现了精制的大型空心砖。西汉时期（公元前206～公元8年）出现了空斗砌筑的墙壁，以及用长砖砌成的角拱券顶、砖穹隆顶等。北魏时期（公元 386～534 年）出现了完全用砖砌成的塔，如河南登封的嵩岳寺塔、开封的“铁塔”（用异型琉璃砖砌成，呈褐色，俗称“铁塔”，见图 1-3）。公元 1368～1398 年在南京灵谷寺（图 1-4）和苏州开元寺中所建的无梁殿，都是古代应用砖砌筑穹拱结构的例子。

图 1-3　开封铁塔

图 1-4　南京灵谷寺

世界上许多文明古国应用砌体结构的历史也很久远。约公元前 3000 年在埃及建成的三座大金字塔（图 1-5），公元 70～82 年建成的罗马大斗兽场（图 1-6），希腊的雅典卫城和一些公共建筑（运动场、竞技场等），以及罗马的大引水渠、桥梁、神庙和教堂等，至今仍是备受推崇和瞻仰的宝贵遗产。

图 1-5　埃及金字塔

图 1-6　罗马斗兽场

中世纪在欧洲用砖砌筑的拱、券、穹窿和圆顶等结构也得到很大发展。如公元 532～537 年建于君士坦丁堡的圣索菲亚教堂（图 1-7），东西向长 77m，南北向长 71.7m，正中是直径 32.6m、高 15m 的穹顶，全部用砖砌成。法国著名的中世纪哥特式大教堂-巴黎圣母院（图 1-8），1163 年奠基动工，1245 年基本完工。以后 100 年中陆续装修，1345 年正式完工，圣母院整个建筑为石砌，中央尖塔高 90m，正面为立方形，分上、中、下 3 层。

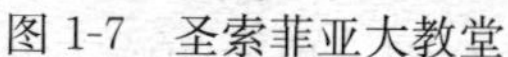
图1-7 圣索菲亚大教堂

图1-8 巴黎圣母院

1.1.2 国外近代砌体结构的应用与发展

在国外，前苏联是最早建立较完整的砌体结构理论和设计方法的国家，1939年颁布了《砖石结构设计标准及技术规范》OCT-90038-39。20世纪50年代在对砌体结构进行了一系列试验和研究的基础上，提出了极限状态设计方法。原东欧一些国家如捷克、波兰等国也采用这一方法。自1958年在瑞士苏黎世采用抗压强度为58.8MPa、空心率为28%的空心砖建成一幢19层塔式住宅（墙厚380mm)，随后又建成一幢24层塔式住宅以来，欧、美及世界上许多国家加强了对砌体结构的研究。

20世纪50年代以来，国外研究、生产出了许多性能好、质量高的砌体材料，推动了砌体结构的迅速发展。在意大利，5层及5层以下的居住建筑中有55%是采用砖墙承重，砖的抗压强度一般可达30～60MPa，空心砖产量占砖总产量的80%～90%，空心率有的高达60%。瑞士、保加利亚则几乎全部采用空心砖；英国多孔砖的抗压强度为35～70MPa，抗压强度最高的达到140MPa；美国商品砖的抗压强度为17.1～140MPa，最高的达230MPa。目前欧、美及澳大利亚等国砖的抗压强度一般均可达到30～69MPa，且能生产强度高于100MPa的砖；空心砖的重度一般为13kN/m^3，轻的则达6kN/m^3。国外采用的砌筑砂浆强度也较高，美国材料和试验标准协会ASTM CO270规定的M、S和N三类水泥石灰混合砂浆的抗压强度分别为25.5MPa、20MPa和13.8MPa；德国采用的水泥石灰混合砂浆抗压强度为13.7～41MPa；同时还研制出高粘结强度砂浆。由于砖和砂浆材料性能的改善，砌体的抗压强度也大大提高，在西欧以及美国等，20世纪70年代砖砌体的抗压强度已达20MPa以上，接近甚至超过了普通混凝土的强度。国外砌块的发展也相当迅速，一些国家在20世纪70年代砌块的产量就接近普通砖的产量。

近年来，许多国家在预制砖墙板和配筋砌体的研究和应用方面取得了较大进展，为砌体结构在高层建筑中的应用开辟了新的途径。20世纪60年代，前苏联采用预制砖墙板的房屋面积已超过400万m^2；丹麦生产了11种类型的振动砖墙板，年产量达350万m^2；美国的预制装配折线形砖墙板和加拿大的预制槽形及半圆筒拱形墙板均已在工程中应用。

为了适应中高层建筑（8～20层）的需要，配筋砌块剪力墙结构体系应运而生，与钢筋混凝土框架剪力墙结构体系相比，采用配筋砌块剪力墙可缩短建筑工期约20%，降低工程总造价10%以上。配筋砌块剪力墙既可采用墙体全部落地的方式，又可采用底层框架的方式，有很强的适应性。美国是配筋砌块建筑应用最广泛的国家，从20世纪60年代至今已建立了完善的配筋砌体结构系列标准，1990年5月在内华达州拉斯维加斯（7度区）建成了4幢28层配筋砌块旅馆。新西兰等国也采用配筋砌体在地震区建造高层房屋。英国在制定配筋和预应力砌体规范方面处于领先地位，1967年建成一座竖向和环向施加预应力内径为12m的砖砌水池。近年来还将预应力砌体结构用于单层厂房和大型仓库，取得了很好的效果。目前国际上在砌体结构方面的交流与合作日益频繁，进一步推动了砌体结构的发展。

1.1.3 我国近代砌体结构的发展及应用

近半个世纪以来，砌体结构在我国得到了空前的发展。1952年全国统一了黏土砖的规格，使之标准化、模数化。在砌筑施工方面，创造了多种合理、快速的施工方法，既能加快工程进度，又可保证砌筑质量。

20世纪80年代以来，轻质、高强块材新品种的产量逐年增长，应用更趋普遍。从过去单一的烧结普通砖发展到采用承重黏土多孔砖和空心砖、混凝土空心砌块、轻骨料混凝土或加气混凝土砌块、非烧结硅酸盐砖、粉煤灰砌块、灰砂砖以及其他工业废渣、煤矸石等制成的无熟料水泥煤渣混凝土砌块等。同时，还发展了高强度砂浆，制定了各种块体和砂浆的强度等级，形成系列化，以便应用。

随着砌体结构的广泛应用，新型结构形式也有较快的发展，从过去单一的墙砌体承重结构发展为大型墙板、底层框架结构、内浇外砌、挂板等结构形式。20世纪50～60年代曾修建过一大批砖拱楼盖和屋盖，有双曲扁球形砖壳屋盖、双曲砖扁壳楼盖。

在应用新技术方面，我国曾采用过振动砖墙板技术、预应力空心砖楼板技术以及配筋砌体等。配筋砌体结构的试验和研究在我国虽然起步较晚，但进展还是显著的。20世纪60年代开始在一些房屋的部分砖砌体承重墙、柱中采用网状配筋以提高墙、柱的承载力，同时节约了材料。

20世纪70年代，在经历了1975年海城地震和1976年唐山大地震之后，我国对砌体结构继续进行了较大规模的试验与研究，对采用竖向配筋的墙、柱以及带有钢筋混凝土构造柱的砖混结构的研究和实践均取得了相当丰富的成果。在砌体结构的设计方法、房屋空间工作性能、墙梁共同工作、砌块砌体的性能与设计等方面都进行了系统的研究，对于配筋砌体、构造柱对砌体房屋的抗震性能的影响等方面取得了新的进展，并于1988年颁布了《砌体结构设计规范》GBJ 3—88。此外，我国砌体结构抗震的理论与试验研究也取得显著的成绩，在地震作用、抗震设计、变形验算、抗震鉴定与加固等方面都已取得了丰硕的成果，制定了《设置钢筋混凝土构造柱多层砖房抗震技术规程》JGJ/T 13—94。并于2001年颁布了修订的《砌体结构设计规范》GB 50003—2001。一系列计算理论和设计方法的建立以及设计与施工规范的制定，使我国的砌体结构理论和设计方法更趋于完善。针对我国汶川、玉树地震中砌体结构的震害，进行了必要的试验研究及在借鉴了砌体结构领域科研成果的基础上，增补了节能减排、墙体革新的环境下涌现出来的部分新型墙体材料，完善了砌体结构的耐久性和构造要求、配筋砌块砌体构件及砌体结构构件抗震设计等有关内容，于2011年颁布了现行《砌体结构设计规范》GB 50003—2011，显示了我国现阶段砌体结构发展的综合水平。

我国与国际标准组织（International Organization for Standardization，简称ISO）已建立起工作关系。国际标准化组织砌体结构技术委员会（ISO/TC179）于1981年成立，下设无筋砌体（SC1）、配筋砌体（SC2）和试验方法（SC3）三个分技术委员会。我国为该技术委员会中配筋砌体分技术委员会（ISO/TC179/SC2）的秘书国，并出任该分技术委员会的常任主席，使我国在该学科上与国际的交流和合作日益增多，对推动我国砌体结构的发展有着重大的意义。

1.2 砌体结构的特点

1.2.1 砌体结构的优缺点

砌体结构之所以在国内外获得广泛的应用，是与这种建筑材料所具有的优点密不可分的。

砌体结构的主要优点是：①容易就地取材。砖主要用黏土烧制；石材的原料是天然石；砌块可以用工业废料—矿渣制作，来源方便，价格低廉。②砖、石或砌块砌体具有良好的耐火性和较好的耐久性。③砌体砌筑时，不需要模板和特殊的施工设备。在寒冷地区，冬季可用冻结法砌筑，不需特殊的保温措施。④砖墙和砌块墙体具有良好的隔声、隔热和保温性能。所以砌体既是较好的承重结构，也是较好的围护结构。

但是和其他建筑材料相比，砌体结构也有一些不足之处，其主要的缺点体现在：①与钢和混凝土相比，砌体的强度较低，因而构件的截面尺寸较大，材料用量多，自重大。②砌体的砌筑基本上是手工方式，施工劳动量大。③砌体的抗拉强度和抗剪强度都很低，因而抗震性能较差，在使用上受到一定限制；砖、石块材本身的抗压强度也不能充分发挥。④黏土砖需用黏土制造，在某些地区，过多占用农田，影响农业生产。

1.2.2 砌体结构的应用范围

人类自巢居、穴居进化到室居以来，最早发现的建筑材料就是块材。如石块、土块等，人类利用这些原始材料垒筑洞穴和房屋，并在此基础上逐步从土坯发展为烧制砖瓦，从乱石块加工成块石等。因此砌体材料既是一种最原始又是应用最广泛的传统建筑材料。

砌体结构抗压承载力较高，因此，它最适用于作受压构件，如混合结构房屋中的竖向承重构件墙和柱。目前，5层以内的办公楼、教学楼、试验楼，7层以内的住宅、旅馆采用砌体作为竖向承重结构已非常普遍。在中小型工业厂房和农村居住建筑中，也可用砌体作围护或承重结构。时至今日，全国城乡以砌体材料为主要建筑材料，用以建造的各类房屋仍占80%以上。砌体结构不但大量应用于房屋结构，而且也可用在工业建筑中的一些特殊结构，如小型管道支架、料仓、高度在60m以内的烟囱、小型水池等；在交通土建方面，如拱桥、隧道、地下渠道、涵洞、挡土墙等；在水利建设方面，如小型水坝、水闸、堰和渡槽支架等，也常用砌体结构建造。

砌体结构抗弯、抗拉性能较差，一般不宜作为受拉或受弯构件。当弯矩、剪力或拉力较小时，仍可酌情采用，如跨度较小（1.5m以内）的门窗过梁可采用砌体结构。如采用配筋砌体或与钢筋混凝土形成组合构件（例如墙梁），则承载力较高，可跨越较大的空间。

在地震设防区建造砌体结构房屋，除进行抗震计算、保证施工质量外，还应采取一定的抗震构造措施，如设置钢筋混凝土构造柱和圈梁等可有效地提高砌体结构房屋的抗震性能。

1.3 砌体结构的发展趋势

随着社会的发展和科学技术的进步，砌体结构也需不断改善才能适应社会的需求。砌体结构的发展方向如下：

1. 使砌体结构适应可持续发展的要求

传统的小块黏土砖以其耗能大、毁田多、运输量大的缺点越来越不适应可持续发展和环境保护的要求。对其进行革新势在必行，这方面的发展趋势是充分利用工业废料和地方性材料，例如用粉煤灰、煤渣、矿渣、炉渣等废料制砖或板材，可变废为宝。用湖泥、河泥或海泥制砖，则可疏通淤积的水道。

2. 发展高强、轻质、高性能的材料

发展高强、轻质的空心块体，不仅能使墙体自重减轻，生产效率提高，而且可提高墙体的保温隔热性能，且受力更加合理，抗震性能也可得到提高。这方面已有很大进展。目前轻骨料混凝土砌块以及火山渣、浮石和陶粒混凝土砌块应用已经逐步普遍。

发展工作性能好、粘结强度较高的砂浆能有效地提高砌体的强度和抗震性能。

3. 采用新技术、新的结构体系和新的设计理论

组合砖墙、配筋砌体有良好的抗震性能，在国外已获得较广泛的应用，可用于建造高达20层的房屋，成为很有竞争力的结构形式。我国近年来已注意配筋砌体的应用，并已建造了一些配筋砌体高层建筑，如上海龙吴路18层的配筋砌块砌体住宅等。

采用工业化生产、机械化施工的板材和大型砌块等可减轻劳动强度、加快工程建设速度。另外对墙体施加预应力可有效改善墙体的受力性能，也是一种有效的方法。

相对其他结构形式而言，砌体结构的设计理论发展得较晚，还有不少问题有待进一步研究。需要更加深入地研究砌体结构的结构布置、受力性能和破坏机理，研究房屋整体受力的机理，研究和推广应用配筋砌体，研究有优良抗震性能的砌体结构，使砌体结构这种古老而有生命力的结构形式更好地造福于人民。

思 考 题

[1-1] 砌体结构的优缺点各是什么？

[1-2] 砌体结构的主要力学特征是什么？

[1-3] 砌体结构的发展趋势有何特性？

[1-4] 《砌体结构设计规范》采取哪些措施不断完善砌体结构的抗震性能？

第2章　砌体结构设计方法的发展历史

砌体结构是历史悠久的结构形式，其最初的建造都是基于实践经验的。砌体结构设计方法的发展历史是和人们对于材料力学性能的认识密切相关的，同时也是伴随着力学的发展和可靠度计算方法的改进而发展的。其设计方法的历史沿革主要经历了这样几个阶段：容许应力设计法、破坏阶段设计法、极限状态设计法。

为了更好地了解设计方法，首先简单介绍一些概率统计的基本知识。

2.1　概率极限状态设计法的基本概念

2.1.1　确定分项系数的理论基础

1. 设计基准期和设计使用年限

设计基准期是为确定可变作用及与时间有关的材料性质等取值而选用的时间参数。现行《建筑结构荷载规范》GB 50009 采用的设计基准期是 50 年。

设计使用年限为设计规定的结构或构件不需进行大修即可按其预定目的使用的时期。

2. 结构的功能要求、可靠性与可靠度

砌体结构同其他结构一样，在规定的设计使用年限内应满足一定的功能要求，这些功能要求概括起来有三个方面：

安全性：在正常施工和正常使用的条件下，结构需能承受可能出现的各种作用，在偶然事件（如地震、火灾等）发生时及发生后，结构仍能保持整体稳定，不发生倒塌。

适用性：结构在正常使用期间应具有良好的工作性能。

耐久性：结构在正常维护下应有足够的耐久性。

结构的可靠性是结构的安全性、适用性和耐久性的总称，即结构在规定的时间内、规定的条件下完成预定功能的能力，结构的可靠度是结构可靠性的概率度量，即：结构在规定的时间内、规定的条件下，完成预定功能的概率。

3. 极限状态

整个结构或结构的一部分超过某一特定状态就不能满足设计规定的某一功能要求，此特定的状态称为功能的极限状态。

《建筑结构可靠度设计统一标准》GB 50068 将结构的极限状态分为两类：承载能力极限状态和正常使用极限状态。前者是指结构或结构构件达到最大承载力或不适合继续承载的变形。后者是指结构或结构构件达到正常使用或耐久性能的限值。

4. 极限状态方程

结构的极限状态方程可描述为：

$$Z = g(x_1, x_2, x_3, \cdots, x_n) = 0 \tag{2-1}$$

式中　　$g(\cdot)$ ——结构的功能函数；

$x_i (i = 1,2,3,\cdots,n)$ ——基本变量，包括结构上的各种作用和材料性能、几何参数等，基本变量按随机变量考虑。

结构按极限状态设计时，应符合下列要求：

$$Z = g(x_1, x_2, x_3, \cdots, x_n) \geqslant 0 \tag{2-2}$$

当 $Z>0$ 时，表示结构处于可靠状态；当 $Z=0$ 时，表示结构处于极限状态；当 $Z<0$ 时，表示结构处于失效状态。

当仅有荷载效应和结构抗力两个基本变量时，结构的极限状态方程（2-2）可表示为：

$$Z = g(R, S) = R - S \geqslant 0 \tag{2-3}$$

由于结构抗力 R 和作用效应 S 都是随机变量，所以结构的功能函数 Z 也是一个随机变量。

把 $Z>0$ 这一事件出现的概率称为可靠概率（保证率）。

假定 R 和 S 是相对独立的，且均服从正态分布，它们的均值分别为 μ_R 和 μ_s，标准差分别为 σ_R 和 σ_s，则结构的功能函数 Z 也服从正态分布。Z 的平均值和标准差分别为：

$$\mu_z = \mu_R - \mu_S \tag{2-4}$$

$$\sigma_z = \sqrt{\sigma_R^2 + \sigma_S^2} \tag{2-5}$$

结构功能函数的概率分布曲线如图 2-1 所示，横坐标表示结构功能函数 Z，纵坐标表示结构功能函数的频率密度 $f(Z)$。纵坐标以左 $Z<0$，因此图 2-1 中阴影面积表示结构的失效概率 p_f，而纵坐标以右 $Z>0$，因此纵坐标以右曲线与坐标轴围成的面积表示结构的可靠概率 p_0。因此，既可以用结构的可靠概率 p_0 来度量结构的可靠性，也可以用结构的失效概率 p_f 来度量结构的可靠性，结构的失效概率 p_f 的计算表达式为：

$$p_f = \int_{-\infty}^{0} f(Z)\mathrm{d}Z = P(Z < 0) \tag{2-6}$$

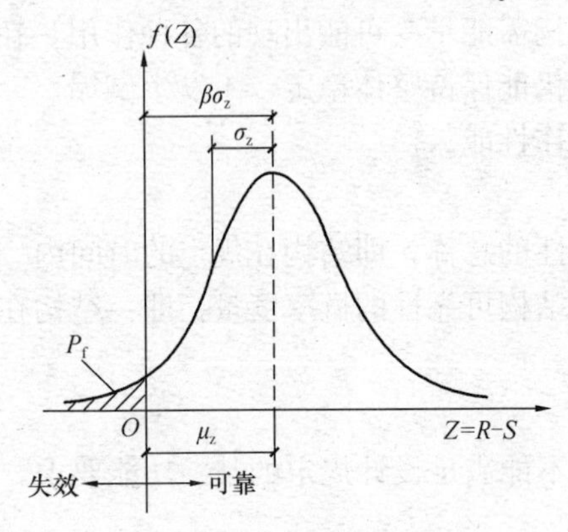

图 2-1　结构功能函数的概率分布曲线（一）

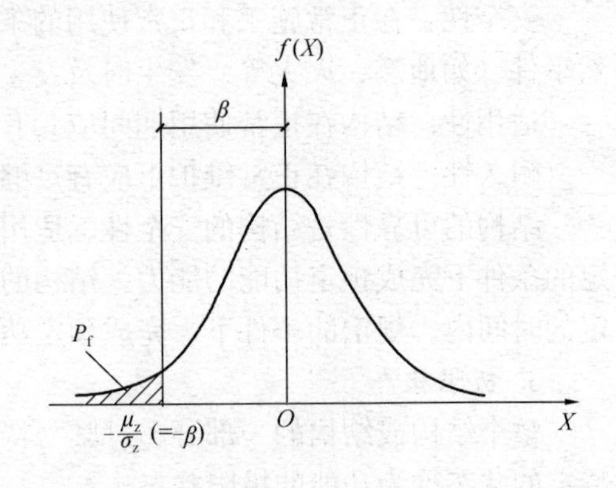

图 2-2　结构功能函数的概率分布曲线（二）

5. 可靠指标

由于影响结构可靠性的因素十分复杂，目前从理论上计算概率是困难的，因此《建筑结构可靠度设计统一标准》GB 50068 中规定采用近似概率法。并规定采用平均值 μ_Z、标

准差 σ_Z 及可靠指标 β 代替失效概率来近似地度量结构的可靠度，这三者之间的关系可用公式（2-7）表示为：

$$\beta=\frac{\mu_z}{\sigma_z}=\frac{\mu_R-\mu_S}{\sqrt{\sigma_R^2+\sigma_S^2}} \tag{2-7}$$

公式（2-6）采用标准化正态分布可表示为：

$$\begin{aligned}p_f&=P(Z<0)=P\left(\frac{z-\mu_z}{\sigma_z}<\frac{\mu_z}{\sigma_z}\right)\\&=\frac{1}{\sqrt{2\pi}}\int_{-\infty}^{-\frac{\sigma_z}{\mu_z}}\exp\left(-\frac{x^2}{2}\right)dx=\Phi\left(-\frac{\mu_z}{\sigma_z}\right)=\Phi(-\beta)=1-\Phi(\beta)\end{aligned} \tag{2-8}$$

从图 2-2 可见，β 值愈大，失效概率 p_f 的值愈小；反之，β 值愈小，失效概率 p_f 的值就愈大。

从公式（2-8）可知失效概率 p_f 是和可靠指标 β 一一对应的，其对应关系如表 2-1 所示。

可靠指标 β 与失效概率 p_f 之间的对应关系　　**表 2-1**

安全等级	延性破坏		脆性破坏	
	$[\beta]$	p_f	$[\beta]$	p_f
一级	3.7	1.1×10^{-4}	4.2	1.3×10^{-5}
二级	3.2	6.9×10^{-4}	3.7	1.1×10^{-4}
三级	2.7	3.5×10^{-3}	3.2	6.9×10^{-4}

砌体结构属脆性结构，故一般砌体结构构件承载力极限状态的目标可靠指标为 3.7。

为使设计人员正确选择合适的可靠指标进行设计，《建筑结构可靠度设计统一标准》GB 50068 根据结构破坏可能产生的后果的严重性（危及生命安全、造成经济损失、产生社会影响等），将建筑结构划分为三个安全等级，如表 2-2 所示。

建筑结构安全等级的划分　　**表 2-2**

安全等级	破坏后果	建筑物类型	安全等级	破坏后果	建筑物类型
一级	很严重	重要的房屋	三级	不严重	次要的房屋
二级	严重	一般的房屋			

注：对于特殊的建筑物，其安全等级可根据具体情况另行确定。对地震区的砌体结构设计，应按国家现行《建筑工程抗震设防分类标准》GB 50223—2008，根据建筑物重要性区分建筑物类别。

2.1.2　材料性能分项系数和组合系数的确定

砌体结构设计在理论上应根据失效概率或可靠指标来度量结构的可靠性。但在实际应用时计算过程较复杂，而且需要掌握足够的实测数据，包括各种影响因素的统计特征值。就目前来讲，有许多影响因素的不定性还不能用统计方法确定，所以此方法还不能普遍用于实际设计工作中。《砌体结构设计规范》GB 50003—2011（以下简称《规范》）只是以可靠度理论作为设计的理论基础，实际设计时，引入荷载分项系数、材料分项系数和结构重要性系数等，并且找出可靠指标与分项系数的对应关系，从而以分项系数代替可靠指标，使结构设计方法在形式上与传统的力法相似，而且也是按极限状态方法进行设计的。砌体结构应按承载能力极限状态设计，并满足正常使用极限状态的要求。

《规范》在确定荷载和材料强度的标准值时，已经考虑了荷载的不确定性和材料强度的离散性分别如图 2-3 和图 2-4 所示。所确定的荷载标准值相当于设计基准期内最大作用概率分布的某一分位值。所确定的材料强度标准值是指符合规定质量的材料性能概率分布的某一分位值。

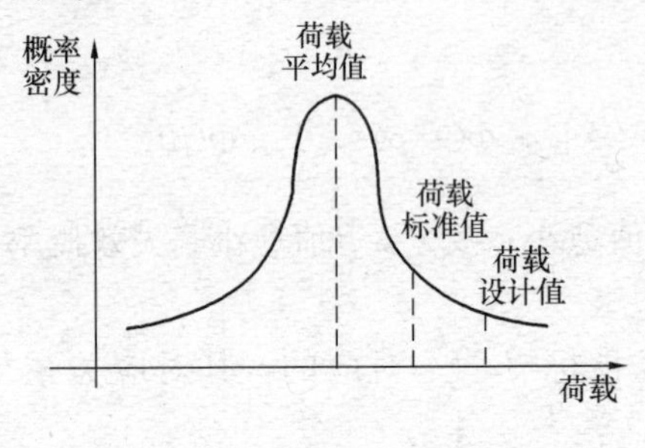

图 2-3 荷载标准值的取值

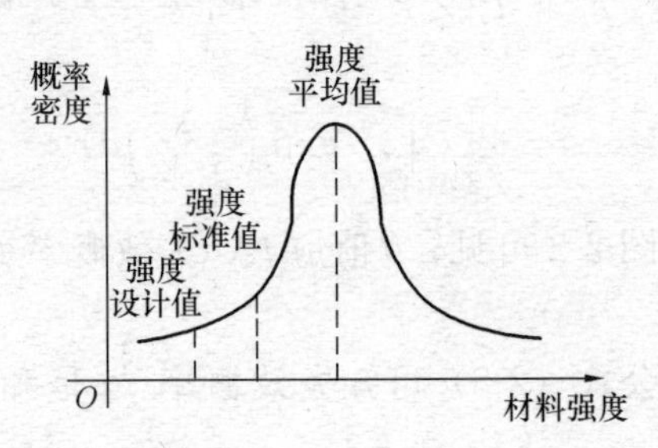

图 2-4 材料强度标准值的取值

虽然采用荷载和材料强度的标准值进行结构承载力极限状态的设计，已具有一定的保证率，但还需要考虑分项系数以确保结构的安全。

为确定分项系数，对于已知统计特性的荷载和材料强度，以及任何一组分项系数，可以计算出以该分项系数的设计公式所反映的可靠度和表 2-1 所示的结构构件承载力极限状态的目标可靠指标的接近度。其中，最接近的一组分项系数就是所要求的规范设计公式中的分项系数。

对多种荷载的统计调查表明，永久荷载的变异性较小，可变荷载的变异性往往较大。根据荷载的统计特性，由目标可靠指标优选的永久荷载的分项系数为 1.2。当永久荷载的效应与可变荷载的效应相比很大时，若仍采用 1.2，则结构的可靠度远不能达到目标值的要求，因此此时永久荷载的分项系数取为 1.35。当永久荷载产生的效应对结构有利时，比如在验算结构整体稳定性或结构的抗滑移验算时，若此时起有利作用的永久荷载的分项系数取值大于 1，则荷载效应会相应地减小，故此时 γ_G 宜取小于 1 的系数。

可变荷载的分项系数 γ_Q 一般取为 1.4，但对标准值大于 4kN/m^2 的楼面活荷载，其变异系数一般较小，此时，从经济上考虑，取 γ_Q 为 1.3。

荷载设计值可通过荷载标准值乘以分项系数得到。

结构在其使用期内，可能承受一种或多种活荷载的同时作用，但各种活荷载同时达到最大值的概率很小。因此，在极限状态设计表达式中，当有两个或两个以上活荷载参与工作时，应考虑荷载组合系数。一般情况下，组合系数取 0.7；对书库、档案馆、储藏室或通风机房、电梯房等，考虑到楼面活荷载经常作用在楼面上且数值较大，取组合系数为 0.9。

2.1.3 材料性能分项系数的确定

材料强度是影响结构抗力的重要因素，材料强度的标准值 f_k 和平均值 f_m 之间的关系按下式确定：

$$f_k = f_m - 1.645\sigma_f = f_m(1-1.645\delta_f) \tag{2-9}$$

式中 δ_f 为材料强度的变异系数。对于砌体材料其 δ_f 的取值见表 2-3。

各类砌体强度标准值与平均值的关系以及砌体强度的变异系数　　表 2-3

砌体种类	受力性能	f_k	δ_f
毛石砌体	受压	$0.60f_m$	0.24
	受拉、受弯、受剪	$0.57f_m$	0.26
其他各类砌体	受压	$0.72f_m$	0.17
	受拉、受弯、受剪	$0.67f_m$	0.20

在进行承载力极限状态设计时，材料强度应采用设计值，砌体材料强度设计值 f 和标准值 f_k 之间的关系可表示为：

$$f = \frac{f_k}{\gamma_f} \tag{2-10}$$

其中，γ_f 为材料的分项系数。由于砌体材料的强度受施工水平的影响较大，《砌体结构设计规范》GB 50003—2011 考虑了施工技术和施工管理水平等对结构安全度的影响。按照不同的施工控制水平下结构的安全度不应该降低的原则确定，施工质量等级的划分见表 2-4。当施工质量控制等级为 B 级时，$\gamma_f=1.6$；施工质量控制等级为 C 级时，$\gamma_f=1.8$。

施工质量等级的划分　　表 2-4

项　目	施工质量控制等级		
	A	B	C
现场质量管理	制度健全，并严格执行；非施工方监督人员经常到现场，或现场设有常驻代表；施工方有在岗专业技术管理人员，人员齐全，并持证上岗	制度基本健全，并能执行；非施工方监督人员间断地到现场进行质量控制；施工方有在岗专业技术人员，并持证上岗	有制度；非施工方质量监督人员很少做现场质量控制；施工方有在岗专业技术人员
砂浆、混凝土强度	试块按规定制作，强度满足验收规定，离散性小	试块按规定制作，强度满足验收规定，离散性较小	试块强度满足验收规定，离散性大
砂浆拌合方式	机械拌合；配合比剂量控制严格	机械拌合；配合比剂量控制一般	机械或人工拌合；配合比剂量控制较差
砌筑工人	中级工以上，其中高级工不少于 20%	高、中级工不少于 70%	初级工以上

2.2　砌体结构设计方法的历史回顾

2.2.1　容许应力设计法

将砌体看成是理想的弹性材料，按材料力学的方法计算出构件在外荷载作用下产生的应力 σ，并要求该应力不大于材料的容许应力 $[\sigma]$，即采用线弹性理论的容许应力设计法。以轴心受压短柱为例，其设计表达式为：

$$\sigma=\frac{N}{A}\leqslant[\sigma] \tag{2-11}$$

式中 N——轴向压力；

A——构件的截面积；

σ——计算应力；

$[\sigma]$——砌体的容许应力。

若取 f_m 为砌体的抗压强度平均值，为确保结构安全，根据经验引入一个安全系数 K，K 通常是一个大于 1 的系数。则砌体的容许应力 $[\sigma]$ 可表示为：

$$[\sigma]=\frac{f_m}{K} \tag{2-12}$$

容许应力设计法简单明了，但此方法未考虑材料的塑性性能，并不是经济的设计方法，且对于偏心受力的构件难以描述。

2.2.2 破坏阶段设计法

随着人们对结构材料与结构破坏性能的逐步深入研究，发现应用上述材料力学公式计算出的承载力与结构的实际承载力相差甚大。20 世纪 40 年代初，苏联规范（Y-57-43）正式采用了按破坏阶段设计方法，以轴压短柱为例，设计表达式为：

$$KN\leqslant R(f_mA) \tag{2-13}$$

式中 K——按经验确定的安全系数；

N——轴向压力；

f_m——抗压强度平均值；

A——构件的截面积；

$R(\cdot)$——抗力函数。

式（2-13）是在考虑内力重分布后，以构件全截面的承载力作为判断构件承载力的依据。公式的左边为考虑安全系数后荷载在构件截面中产生的内力，公式的右边为构件截面破坏时的承载力。

解放初期，我国部分地区采用苏联的规范（Y-57-43）按破坏阶段设计法进行设计。

2.2.3 极限状态设计法

随着可靠度理论的发展及其在结构工程领域的应用，为了能够考虑材料强度的变异性和荷载的不确定性，1955 年，苏联颁布了按照极限状态设计法进行设计的规范（НиТУ120-550）。该规范对于砌体结构规定了三种极限状态：承载能力极限状态、变形极限状态以及裂缝出现和变形开展极限状态。所有承重结构都应按承载能力极限状态进行设计，只有当结构正常使用受到影响时，才进行第二种和第三种极限状态的验算。

承载能力极限状态采用三系数表达的极限状态设计法，即在承载力计算时采用了三个系数，分别为荷载系数 n、材料系数 k 和工作条件系数 m，并分别考虑结构可能的超载、材料性能的变异以及工作条件不同的影响。设计表达式为：

$$N=\Sigma n_iN_{ik}\leqslant R(kf_k,m,a) \tag{2-14}$$

式中 n_i——第 i 种荷载的荷载系数；

N_{ik}——第 i 种荷载作用下的内力标准值；
k——材料系数；
f_k——砌体强度的标准值；
m——工作条件系数；
a——截面的几何特征系数；
$R(\cdot)$——构件的抗力函数。

三系数表达的极限状态设计法，在砌体结构设计中引入了统计数学的概念，考虑了材料强度和荷载的变异性，各种荷载的标准值是在对大量的统计资料进行分析后获得的，一般情况下，标准值比荷载的平均值大很多。不同荷载其标准值的取法不同，而且在结构使用期，荷载的标准值可能被超过，所以引入了荷载系数。

材料强度标准值的取值随不同材料也不相同，同时在设计阶段，材料强度的标准值乘以材料系数 k（k 是一个小于 1 的系数）可以得到较大的保证率。

工作条件系数是考虑结构构件和材料在不同工作条件下发挥作用的程度。一般正常情况下工作条件系数多定为 1，情况不利时小于 1，例如当构件截面面积小于等于 $0.3m^2$，工作条件系数取为 0.8。

2.2.4　多系数分析总系数表达的极限状态设计法

1973 年颁布的《砖石结构设计规范》GBJ 3—73 规定砖石结构设计计算应按照材料平均强度的总安全系数法进行，而安全系数采用多系数分析，单一系数表达的半统计、半经验的方法确定。设计表达式为：

$$KN_k \leqslant R(f_m, a) \tag{2-15}$$

式中　N_k——内力标准值；
f_m——砌体强度平均值；
a——截面的几何特征系数；
$R(\cdot)$——构件的抗力函数；
K——安全系数，$K = K_1K_2K_3K_4K_5C$；
K_1——砌体强度变异影响系数。对砌体抗压强度，$K_1=1.5$，对砌体抗弯、抗拉和抗剪时取 $K_1=1.65$；
K_2——缺乏系统试验时，对砌体强度的变异影响系数。一般情况下，砖有抽样试验或出厂证明，而砂浆则无系统检验。故取 $K_2=1.15$；
K_3——砌筑质量影响系数。影响因素多，其中主要为砂浆饱满程度的影响。当砂浆的饱满程度为 73%，能满足规范 GBJ 3—73 的要求；当砂浆的饱满程度为 65%，砌体强度约为规范值的 89%，故取 $K_3=1.1$；
K_4——尺寸偏差、计算假定误差等影响系数，对此缺乏系统的资料，参考其他结构规范和已有的实践经验，取 $K_4=1.1$；
K_5——荷载变异影响系数，取 $K_5=1.2$；
C——组合系数，考虑各种最不利因素同时出现的概率较小，取 $C=0.9$。

2.2.5　分项系数表达的极限状态设计法

1988 年颁布的《砌体结构设计规范》GBJ 3—88 采用以概率理论为基础的极限状态

设计法。将概率理论引入结构设计，可以定量估计所设计结构的可靠水平，标志着结构设计理论发生了本质的变化。

砌体结构按照承载能力极限状态设计时的计算表达式为：

$$\gamma_0 S \leqslant R \tag{2-16}$$

$$S = \gamma_G C_G G_K + \gamma_{Q1} C_{Q1} Q_{1K} + \sum_{i=2}^{n} \gamma_{Qi} C_{Qi} \psi_{Ci} Q_{ik} \tag{2-17}$$

$$R = R(f_d, a_k, \cdots) \tag{2-18}$$

式中 γ_0——结构重要性系数，根据建筑结构破坏时可能产生的后果，将建筑结构划分为三个安全等级，如表 2-2 所示，对安全等级为一级、二级、三级的砌体结构构件，结构重要性系数分别为 1.1、1.0、0.9；

S——内力设计值，分别表示由荷载设计值产生的轴力 N，弯矩 M，剪力 V 等；

R——结构构件的抗力；

$R(\cdot)$——构件的抗力函数；

γ_G——永久荷载的分项系数，一般取 1.2，当永久荷载对结构承载力有利时取 1.0；

γ_{Q1}, γ_{Qi}——分别为第 1 个和第 i 个可变荷载的分项系数，一般取 1.4；

G_k——永久荷载的标准值；

Q_{1k}——第 1 个可变荷载的标准值，其效应应大于其他任意一个可变荷载标准值的效应；

C_G, C_{Q1}, C_{Qi}——分别为永久荷载、第 1 个和第 i 个可变荷载的荷载效应系数；

ψ_{Ci}——第 i 个可变荷载的组合系数，当风荷载与其他可变荷载组合时，取 0.75；

f_d——砌体强度的设计值；

a_k——几何参数标准值。

对于一般单层和多层房屋，可采用下列简化的极限状态设计表达式：

$$\gamma_0 (\gamma_G C_G G_k + \psi \sum_{i=1}^{n} \gamma_{Qi} C_{Qi} Q_{ik}) \leqslant R \tag{2-19}$$

式中 ψ——简化的可变荷载组合系数，当风荷载和其他可变荷载组合时，取 0.85；

其他符号的意义同式（2-18）。

当砌体结构作为一刚体，需要验算整体稳定时，应按下列设计表达式进行验算：

$$0.8 C_{G1} G_{1k} - 1.2 C_{G2} G_{2k} - 1.4 C_{Q1} Q_{1k} - \sum_{i=2}^{n} 1.4 C_{Qi} \psi_{Ci} Q_{ik} \geqslant 0 \tag{2-20}$$

式中 G_{1k}——起有利作用的永久荷载标准值；

G_{2k}——起不利作用的永久荷载标准值；

C_{G1}, C_{G2}——分别为 G_{1k}，G_{2k} 的荷载效应系数；

C_{Q1}, C_{Qi}——分别为第 1 个可变荷载、第 i 个可变荷载的荷载效应系数；

ψ_{Ci}——第 i 个可变荷载的组合系数，当风荷载与其他可变荷载组合时，取 0.6。

2.3　《砌体结构设计规范》GB 50003—2011 的设计方法

2001 年颁布了《砌体结构设计规范》GB 50003—2001，在此规范中针对砌体结构的特点，对于以自重为主的结构构件，永久荷载的分项系数增加了 1.35 的组合，以改进自重为主构件可靠度偏低的情况。时隔十年，于 2011 年颁布了《砌体结构设计规范》GB 50003—2011，仍采用以概率理论为基础的极限状态设计法，以可靠度指标度量结构构件的可靠度，采用分项系数表达式进行计算。砌体结构应按承载能力极限状态设计，并满足正常使用极限状态的要求。

一般情况下，砌体结构按承载能力极限状态设计时，应按下列公式中最不利组合进行计算：

$$\gamma_0(1.2S_{Gk}+1.4\gamma_L S_{Q1k}+\gamma_L\sum_{i=2}^{n}\gamma_{Qi}\psi_{Ci}S_{Qik})\leqslant R(f,a_k,\cdots) \tag{2-21}$$

$$\gamma_0(1.35S_{Gk}+1.4\gamma_L\sum_{i=1}^{n}\psi_{Ci}S_{Qik})\leqslant R(f,a_k,\cdots) \tag{2-22}$$

式中　γ_0——结构重要性系数，在确定该系数时，除了考虑安全等级外，还引入了设计使用年限这一概念。对安全等级为一级或设计使用年限为 50 年以上的结构构件，不应小于 1.1；对安全等级为二级或使用年限为 50 年的结构构件，不应小于 1.0；对安全等级为三级或设计使用年限为 1～5 年的结构构件，不应小于 0.9；

γ_L——结构构件的抗力模型不确定性系数。对静力设计，考虑结构设计使用年限的荷载调整系数，设计使用年限为 50 年，取 1.0；设计使用年限为 100 年，取 1.1；

S_{Gk}——永久荷载标准值的效应；

S_{Q1k}——在基本组合中起控制作用的一个可变荷载标准值的效应；

γ_{Qi}——第 i 个可变荷载分项系数，一般情况下取 1.4；当工业建筑楼面活荷载标准值大于 $4kN/m^2$，式（2-21）、式（2-22）中系数 1.4 应改为 1.3。

ψ_{Ci}——第 i 个可变荷载的组合值系数，一般情况下应取 0.7；对书库、档案库、储藏室或通风机房、电梯机房应取 0.9；

S_{Qik}——第 i 个可变荷载标准值的效应；

$R(\cdot)$——结构构件的抗力函数；

f——砌体的强度设计值，$f=\frac{f_k}{\gamma_f}=\frac{f_m-1.645\sigma_f}{\gamma_f}$，其中 f_k 为砌体的强度标准值，f_m 为砌体的强度平均值，σ_f 为砌体强度的标准差；

γ_f——砌体结构的材料性能分项系数，在确定该系数时，引入了施工质量控制等级的概念。应按照《砌体结构工程施工质量验收规范》GB 50203 规定的选取。一般情况下，宜按施工控制等级为 B 级考虑，取用 1.6；当为 C 级时，取用 1.8；当为 A 级时，取用 1.5。

a_k——几何参数标准值。

当砌体结构作为一刚体，需要验算整体稳定时，应按下列公式中最不利组合进行验算：

$$\gamma_0(1.2S_{G2k}+1.4\gamma_L S_{Q1k}+\gamma_L\sum_{i=2}^{n}S_{Qik})\leqslant 0.8S_{G1k} \tag{2-23}$$

$$\gamma_0(1.35S_{G2k}+1.4\gamma_L\sum_{i=1}^{n}\psi_{Ci}S_{Qik})\leqslant 0.8S_{G1k} \tag{2-24}$$

式中 S_{G1k}——起有利作用的永久荷载标准值的效应；

S_{G2k}——起不利作用的永久荷载标准值的效应；

S_{Q1k}、S_{Qik}——第1个、第 i 个可变荷载标准值的效应。

思 考 题

[2-1] 什么是结构上的作用和作用效应？它们之间有何关系？

[2-2] 作用效应与结构抗力有何区别？

[2-3] 试述结构可靠度的定义，并说明结构可靠性与结构可靠度的关系。

[2-4] 试说明可靠概率与失效概率之间的关系，失效概率与可靠指标之间的关系。

[2-5] 什么是结构的极限状态？分为哪两种类型？砌体结构设计时是如何保证结构不超过这两类极限状态？

[2-6] 写出砌体结构承载能力极限状态的设计表达式，并简要解释其物理意义。

[2-7] 为什么说我国现行的设计方法是以概率理论和可靠度理论为基础的，是通过哪些因素体现的？

第3章　砌体材料及其基本力学性能

砌体是由块材和砂浆砌筑而成的一种建筑材料。砌体在建筑工程中常用作承重构件或非承重的维护构件和填充材料。

3.1　块材的种类及其强度指标

3.1.1　砖

砖是我国应用最为广泛的一种块材，它包括烧结普通砖、烧结多孔砖和非烧结砖。

1. 烧结普通砖

根据《烧结普通砖》GB 5101—2003，烧结普通砖是以黏土、煤矸石、页岩或粉煤灰为主要原料，经过烧焙而成的实心或者孔洞率不大于规定值且外形尺寸符合规定的砖。根据砖的抗压强度不同分为MU30、MU25、MU20、MU15、MU10共五个强度等级。

我国生产的烧结普通砖，其标准砖的尺寸为240mm×115mm×53mm。用标准砖可砌成厚度为120mm、240mm、370mm等不同厚度的墙，习惯上依次称为半砖墙、一砖墙和一砖半墙。

2. 烧结多孔砖

根据《烧结多孔砖》GB 13544—2000，烧结多孔砖以黏土、煤矸石、页岩或粉煤灰为主要原料，经烧焙而成的孔洞率不小于25%，孔的尺寸小而数量多，主要用于承重部位的多孔砖。砖的外型尺寸有三种，分别是KM1、KP1、KP2型，其中字母K代表多孔，M代表模数，P表示普通。KM1型的规格为190mm×190mm×90mm，见图3-1（*a*），图3-1（*b*）是其配砖规格。KP1型的规格为240mm×115mm×90mm（图3-1*c*），KP2型的规格为240mm×180mm×115mm（图3-1*d*）。根据抗压强度不同分为MU30、MU25、MU20、MU15、MU10共五个强度等级。

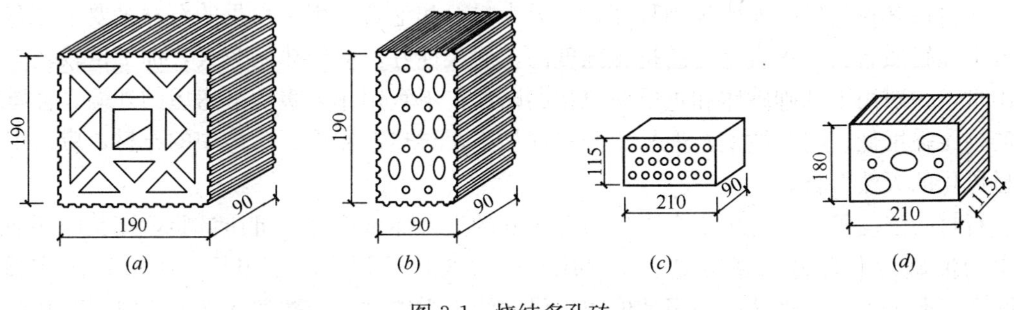

图3-1　烧结多孔砖

3. 非烧结砖

以石灰、粉煤灰、矿渣、石英砂及煤矸石等为主要原材料，经坯料制备、压制成型、高压蒸汽养护而成的实心砖，主要有蒸压粉煤灰砖、矿渣硅酸盐砖、蒸压灰砂砖及煤矸石砖等。这些砖的外型尺寸同烧结普通砖，但由于是压制生产，表面光滑，经高压蒸养后表面有一层粉末，用砂浆砌筑时粘结性很差，因此砌体抗剪强度较低，对抗震较为不利，地震区应有限制地使用。

蒸压粉煤灰砖、蒸压灰砂砖不得用于长期受热200℃以上、受急冷急热和有酸性介质侵蚀的建筑部位。MU15和MU15以上的蒸压灰砂砖可用于基础及其他建筑部位、蒸压粉煤灰砖用于基础或用于受冻融循环和干湿交替作用的建筑部位时，必须使用一等砖。

其强度等级有MU25、MU20、MU15共三个等级。

混凝土普通砖、混凝土多孔砖以混凝土为原材料浇筑成型，其尺寸为240mm×115mm×90mm，强度等级为MU30、MU25、MU20、MU15共四个等级。

3.1.2 砌块

砌块包括普通混凝土砌块和轻骨料混凝土砌块。用于承重的轻骨料混凝土砌块包括煤矸石砌块和孔洞率不大于35%的火山渣、浮石和陶粒混凝土砌块。

混凝土小型空心砌块，其主规格尺寸为390mm×190mm×190mm，空心率一般为20%～50%（见图3-2*a*），辅助规格尺寸见图3-2（*b*）。

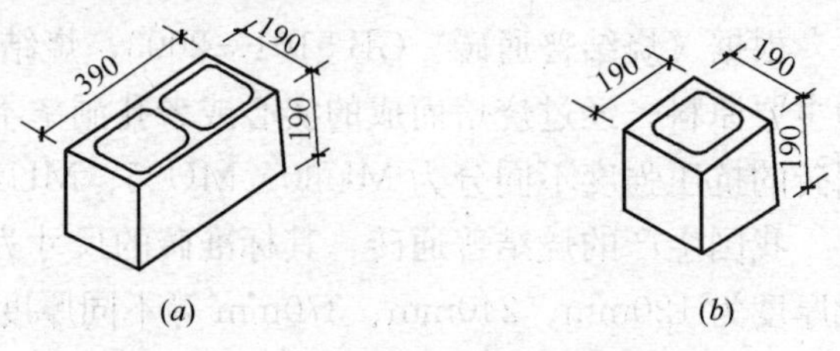

图3-2 混凝土小型空心砌块

（*a*）主规格；（*b*）辅助规格

普通混凝土砌块空心率应不小于25%，通常为45%～50%。单排孔混凝土和轻骨料混凝土砌块强度划分为MU20、MU15、MU10、MU7.5、MU5共五个等级。

多排孔轻骨料混凝土砌块在我国寒冷地区应用较多，这类砌块材料采用火山渣混凝土、浮石、陶粒混凝土。多排孔混凝土砌块主要考虑节能要求，排数有二、三、四。孔洞率较小，砌块规格各地不一致，块体强度等级较低，一般不超过MU10。

3.1.3 石材

石材按其加工后的外形规则程度，可分为料石和毛石。用于承重的石材主要来源有重质岩石和轻质岩石。重质岩石的抗压强度高，耐久性好，但导热系数大，加工也较轻质岩石困难，一般用于基础砌体和重要建筑物的贴面，不宜用作采暖地区房屋的外墙。轻质岩石的抗压强度低、耐久性差，但易于开采和加工，导热系数小。砌体中的石材，应选用无明显风化的天然石材。

石材的强度等级通常用3个边长为70mm的立方体试块进行抗压试验，按其破坏强度的平均值确定。石材的强度划分为MU100、MU80、MU60、MU50、MU40、MU30、MU20共七个等级。当试件采用其他边长尺寸的立方体时，应按照表3-1的规定对其试验结果乘以相应的换算系数，以此确定石材的强度等级。

石材强度等级的换算系数　　表 3-1

立方体边长（mm）	200	150	100	70	50
换算系数	1.43	1.28	1.14	1	0.86

3.2　砂浆的种类及其强度指标

砂浆是由胶结料（水泥、石灰）、细集料、掺合料加水搅拌而成的混合材料，在砌体中起粘结、衬垫和传递应力的作用。砂浆按其配合成分可分为：

（1）水泥砂浆　不掺塑性掺合料的纯水泥砂浆。

（2）混合砂浆　有塑性掺合料（石灰膏、黏土）的水泥砂浆。

（3）非水泥砂浆　不含水泥的砂浆，如石灰砂浆、石灰黏土砂浆等。

（4）砌块专用砂浆　高粘结、工作性能好和强度较高的专用砂浆。

砂浆的强度是由 28d 龄期的边长为 70.7mm 的立方体试件的抗压强度确定，并且应采用同类块体为砂浆强度试块底模。采用混凝土砖或砌块以及蒸压硅酸盐砖砌体时，应采用与块体材料相适应且能提高砌筑工作性能的专用砌筑砂浆，以保证砂浆砌筑时的工作性能和砌体抗剪强度不低于用普通砂浆砌筑的烧结普通砖砌体。砌筑砌体时的块材种类及相应的砂浆见表 3-2。

砌筑砌体时的块材种类及相应的砂浆　　表 3-2

块　材　种　类	砂浆类别和等级
烧结普通砖、烧结多孔砖、蒸压灰砂普通砖和蒸压粉煤灰普通砖	普通砂浆：M15、M10、M7.5、M5、M2.5
蒸压灰砂普通砖和蒸压粉煤灰普通砖	专用砂浆：Ms15、Ms10、Ms7.5、Ms5.0
混凝土普通砖、混凝土多孔砖、单排孔混凝土砌块和煤矸石混凝土砌块	砂浆：Mb20、Mb15、Mb10、Mb7.5、Mb5
双排孔或多排孔轻集料混凝土砌块	Mb10、Mb7.5、Mb5
毛料石、毛石	M7.5、M5、M2.5

验算施工阶段新砌筑的砌体强度时，因砂浆尚未硬化，可按砂浆强度为零确定其砌体强度。

砂浆除强度要求外，还应具有流动性（可塑性）和保水性。砂浆的流动性可保证砌筑的效率和质量。流动性用标准锥体沉入砂浆的深度测定，根据砂浆的用途规定深度要求分别为：砖砌体 70～100mm，砌块砌体 50～70mm，石砌体 30～50mm。在具体施工时，砂浆的稠度往往由工人的操作经验来掌握。

保水性是指砂浆在运输、存放和砌筑过程中保持水分的能力。保水性以分层度表示，即将砂浆静止 30min，上、下层沉入量之差宜为 10～20mm。砌体砌筑的质量在很大程度上取决于保水性，若保水性差，新铺在砖面上的砂浆水分很快被吸去，则砂浆难以抹平，砂浆也可能因失去水分过多而不能正常的硬化，从而影响砌体的强度。

水泥砂浆可以达到比非水泥砂浆高的强度，但其流动性和保水性较差。试验研究结果表明，用水泥砂浆砌筑的砌体比用混合砂浆砌筑的砌体强度要低。

3.3 新型墙体材料

墙体材料除了传统的砖、砌块，还包括墙用板材。墙用板材分为薄板类、条板类和轻型复合板类。

1. 薄板类墙用板材，薄板类墙用板材包括 GRC（玻璃纤维增强水泥）平板、纸面石膏板、蒸压硅酸钙板、水泥刨花板、水泥木屑板。其中纸面石膏板普遍用于内隔墙、墙体复合板、天花板和预制石膏板复合隔墙板。

2. 条板类墙用板材，条板类墙用板材包括轻质陶粒混凝土条板、石膏空心条板、蒸压加气混凝土空心条板等。其中轻质陶粒混凝土条板主要用作住宅、公共建筑的非承重内隔墙。

3. 轻型复合板类墙用板材，钢丝网架水泥夹芯板是典型的轻型复合板类墙用板材，主要用于建筑的内隔墙、自承重外墙、保温复合外墙、楼面、屋面等。

3.4 砌体的种类

按照受力情况，砌体可分为承重砌体和非承重砌体；按砌筑方法分为实心砌体与空心砌体；按材料种类分为砖砌体、砌块砌体及石砌体；按是否配有钢筋分为无筋砌体与配筋砌体。为了保证砌体的受力性能和整体性，块体应相互搭接砌筑，砌体中的竖向灰缝应上、下错开。

3.4.1 无筋砌体

1. *砖砌体*

砖砌体在房屋建筑中一般用作内外承重墙或围护墙、隔墙。承重墙的厚度根据强度及稳定性的要求确定，并且外墙的厚度还需要考虑保暖和隔热的要求。

对砖砌体，通常采用一顺一丁、梅花丁和三顺一丁的砌筑方法（图 3-3）。试验表明，按以上方式砌筑的砌体其抗压强度相差不大。

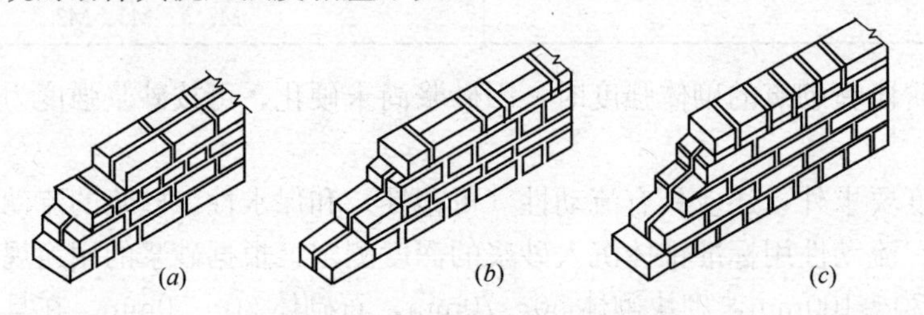

图 3-3　砖砌体的砌筑方法

(*a*) 一顺一丁；(*b*) 梅花丁；(*c*) 三顺一丁

实心标准砖墙的厚度为 240mm（一砖）、370mm（一砖半）、490mm（二砖）、620mm、740mm 等。空心砖可砌成 90mm、180mm、190mm、240mm、290mm、390mm 等厚度的墙体。

空心砌体一般是将砖立砌成两片薄壁，以丁砖相连，中间留空腔。可在空腔内填充松散材料或轻质材料。这种砌体自重小，热工性能好，造价低，但其整体性和抗震性能较差。

在砖砌体施工中为确保质量，应防止强度等级不同的砖混用，严格遵守施工规范，使配置的砂浆强度符合设计强度的要求。

2. *砌块砌体*

目前，我国已采用的砌块砌体有混凝土小型空心砌块砌体、混凝土中型空心砌块砌体、粉煤灰中型实心砌块砌体。和砖砌体一样，砌块砌体也应该分皮错缝搭砌。混凝土小型空心砌块由于尺寸小，便于砌筑，使用灵活，多层砌块房屋可利用砌块的竖向孔洞做成配筋芯柱，相当于构造柱。用中型或小型砌块均可砌成240mm、200mm、190mm等厚度的墙体。

3. *石砌体*

石砌体由石材和砂浆（或混凝土）砌筑而成。石砌体根据石材的种类分为料石砌体、毛石砌体、毛石混凝土砌体（如图3-4所示）。在产石山区，石砌体的应用广泛，可用作一般民用建筑的承重墙、柱和基础，还可以用于建造拱桥、坝和涵洞等构筑物。

石料砌筑的墙体自重大，且因导热系数高，作外墙时一般要求墙厚较厚。

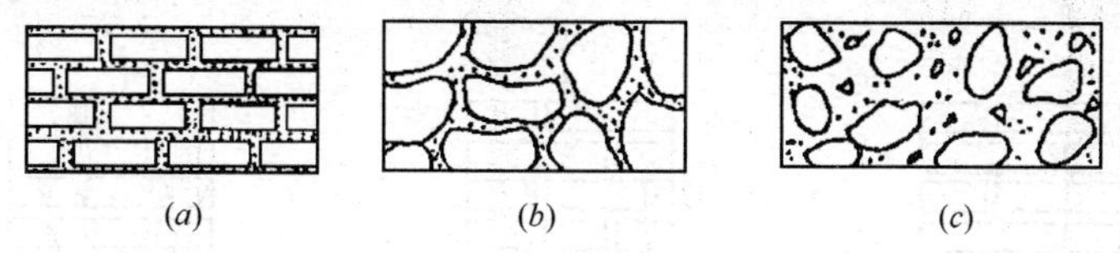

图3-4 石砌体

(*a*) 料石砌体；(*b*) 毛石砌体；(*c*) 毛石混凝土砌体

3.4.2 配筋砌体

当砌体承受的荷载较大时，为了克服强度不足或构件截面较大的缺陷，采用在砌体的不同部位以不同的方式配置钢筋或浇筑钢筋混凝土，以提高砌体的抗压强度和抗拉强度，这种砌体称之为配筋砌体。

在立柱或窗间墙水平灰缝内配置横向钢筋网，构成网状配筋砌体或横向配筋砌体；在砖砌体竖向灰缝内或预留的竖槽内配置纵向钢筋以承受拉力或部分压力，构成纵向配筋砌体；在砌体外配置纵向钢筋及砂浆或混凝土面层，或者在预留的竖槽内配置纵向钢筋，构成组合砌体；钢筋混凝土构造柱和砌体墙体形成的组合墙等。

为了确保配筋砌块砌体的质量和整体受力性能，砂浆应采用砌块专用砂浆，混凝土应采用高流态、低收缩和高强度的专用灌孔混凝土。

3.4.3 预应力砌体

在砌体的孔洞内或槽口内放置预应力钢筋，称为预应力砌体，以提高砌体的抗裂性能和满足变形的要求。

3.5 砌体的力学性能

3.5.1 砌体的受压性能

通过砖砌体受压试验，可了解砌体的受压性能，标准试件尺寸为370mm×490mm×

970mm，常用尺寸为 240mm×370mm×720mm。为了试验机的压力能均匀地传给砌体试件，在试件两端各砌一块混凝土垫块，对于常用试件，垫块尺寸为 240mm×370mm×200mm，并配有钢筋网片。

1. *砌体的受压破坏特征*

砖砌体轴心受压试验表明，从加荷开始直到试件破坏，大致经历了三个阶段：

第一阶段：当砌体加载到极限荷载的 50%～70%时，多孔砖砌体加载到其极限荷载的 70%～80%时，单块砖内产生了细小裂缝。此时若荷载不再增加，单块砖内的裂缝不会继续发展（图 3-5*a*）。

第二阶段：当加载到极限荷载的 80%～90%时，砖内的某些裂缝连通，沿竖向贯通若干皮砖，在砌体内逐渐形成连续的裂缝。此时若荷载不再增加，裂缝仍会继续发展，砌体已临近破坏，在工程实践中应视为构件处于危险状态（图 3-5*b*）。

第三阶段：当加载到接近极限荷载时，砌体中裂缝迅速扩展和贯通，将砌体分成若干个小柱体，砌体最终因压碎或失稳而破坏（图 3-5*c*）。

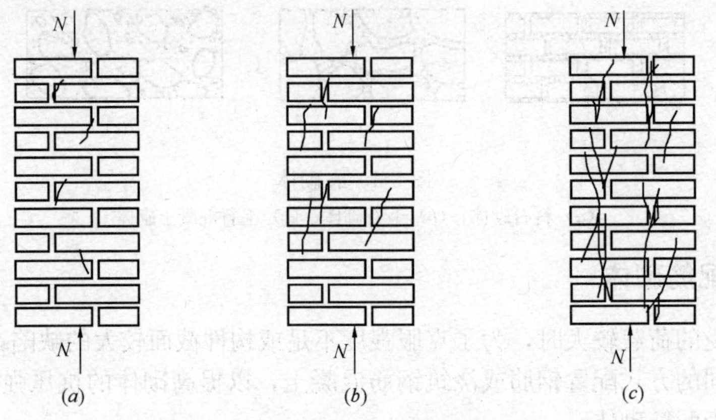

图 3-5　砌体轴心受压破坏特点

图 3-6 为同济大学从砖砌体轴心抗压强度试验得到的砖砌体轴心抗压的应力-应变关系曲线。

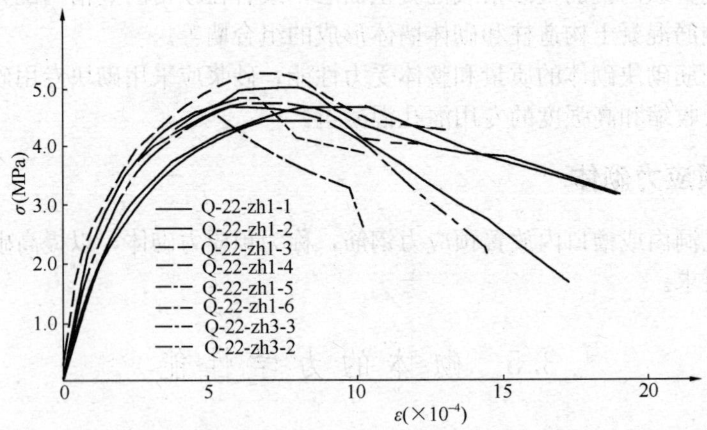

图 3-6　砖砌体轴心抗压的应力-应变关系曲线

虽然砖砌体是由砖和砂浆砌筑而成的建筑材料，但砖和砂浆的应力-应变关系曲线与砌体的应力-应变关系曲线却有着明显的差异。同济大学曾分别进行了砖和砂浆的轴心抗压强度试验。从原砖中锯出 53mm×56mm×160mm 的棱柱体，进行了轴心抗压强度试验。砖是一种脆性材料，在达到极限强度前，应力-应变关系接近于直线，在达到极限强度后，很快就达到极限变形而下降。对应于峰值应力的应变 ε_0 在 0.0010～0.0015，极限应变 ε_u 为 0.0011～0.0023。试件尺寸为 70.5mm×70.5mm×211.5mm 棱柱体砂浆试件轴心抗压强度试验得到的应力-应变关系曲线与砖相比，砂浆的变形能力较好，对应于峰值应力的应变 ε_0 在 0.0014～0.0021，极限应变 ε_u 可达 0.003 以上。

2. 砌体的受压应力状态

根据砖、砂浆和砌体的受压试验结果，砖的抗压强度和弹性模量均远远大于砌体的相应值。砂浆的抗压强度和弹性模量可能高于也可能低于砌体。造成这一现象的原因主要有：

(1) 观察砌体试件可以发现，由于砌体内灰缝厚度不均匀，砂浆也不一定饱满密实，砖的表面也不完全平整规则，这样砂浆与砖石不能很理想地均匀接触和粘结。当砌体受压时，砌体中的块材并非均匀受压，而是处在受压、受弯、受剪等复杂受力状态（图 3-7）。

(2) 砌体中第一批裂缝的出现是由于单块砖内的弯、剪应力引起的。因砂浆的弹性性质，砖可以看作是在“弹性地基”上的梁，砂浆的弹性模量越小，砖的弯曲变形越大，砖的弯、剪应力越大。由于砂浆的弹性模量比砖的弹性模量小，其横向变形系数却比砖的大，因而在压力作用下，砂浆的横向变形受到砖的约束，使砂浆的横向变形减小，砂浆处于三向受压的状态，砂浆的抗压强度增大。砖受砂浆影响，其横向变形增大，砖内产生了拉应力（图 3-8），加快了砖内裂缝出现。

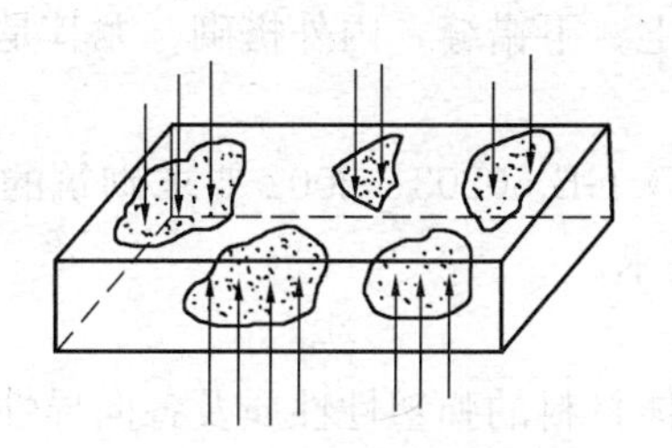

图 3-7　砌体内砌块的受力状态

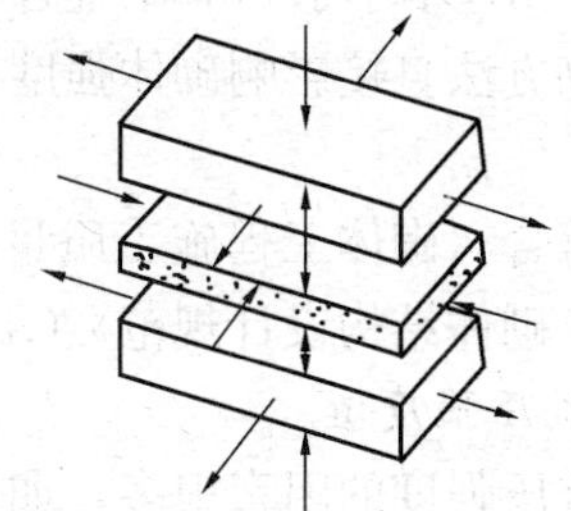

图 3-8　砌体中块材和砂浆的受力状态

(3) 砌筑时由于竖向灰缝可能未填满，在竖向灰缝处将产生应力集中现象（图 3-9）。因此在竖向灰缝处的砖内横向拉应力和剪应力的集中加快了裂缝开展速度。

3. 影响砌体抗压强度的因素

(1) 砌体的物理力学性能

1) 块体和砂浆的强度

砌块和砂浆的强度是影响砌体抗压强度的主要因素。砌块和砂浆强度高，砌筑成的砌体抗压强度高。研究表明，对于提高砌体抗压强度，提高砌块强度等级比提高砂浆强度等级的影响更明显。对于灌孔的混凝土砌块砌体，砌块和灌孔混凝土的强度是影响砌体强度的主要因素，而砂浆的影响不明显。

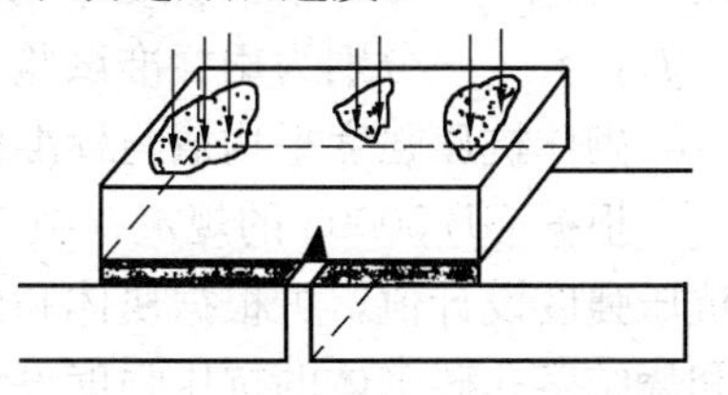

图 3-9　砌体竖向灰缝受力集中

2) 块体的规整程度和尺寸

块体的表面愈平整，灰缝的厚度愈均匀，砌体抗压强度越高。块体的尺寸对砌体抗压强度的影响较大，砌体抗压强度随着块体高度增大而增大，随着块体长度的增大而降低。因块体长度增加，弯曲与剪切等不利因素增加，砌体强度亦随之降低。

3）砂浆的和易性

和易性好的砂浆，施工时较易形成饱满、均匀、密实的灰缝，可改善砌体内的复杂应力状态，使砌体抗压强度提高。但砂浆的流动性不能太大，否则硬化后变形率增大，块体内受到的弯、剪应力和横向拉应力也增大，砌体强度反而下降。

（2）砌体工程施工质量

砌体工程施工质量综合了砌筑质量、施工管理水平和施工技术水平等因素的影响，全面反映了砌体内部复杂应力作用的不利影响程度。主要包括：水平灰缝砂浆饱满度、块体砌筑时的含水率、砂浆灰缝厚度、砌体组砌方法。

水平灰缝砂浆越饱满，砌体抗压强度越高。当水平灰缝的砂浆饱满度为73%时，砌体强度可达到规定的强度指标。砌体施工时，要求砌体水平灰缝的砂浆饱满度不得小于80%。

块体砌筑时的含水率越高，砌体抗压强度越高。在施工中既要保证砂浆不至失水过快又要避免砌筑时产生砂浆流淌，因此必须采用合适的含水率。一般控制普通砖、多孔砖的含水率为10%～15%，灰砂砖、粉煤灰砖含水率为8%～12%。

灰缝厚度大，砂浆容易铺平均匀，但是砖的拉应力增大。因此砂浆厚度越厚，砌体强度越低。但是灰缝厚度也不能太薄，否则砖面凹凸部分不能填平。通常要求砖砌体的水平灰缝厚度为10mm，不小于8mm，也不大于12mm。

砌体的组砌方法直接影响砌体强度。应保证上、下错缝，内外搭砌。尤其是砖柱禁止采用包芯砌法。

一般地，符合《砌体工程施工质量验收规范》GB 50203—2002要求砌筑的砌体抗压强度都能达到《砌体结构设计规范》GB 50003要求。

4. *砌体的抗压强度值*

影响砌体抗压强度的因素很多，如何考虑砌体材料的弹塑性性质及各向异性，仅靠弹性分析是不够的。通过对试验数据的统计和回归分析，规范GB 50003采用了一个比较完整的、统一的表达砌体抗压强度平均值的计算公式：

$$f_m = 0.46 f_1^{0.9}(1+0.07f_2)(1-0.01f_2) \quad (f_2 > 10\text{MPa}) \tag{3-1}$$

式中 f_m——砌体抗压强度平均值；

f_1，f_2——分别为用标准试验方法测得的块体、砂浆的抗压强度平均值。

砌体抗压强度平均值与标准值的关系，可根据公式（2-9）计算得到。

根据GB 50003的规定，施工质量B级，龄期为28天时，以毛截面计算的各类砌体抗压强度设计值，可根据块体和砂浆的强度等级按附表3-1～附表3-7采用。烧结普通砖和烧结多孔砖砌体的抗压强度设计值按附表3-1采用；混凝土普通砖和混凝土多孔砖砌体的抗压强度设计值按附表3-2采用；蒸压灰砂砖和蒸压粉煤灰砖砌体的抗压强度设计值按附表3-3采用；蒸压灰砂砖和蒸压粉煤灰砖砌体的抗压强度指标系采用同类砖为砂浆强度试块底模时的抗压强度指标。当采用黏土砖底模时，砂浆强度会提高，相应的砌体强度达不到附表3-3的强度指标，约降低10%左右。单排孔混凝土和轻骨料混凝土砌块砌体的抗压强度设计值按附表3-4采用。

单排孔混凝土砌块对孔砌筑时，灌孔砌体的抗压强度设计值 f_g 值，应按公式（3-2）计算取值：

$$f_g = f + 0.6\alpha f_c \tag{3-2}$$

式中　f_g——灌孔砌块砌体抗压强度设计值，该值不应大于未灌孔砌块砌体抗压强度设计值的 2 倍；

f_c——混凝土的轴心抗压强度设计值；

f——未灌孔混凝土砌块砌体抗压强度设计值；

α——混凝土砌块砌体中灌孔混凝土面积和砌体毛面积的比值，$\alpha=\delta\rho$；

δ——混凝土砌块的孔洞率；

ρ——混凝土砌块砌体的灌孔率，系截面灌孔混凝土面积和截面孔洞面积的比值，且不应小于 33%。

混凝土砌块砌体的灌孔混凝土强度等级不应低于 Cb20，且不应低于 1.5 倍的块体强度等级。灌孔混凝土的强度等级 Cb20 等同于对应的混凝土强度等级 C20 的强度指标。

双排孔或多排孔轻集料混凝土砌块砌体的抗压强度设计值按附表 3-5 采用。

块体高度为 180～350mm 的毛料石砌体的抗压强度设计值，按附表 3-6 采用，毛石砌体的抗压强度设计值，按附表 3-7 采用。

3.5.2　砌体的受拉、受弯和受剪性能

1. *砌体轴心受拉破坏特征*

与砌体的抗压强度相比，砌体的抗拉强度很低。根据力作用方向的不同，砌体可能发生如图 3-10 所示的三种破坏形式。当轴向拉力与砌体水平灰缝平行、并且块体强度较低而砂浆强度等级较高时，可能发生沿块体和竖向灰缝截面破坏（图 3-10*a*）；当块体强度较高而砂浆强度等级较低时，形成沿竖向及水平向灰缝的齿缝破坏（图 3-10*b*）；当轴向拉力与砌体的水平灰缝垂直时，砌体可能沿水平通缝截面破坏（图 3-10*c*），由于灰缝的法向粘结强度是不可靠的，设计中不允许出现利用法向粘结强度的轴心受拉构件。

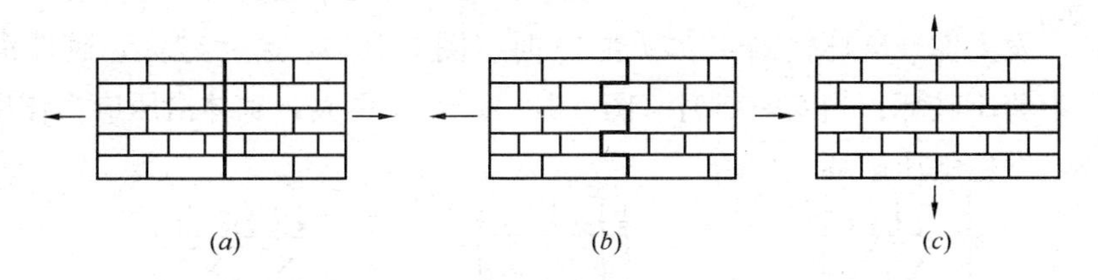

图 3-10　砌体轴心受拉的破坏形式

灰缝的竖向和水平向粘结强度是不同的。在竖向灰缝内，由于砂浆未能很好地填满以及砂浆硬化时的收缩，导致粘结强度在很大程度上削弱甚至完全破坏，因此在计算中对于竖向灰缝的粘结强度不考虑。在水平灰缝中，当砂浆在硬化过程中收缩时，砌体不断发生沉降，水平灰缝的粘结作用不断地提高，因此在计算中仅考虑水平灰缝的粘结强度。

2. *砌体弯曲受拉破坏特征*

砌体受弯时，一般在受拉区域发生破坏。因而砌体的抗弯能力由砌体的弯曲抗拉强度

确定。砌体的弯曲破坏形态与轴心受拉相似，也有三种破坏形式。砌体在竖向弯曲时沿通缝截面破坏（图 3-11*a*），砌体在水平向受弯时，可能沿齿缝截面破坏（图 3-11*b*），或者沿块体和竖向灰缝破坏（图 3-11*c*）。

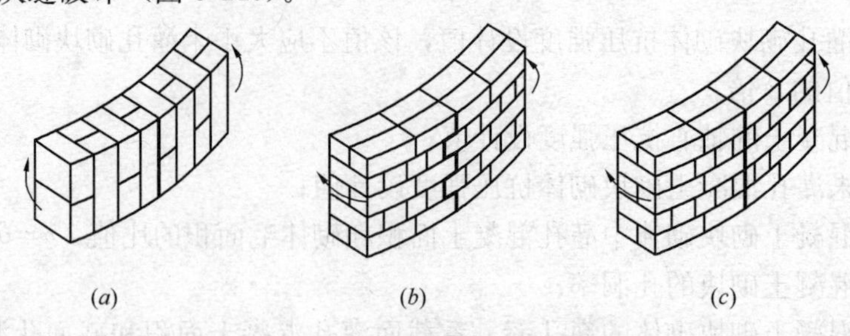

图 3-11　砌体弯曲受拉的破坏形式

3. *砌体受剪破坏特征*

砌体的受剪破坏有两种形态：通缝截面破坏（图 3-12*a*）和沿阶梯形截面破坏（图 3-12*b*），其抗剪强度由水平灰缝和竖向灰缝共同决定。但是由于竖向灰缝不饱满，抗剪强度很低，因此可以忽略竖向灰缝的作用，认为这两种破坏的抗剪强度相同。

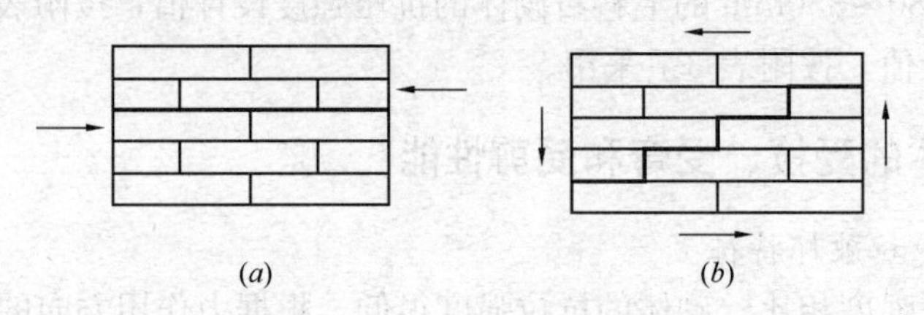

图 3-12　砌体的受剪破坏形态

通常砌体同时受到竖向压力和水平剪力的共同作用，是在压弯状态下的抗剪问题，其破坏状态与纯剪有很大的不同。根据图 3-13 所示的棱柱体砖柱试验结果，由于水平灰缝与竖向荷载的夹角不同，砖柱受到的法向应力与剪应力之比（σ_y/τ）不同，可能出现三种破坏形态：当 $\theta \leqslant 45°$ 时（图 3-13*a*），σ_y/τ 较小，砌体沿通缝受剪并且在摩擦力作用下产生滑移而破坏，发生剪摩破坏；当 $45° \leqslant \theta < 60°$ 时（图 3-13*b*），σ_y/τ 较大，砌体沿阶梯形裂缝破坏，发生剪压破坏；当 $\theta > 60°$ 时（图 3-13*c*），σ_y/τ 更大，砌体沿压应力作用方向产生裂缝而破坏，发生斜压破坏。

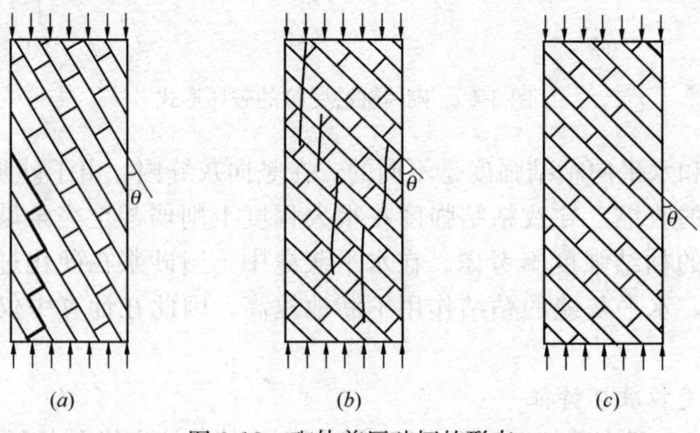

图 3-13　砌体剪压破坏的形态

影响砌体抗剪强度的因素：

（1）砂浆和块体的强度，根据三种破坏形态可知，对于剪摩破坏和剪压破坏由于都是灰缝破坏，所以砂浆强度的提高对其影响明显。而对于斜压破坏，则块体强度的提高对于抗剪强度的影响较大。

（2）法向压应力，当法向压应力小于砌体抗压强度的60%时，压应力越大，砌体抗剪强度越高。当压应力增加到超过抗压强度的60%时，砌体的斜面上有可能因抵抗主拉应力的强度不足而产生剪压破坏，此时竖向压应力的增大，对抗剪强度影响不大；当压应力更大时，砌体产生斜压破坏。此时，随压应力的增大，砌体的抗剪强度降低。

（3）砌筑质量（灰缝饱满度），砂浆的灰缝饱满度以及砌筑时块体的含水率对砌体的抗剪强度影响很大，块体的含水率控制在8%～10%时，砌体的抗剪强度最高。

（4）其他因素，试件形式、尺寸以及加载方式等对砌体的抗剪强度也有影响。

4. 砌体的轴心抗拉、抗弯、抗剪强度设计值

根据《规范》GB 50003，当施工质量控制等级为B级时，龄期为28天，对于各类砌体沿砌体灰缝截面破坏时，以毛截面计算的各类砌体的轴心抗拉强度设计值、弯曲抗拉强度设计值以及抗剪强度设计值可按附表3-8取值。且这些强度指标仅和砂浆的强度等级有关。

单排孔对孔砌筑的混凝土砌块，灌孔砌体的抗剪强度设计值 f_{vg} 应按下式计算：

$$f_{vg} = 0.2 f_g^{0.55} \tag{3-3}$$

式中　f_g——灌孔砌体的抗压强度设计值（N/mm^2）。

对于采用形状规则的块体砌筑的砌体，当搭接长度与块体高度的比值小于1时，其轴心抗拉强度设计值 f_t 和弯曲抗拉强度设计值 f_{tm} 应按表中数值乘以搭接长度与块体高度比值后采用。该比值反映了承受拉力的水平灰缝的面积大小。试验研究表明，当采用三顺一丁和全部顺砖砌筑时，砌体沿齿缝截面的轴心抗拉强度比一顺一丁砌合方式提高20%～50%。设计时，一般不考虑砌筑方式对砌体轴心抗拉强度的影响。

5. 砌体强度设计值的调整

施工阶段砂浆尚未硬化的新砌砌体的强度和稳定性，可按砂浆强度为零进行验算。

对于冬期施工采用掺盐砂浆法施工的砌体，砂浆强度等级按常温施工的强度等级提高一级时，砌体强度和稳定性可不验算。并且配筋砌体不得用掺盐砂浆施工。

当遇到下列情况时，其强度设计值尚应乘以调整系数 γ_a：

（1）对无筋砌体构件，其截面面积小于 $0.3m^2$ 时，γ_a 为其截面面积加0.7；对配筋砌体构件，当其中砌体截面面积小于 $0.2m^2$ 时，γ_a 为其截面面积加0.8，构件截面面积以 m^2 计；这是考虑较小的截面砌体构件，局部碰损或缺陷对强度影响较大而采用的调整系数。

（2）当砌体用强度等级小于M5.0的水泥砂浆砌筑时，对附表3-1～附表3-7各表中的数值，γ_a 为0.9；对附表3-8中数值，γ_a 为0.8。

（3）当验算施工房屋的构件时，γ_a 为1.1。

3.6　砌体的变形性能

3.6.1　砌体的受压应力-应变关系

砌体是由块体和砂浆砌筑而成的，砂浆是由无机胶凝材料、细骨料和水组成。由于材

料的物理化学性质和施工等原因，砌体在加载前就存在许多微裂缝。加载过程中，这些微裂缝继续发展，并由于块体和砂浆的刚度不同，导致砌体的应力-应变曲线呈现非线性。

砌体受压时，随着应力的增加应变增加，随后应变增长速度大于应力增长速度，应力-应变的关系呈曲线关系。研究表明，砌体受压应力-应变关系的表达式有对数函数型、指数函数型、多项式及有理分式型等达十余种。较有代表性且应用较多的是以砌体抗压强度平均值 f_m 为基本变量的对数型应力-应变表达式：

$$\varepsilon = -\frac{1}{\xi\sqrt{f_m}}\ln\left(1-\frac{\sigma}{f_m}\right) \tag{3-4}$$

式中 ξ——不同种类砌体的系数。根据轴心受压试验结果的统计，对于砖砌体取 $\xi=460$，对于灌孔混凝土砌块砌体，取 $\xi=500$。公式（3-4）全面反映了块体强度、砂浆强度及其变形性能对不同种类的砌体变形的影响。

3.6.2 砌体的变形模量

砌体受压时的弹性模量有三种表示方法，如图 3-14 所示。

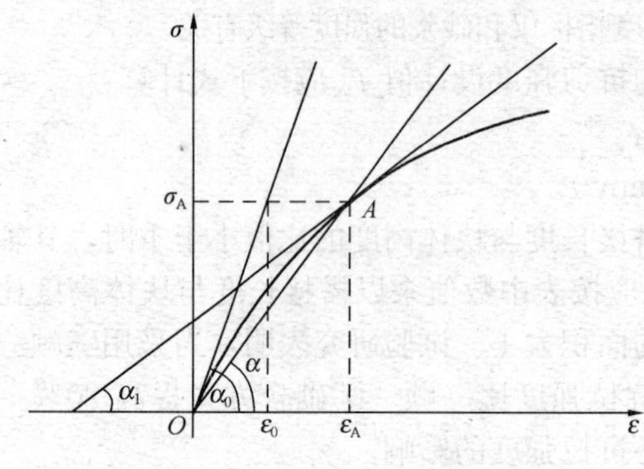

图 3-14 砌体变形模量的表示方法

1. 切线弹性模量

在 σ-ε 曲线上任意点 A 作切线，其斜率为 A 点的切线模量：

$$E_t = \frac{d\sigma_A}{d\varepsilon_A} = \tan\alpha_1 \tag{3-5}$$

2. 初始弹性模量

在应力-应变曲线的原点作切线，其斜率为初始弹性模量。公式（3-4）对应变求导可得：

$$E' = \frac{d\sigma}{d\varepsilon} = \xi f_m\left(1-\frac{\sigma}{f_m}\right) \tag{3-6}$$

式（3-6）中令 $\sigma/f_m=0$，可得初始弹性模量为：

$$E_0 = \tan\alpha_0 = \xi f_m \tag{3-7}$$

直接用试验方法得到的应力-应变曲线确定砌体的初始弹性模量不易测准。试验和研究表明，当压应力上限为砌体抗压强度平均值的 40%～50%，砌体经反复加卸载 5 次后的应力-应变关系趋近于直线，此时直线的斜率接近初始弹性模量，称之为砌体的受压弹性模量 E。

3. 割线模量

《规范》GB 50003 将砌体应力-应变关系 $\sigma=0.043f_m$ 时的割线模量作为砌体的弹性模量。在应力-应变曲线上过原点作任意一点 A 的割线，其斜率为 A 点的割线模量：

$$E = \tan\alpha = \frac{\sigma_A}{\varepsilon_A} = \frac{0.43f_m}{-\dfrac{1}{\xi}\ln(1-0.43)} = 0.756\xi f_m \approx 0.8\xi f_m \tag{3-8}$$

各类砌体的受压弹性模量按表 3-3 取用。石材的弹性模量远高于砂浆的弹性模量，因此砌体变形主要决定于水平灰缝内砂浆的变形，因此石材的弹性模量仅按砂浆的强度等级来确定弹性模量。

单排孔且对孔砌筑的混凝土砌块灌孔砌体的弹性模量，应按下列公式计算：

$$E = 2000 f_g \tag{3-9}$$

式中　f_g——灌孔砌体的抗压强度设计值。

砌体的弹性模量 E（MPa）　　**表 3-3**

砌　体　种　类	砂浆强度等级			
	≥M10	M7.5	M5	M2.5
烧结普通砖、烧结多孔砖砌体	$1600f$	$1600f$	$1600f$	$1390f$
混凝土普通砖、混凝土多孔砖砌体	$1600f$	$1600f$	$1600f$	—
蒸压灰砂普通砖、蒸压粉煤灰普通砖砌体	$1060f$	$1060f$	$1060f$	—
非灌孔混凝土砌块砌体	$1700f$	$1600f$	$1500f$	—
粗料石、毛料石、毛石砌体	—	5650	4000	2250
细料石砌体	—	17000	12000	6750

注：表中的强度设计值 f 不需考虑强度调整系数 γ_a。

4. 砌体的剪变模量

根据材料力学公式，砌体的剪变模量可表示为：

$$G = \frac{E}{2(1+\nu)} \tag{3-10}$$

式中　ν——材料的泊松系数，根据国内外试验结果，烧结普通砖砌体的 ν 一般取 0.15；砌块砌体的 ν 一般取 0.3，将其代入式（3-10）可得砖砌体和砌块砌体的剪变模量 $G=$（0.38～0.45）E，GB 50003 建议对各类砌体，剪变模量可取 $0.4E$。

5. 砌体的线膨胀系数和收缩率

砌体的线膨胀系数是分析砌体在温度作用下的变形性能所必需的，GB 50003 给定的砌体的线膨胀系数按表 3-4 取用。砌体的收缩与块体的上墙含水率、砌体的施工方法等有密切关系。

砌体的线膨胀系数和收缩系数　　**表 3-4**

砌　体　类　别	线膨胀系数（10^{-6}/℃）	收缩系数（mm/m）
烧结普通砖、烧结多孔砖砌体	5	−0.1
蒸压灰砂普通砖、蒸压粉煤灰普通砖砌体	8	−0.2
混凝土普通砖、混凝土多孔砖、混凝土砌块砌体	10	−0.2
轻集料混凝土砌块砌体	10	−0.3
料石、毛石砌体	8	—

注：表中的收缩率系由达到收缩允许标准的块体砌筑 28d 的砌体收缩系数。

6. 砌体的摩擦系数

当砌体与其他材料沿接触面产生相对滑动时，在滑动面产生摩擦力。砌体沿不同材料滑动及摩擦面处于干燥或潮湿状况下的摩擦系数按表 3-5 取用。

砌体的摩擦系数　　表 3-5

材 料 类 别	摩擦面情况	
	干 燥	潮 湿
砌体沿砌体或混凝土滑动	0.70	0.60
砌体沿木材滑动	0.60	0.50
砌体沿钢滑动	0.45	0.35
砌体沿砂或卵石滑动	0.60	0.50
砌体沿粉土滑动	0.55	0.40
砌体沿黏性土滑动	0.50	0.30

3.7 砌体的耐久性要求

砌体的耐久性主要包括冻融、碳化、软化、盐析、硫酸盐侵蚀等。在我国非烧结材料中曾经发现不少因为耐久性差导致的问题，如墙面出现强度降低、粉蚀、掉皮等现象，直接影响到房屋结构的安全性。

影响砌体耐久性的主要因素是块材的吸水率，吸水率越小，耐久性越好；同类块材强度越高，吸水率越小。在实际结构中，块材可以通过雨水直接吸水，也可以通过基础向上吸水，基础及挡土墙可以从土中吸水，厨房、卫生间墙体防水有缺陷时也直接吸水。

砌体结构的耐久性应根据所处环境的类别和设计使用年限进行设计。砌体结构的环境类别分类标准见表 3-6。

砌体结构的环境类别　　表 3-6

环 境 类 别	条 件
1	正常居住及办公建筑的内部干燥环境
2	潮湿的室内或室外环境，包括与无侵蚀性土和水接触的环境
3	严寒和使用化冰盐的潮湿环境（室内或室外）
4	与海水直接接触的环境，或处于滨海地区的盐饱和的砌体环境
5	有化学侵蚀的气体、液体或固态形式的环境，包括有侵蚀性土壤的环境

当设计使用年限为 50 年时，砌体中钢筋的耐久性选择应满足表 3-7 的要求。

砌体结构中钢筋耐久性选择　　表 3-7

环境类别	钢筋种类和最低保护要求	
	位于砂浆中的钢筋	位于灌孔混凝土中的钢筋
1	普通钢筋	普通钢筋
2	重镀锌或有等效保护的钢筋	当采用混凝土灌孔时，可为普通钢筋；当采用砂浆灌孔时应为重镀锌或有等效保护的钢筋
3	不锈钢或有等效保护的钢筋	重镀锌或有等效保护的钢筋
4 和 5	不锈钢或有等效保护的钢筋	不锈钢或有等效保护的钢筋

注：对夹心墙的外叶墙，应采用重镀锌或有等效保护的钢筋。

设计使用年限为 50 年时，砌体中钢筋的保护层厚度，应符合以下规定：

配筋砌体中钢筋的最小保护层厚度应符合表 3-8 的规定。

钢筋的最小保护层厚度　　　　表 3-8

环境类别	混凝土强度等级			
	C20	C25	C30	C35
	最低水泥含量（kg/m³）			
	260	280	300	320
1	20	20	20	20
2	—	25	25	25
3	—	40	40	30
4	—	—	40	40
5	—	—	—	40

灰缝中钢筋外露砂浆保护层厚度不应小于 15mm；所有钢筋端部均应有与对应钢筋的环境类别条件相同的保护层厚度。

在按照表 3-8 设置保护层厚度时还应注意以下几点：

材料中的最大氯离子含量和最大碱含量应同时符合现行国家标准《混凝土结构设计规范》GB 50010 的规定。当采用防渗砌体砌块和防渗砂浆时，可以考虑部分砌体（含抹灰层）的厚度作为保护层，但对环境类别 1、2、3 其混凝土保护层的厚度相应不应小于 10mm、15mm 和 20mm。钢筋砂浆面层的组合砌体构件的钢筋保护层厚度宜比表 3-8 规定的混凝土保护层厚度增加 5～10mm，对安全等级为一级或设计使用年限为 50 年以上的砌体结构，钢筋保护层的厚度应至少增加 10mm。

设计使用年限为 50 年，地面以下或防潮层以下的砌体、潮湿房间的墙或环境类别 2 的砌体，所用材料的最低强度等级应符合表 3-9 的规定。对安全等级为一级或设计使用年限大于 50 年的房屋，其材料强度等级应至少比相应表 3-9 提高一级。在冻胀地区，地面以下或防潮层以下的砌体，不宜采用多孔砖，如采用时，其孔洞应用不低于 M10 的水泥砂浆预先灌实。当采用混凝土空心砌块时，其孔洞应采用强度等级不低于 Cb20 的混凝土预先灌实。

地面以下或防潮层以下的砌体、潮湿房间的墙所用材料的最低强度等级　　表 3-9

潮湿程度	烧结普通砖	混凝土普通砖 蒸压普通砖	混凝土 砌块	石材	水泥砂浆
稍潮湿的	MU15	MU20	MU7.5	MU30	M5
很潮湿的	MU20	MU20	MU10	MU30	M7.5
含水饱和的	MU20	MU25	MU15	MU40	M10

当处于环境类别为3～5等有侵蚀性介质的砌体材料应根据环境条件对砌体材料的抗冻指标、耐酸、抗碱性能提出要求，或符合有关规范的规定。

思 考 题

[3-1] 无筋砌体有哪些种类？块材和砂浆分别有哪些种类？

[3-2] 轴心受压砌体破坏的特征如何？影响砌体抗压强度的因素有哪些？

[3-3] 为什么砌体的抗压强度远小于其块材的抗压强度而又大于砂浆强度等级较小时的砂浆强度？

[3-4] 砌体受拉、受弯和受剪时，破坏形态如何？

[3-5] 为什么砌体的抗拉、抗弯和抗剪强度仅受水平灰缝的影响？

[3-6] 在哪些情况下，需对砌体的强度设计值进行调整？为什么？

[3-7] 《规范》规定的砌体受压弹性模量是如何确定的？

[3-8] 块材的吸水率对砌体的耐久性有何影响？

[3-9] 为什么在冻胀地区，地面以下或防潮层以下的砌体不宜采用多孔砖砌筑？

附 录

烧结普通砖和烧结多孔转砌体的抗压强度设计值（MPa） **附表 3-1**

砖强度等级	砂浆强度等级					砂浆强度
	M15	M10	M7.5	M5	M2.5	0
MU30	3.94	3.27	2.93	2.59	2.26	1.15
MU25	3.60	2.98	2.68	2.37	2.06	1.05
MU20	3.22	2.67	2.39	2.12	1.84	0.94
MU15	2.79	2.31	2.07	1.83	1.60	0.82
MU10	—	1.89	1.69	1.50	1.30	0.67

注：当烧结多孔砖的孔洞率大于30%时，表中数值应乘以0.9。

混凝土普通砖和混凝土多孔转砌体的抗压强度设计值（MPa） **附表 3-2**

砖强度等级	砂浆强度等级					砂浆强度
	Mb20	Mb15	Mb10	Mb7.5	Mb5	0
MU30	4.61	3.94	3.27	2.93	2.59	1.15
MU25	4.21	3.60	2.98	2.68	2.37	1.05
MU20	3.77	3.22	2.67	2.39	2.12	0.94
MU15	—	2.79	2.31	2.07	1.83	0.82

蒸压灰砂普通砖和蒸压粉煤灰普通砖砌体的
抗压强度设计值（MPa）　　附表 3-3

砖强度等级	砂浆强度等级				砂浆强度
	M15	M10	M7.5	M5	0
MU25	3.60	2.98	2.68	2.37	1.05
MU20	3.22	2.67	2.39	2.12	0.94
MU15	2.79	2.31	2.07	1.83	0.82

注：当采用专用砂浆砌筑时，其抗压强度设计值按表中数值采用。

单排孔混凝土砌块和轻骨料混凝土砌块对孔砌筑砌体的
抗压强度设计值（MPa）　　附表 3-4

砌块强度等级	砂浆强度等级					砂浆强度
	Mb20	Mb15	Mb10	Mb7.5	Mb5	0
MU20	6.30	5.68	4.95	4.44	3.94	2.33
MU15	—	4.61	4.02	3.61	3.20	1.89
MU10	—	—	2.79	2.50	2.22	1.31
MU7.5	—	—	—	1.93	1.71	1.01
MU5	—	—	—	—	1.19	0.70

注：1. 对独立柱或厚度为双排组砌的砌块砌体，应按表中数值乘以 0.7；
2. 对 T 形截面墙体、柱，应按表中数值乘以 0.85。

双排孔或多排孔轻集料混凝土砌块砌体的
抗压强度设计值（MPa）　　附表 3-5

砌块强度等级	砂浆强度等级			砂浆强度
	Mb10	Mb7.5	Mb5	0
MU10	3.08	2.76	2.45	1.44
MU7.5	—	2.13	1.88	1.12
MU5	—	—	1.31	0.78
MU3.5	—	—	0.95	0.56

毛料石砌体的抗压强度设计值（MPa） **附表 3-6**

毛料石强度等级	砂浆强度等级			砂浆强度
	M7.5	M5	M2.5	0
MU100	5.42	4.80	4.18	2.13
MU80	4.85	4.29	3.73	1.91
MU60	4.20	3.71	3.23	1.65
MU50	3.83	3.39	2.95	1.51
MU40	3.43	3.04	2.64	1.35
MU30	2.97	2.63	2.29	1.17
MU20	2.42	2.15	1.87	0.95

注：对细料石砌体、粗料石砌体和干砌勾缝石砌体，表中数值应分别乘以调整系数 1.4、1.2 和 0.8。

毛石砌体的抗压强度设计值（MPa） **附表 3-7**

毛石强度等级	砂浆强度等级			砂浆强度
	M7.5	M5	M2.5	0
MU100	1.27	1.12	0.98	0.34
MU80	1.13	1.00	0.87	0.30
MU60	0.98	0.87	0.76	0.26
MU50	0.90	0.80	0.69	0.23
MU40	0.80	0.71	0.62	0.21
MU30	0.69	0.61	0.53	0.18
MU20	0.56	0.51	0.44	0.15

沿砌体灰缝截面破坏时砌体的轴心抗压强度设计值、
弯曲抗拉强度设计值和抗剪强度设计值（MPa） **附表 3-8**

强度类别		破坏特征及砌体种类	砂浆强度等级			
			≥M10	M7.5	M5	M2.5
轴心抗拉	沿齿缝	烧结普通砖、烧结多孔砖	0.19	0.16	0.13	0.09
		混凝土普通砖、混凝土多孔砖	0.19	0.16	0.13	—
		蒸压灰砂普通砖、蒸压粉煤灰普通砖	0.12	0.10	0.08	—
		混凝土和轻集料混凝土砌块	0.09	0.08	0.07	—
		毛石	—	0.07	0.06	0.04

续表

强度类别	破坏特征及砌体种类		砂浆强度等级			
			≥M10	M7.5	M5	M2.5
弯曲抗拉	沿齿缝	烧结普通砖、烧结多孔砖	0.33	0.29	0.23	0.17
		混凝土普通砖、混凝土多孔砖	0.33	0.29	0.23	—
		蒸压灰砂普通砖、蒸压粉煤灰普通砖	0.24	0.20	0.16	—
		混凝土和轻集料混凝土砌块	0.11	0.09	0.08	—
		毛石	—	0.11	0.09	0.07
	沿通缝	烧结普通砖、烧结多孔砖	0.17	0.14	0.11	0.08
		混凝土普通砖、混凝土多孔砖	0.17	0.14	0.11	—
		蒸压灰砂普通砖、蒸压粉煤灰普通砖	0.12	0.10	0.08	—
		混凝土和轻集料混凝土砌块	0.08	0.06	0.05	—
抗剪	烧结普通砖、烧结多孔砖		0.17	0.14	0.11	0.08
	混凝土普通砖、混凝土多孔砖		0.17	0.14	0.11	—
	蒸压灰砂普通砖、蒸压粉煤灰普通砖		0.12	0.10	0.08	—
	混凝土和轻集料混凝土砌块		0.09	0.08	0.06	—
	毛石		—	0.19	0.16	0.11

第4章　砌体结构的形式和结构整体的内力分析方法

4.1　概　　述

无筋砌体的力学特性决定了其结构形式。无筋砌体的显著特性是抗拉性能很差，因此在设计砌体结构房屋时，为了避免出现受拉区，对于结构的高宽比应有所限制。如图 4-1 所示，当结构仅受竖向荷载作用时，竖向荷载应作用在截面的核心区内，即力的作用点距截面形心的距离应不大于 $B/6$，B 为结构的宽度。当结构受竖向荷载和水平荷载同时作用时，截面不产生拉应力的条件可用公式（4-1）表示：

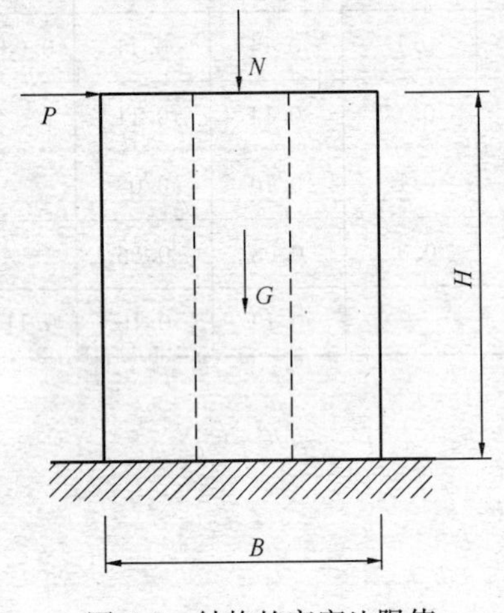

图 4-1　结构的高宽比限值

$$\frac{H}{B} < \frac{N+G}{6P} \tag{4-1}$$

由式（4-1）可知，悬臂结构的高宽比 H/B 的限值与结构的总竖向力（$N+G$）成正比，与侧向力 P 成反比。在结构承受地震作用时，侧向力 P 是与结构自重 G 成比例的惯性力 αG，这时在 $N=0$ 的情况下，公式（4-1）可简化为：

$$\frac{H}{B} < \frac{N+G}{6P} = \frac{1}{\eta\alpha} \tag{4-2}$$

其中 $\eta\alpha$ 是与侧向力的分布和地震烈度、传递特性有关的常数。因此，当 $\eta\alpha$ 给定时，悬臂结构高宽比的上限值也就给定了。

对于单片砌体墙体其高宽比限值也应符合上述限值。墙体的受力特性和水平力的作用方向有关，从图 4-2(a) 中可以看出，当水平力的作用方向与墙体水平截面较宽的方向平行时，即水平力应作用在墙体平面内，只有这样的受力，墙体的设计才是合理的。而图 4-2(b) 则是墙体平面外受力的图示，墙体平面外受力时其抗侧向力的性能很差，这点可从墙体截面抗侧刚度的变化看出，当墙体平面内受力时，其抗弯刚度与截面长边 B^3 成正比，而当平面外受力时，其抗弯刚度与截面短边 b^3 成正比，其两者的刚度差距显而易见。

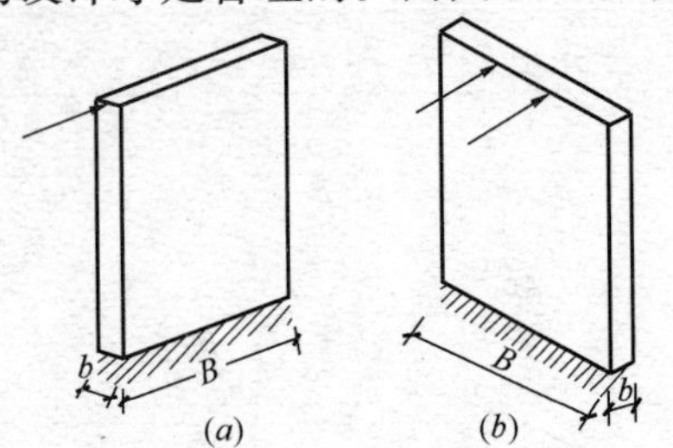

图 4-2　墙体受力特点
(a) 平面内受力；(b) 平面外受力

掌握了砌体结构的总体受力特性，在结构设计中就应做到合理地设计结构体系，使结构传力路径明确、受力合理、概念清晰。

4.2　砌体结构房屋的布置方案

砌体结构一般由墙、柱、楼屋盖组成。墙一般采用砌体材料，柱可采用砌体或钢筋混凝土，楼屋盖一般为钢筋混凝土，亦可采用配筋砌体或木结构。

砌体的主要特点是抗拉强度很低，因此组成砌体房屋结构的基本原则就是选取合理的结构形式减小砌体中的拉应力。为了减小砌体的拉应力，最有效的办法是采用弧线或拱式结构，我国古代用砌体建造的塔楼，以及西方用砌体建造的教堂，其大范围的墙体常为弧线形的以及一些屋顶为穹拱结构。

采用钢筋混凝土楼盖是现代砌体结构房屋的标志，由于钢筋混凝土楼板能有效抵抗楼面荷载产生的弯矩，所以房屋可以有较大的内部空间，这种空间尺度主要受楼板所能达到的跨度的影响。

房屋整体设计除了满足高宽比的限值，还应保证墙柱的稳定性，可通过对其高厚比的限值实现。砌体结构房屋的形式可以是千变万化的，但从经济和使用的角度出发，砌体结构房屋平面多采用矩形，矩形的短边称为横向，矩形的长边称为纵向。相应的在房屋横向的砌体墙则称为横墙，在房屋纵向的砌体墙称其为纵墙。

根据房屋中竖向荷载的传递路径，砌体结构房屋的结构布置方案主要有以下几类：横墙承重方案、纵墙承重方案、纵横墙承重方案和底层框架承重方案。下面逐一介绍各种方案的特点。

4.2.1　横墙承重方案

当砌体结构房屋中楼屋盖的荷载主要传递到横墙上时，称该结构体系为横墙承重方案。这种结构体系中楼板若是无梁楼板，则楼板直接支承在横墙上，若是单向板肋梁楼盖，则主梁搁置在横墙上。

图 4-3 所示的宿舍楼则为一横墙承重方案的砌体结构房屋，房屋的每个开间设置横墙，楼屋面板的荷载直接传递到横墙上，再由横墙逐层向下传递，最后由底层横墙传至基础，地基承受全部的荷载。

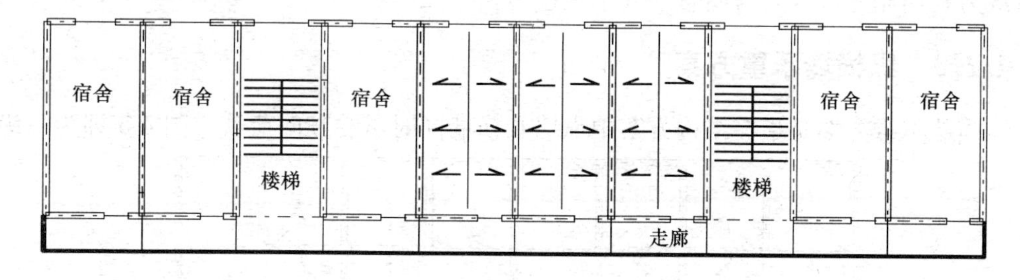

图 4-3　横墙承重方案

横墙承重体系方案房屋主要有以下一些特点：(1) 横墙为承重墙，横墙间距较小(3～4.5m)，纵、横墙和楼盖一起形成刚度很大的空间受力体系，结构整体性好，空间刚度大，有利于抵抗横墙方向的水平力，也有利于调整地基的不均匀沉降。(2) 纵墙作为围护、隔断墙，其与横墙有效地连接在一起，可保证横墙的侧向稳定，对于纵墙门窗洞口的设置限制较少，外纵墙立面处理比较灵活。(3) 由于横墙间距小，所以楼盖的材料用量较少，但墙体的用料较多。结构施工方便。

当采用横墙承重体系方案时，房屋开间较小，适用于宿舍、住宅、旅馆等居住建筑和由小房间组成的办公楼等。横墙承重体系的承载力和刚度比较容易满足设计要求，且由于每层横墙分担的荷载较小，所以横墙承重方案结构体系，可建造相对较高的砌体房屋，在某些地区，房屋层数可达 11～12 层。

4.2.2 纵墙承重方案

当砌体结构房屋中楼屋盖的荷载传递到纵墙上时，该结构体系即为纵墙承重方案。图 4-4(*a*)和(*b*)即为纵墙承重方案。图 4-4(*a*)中楼板荷载首先传给搁置在纵墙上的梁，再由梁传给纵墙。图 4-4(*b*)的布置方案是楼面荷载直接作用在预制楼板上，预制楼板直接搁置在纵墙上成为单向板。楼屋面板荷载传递给纵墙，再由纵墙传给基础。

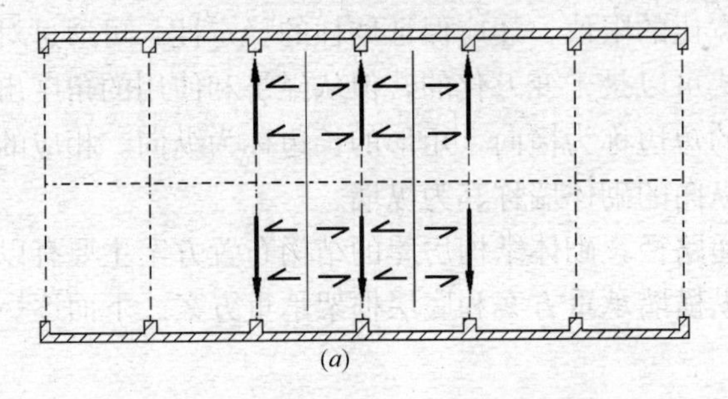
(*a*)

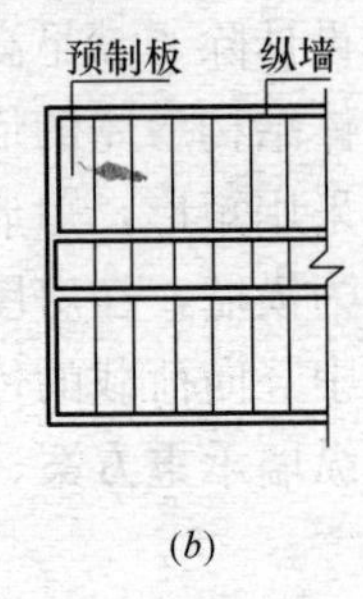

(*b*)

图 4-4 纵墙承重方案

纵墙承重结构体系的特点是：(1) 纵墙为承重墙，横墙数量相对较少，承重墙间距一般较大，房屋的空间刚度比横墙承重体系小；纵墙上门窗洞口的大小和位置受到限制。(2) 横墙为自承重墙，可保证纵墙的侧向稳定和房屋的整体刚度，房屋的划分比较灵活。(3) 楼盖跨度较大，楼盖材料用量较多，墙体材料用量较少。

纵墙承重方案适用于教学楼、图书馆等使用上要求有较大空间的房屋，以及食堂、俱乐部、中小型工业厂房等单层和多层空旷房屋。与横墙承重体系相反，纵墙承重方案中墙体承载力利用充分，因此房屋总层数不宜过多。

4.2.3 纵横墙承重方案

纵横墙承重方案是指在结构方案中纵墙和横墙同时承受竖向荷载。图 4-5 即为一纵横

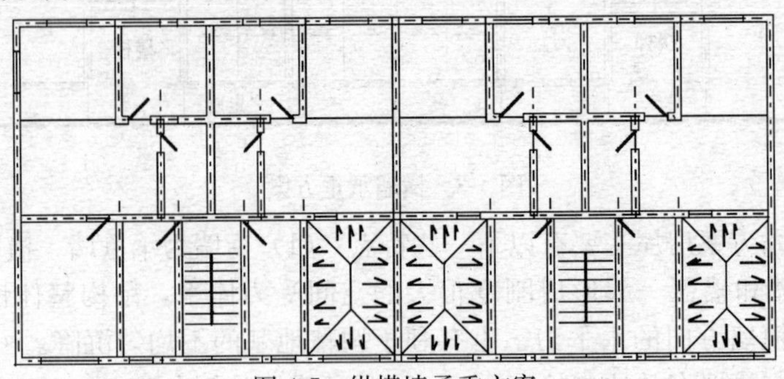

图 4-5 纵横墙承重方案

墙承重方案的房屋，这是一个一梯两户的住宅楼平面图，由于房屋的使用需求，房屋的楼屋面板有的为单向板，有的为双向板，从而使得房屋的纵、横墙均承受竖向荷载。

纵横墙承重方案兼有横墙和纵横墙承重体系的特点，房屋平面布置比较灵活，空间有较好的刚度。该结构体系适用于住宅、教学楼、办公楼以及医院等建筑。在多层砌体结构房屋中是一种较为常用的结构体系。

4.2.4　底层框架结构

结构底层采用框架结构体系而上部采用砌体结构承重的体系，即为底层框架结构（图 4-6）。这种结构形式的出现是为了满足某些建筑物底层需要大开间的商场、车库等，而上层则是一般的住宅，办公楼等不需大开间的建筑。这种结构体系易满足一些建筑使用功能的需要，但由于房屋上、下采用不同的结构承重体系，底层墙体较少，沿房屋高度方向，结构空间刚度将发生变化，形成上、下刚度突变，这在结构设计时应特别引起注意。经过合理设计，实现强柱弱梁的目标，可获得使用和抗震性能较好的底层框架结构体系。

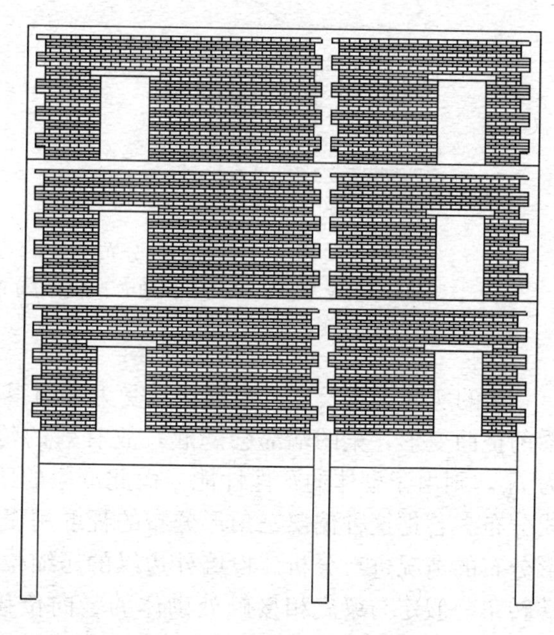

图 4-6　底层框架结构房屋

4.3　砌体结构房屋竖向荷载的传递

上述几种结构体系中，楼、屋面的恒载、活载以及墙体的自重等均是逐层向下传递，若楼屋面板直接搁置在墙体上，则按照楼板是单向板还是双向板，荷载传递给相应的墙体。若楼屋面板设有梁，则有一部分或全部荷载传递给梁，再由梁传递给墙体或柱。

4.3.1　梁端支承处应力分布特点

荷载由梁传递给墙时，由于梁的刚度不同，导致梁端下部墙体支承处的应力分布不同。当梁的刚度较大时，支承处应力分布是均匀的，见图 4-7(a)；当梁的刚度较小时，支承处应力分布则是非均匀的，应力分布的形状与梁端的变形相一致。墙体外边缘变形大，则此处应力也最大，见图 4-7(b)。当梁端荷载较大，需在支承处设置垫块时见图 4-7(c)，垫块下部和墙体接触面处应力也是均匀分布的。

4.3.2　梁端有效支承长度

对于较柔的梁，由于梁端变形，导致梁的搁置长度与其实际传递力的长度不同，实际传递应力的长度范围称为梁的有效支承长度（图 4-8）。

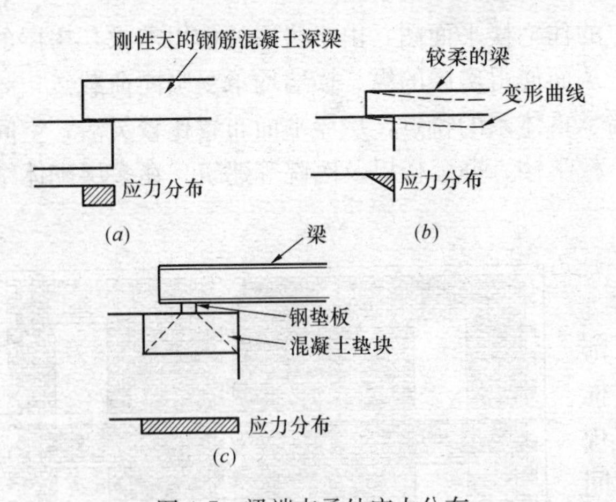

图 4-7 梁端支承处应力分布

(a) 较刚的梁下的应力分布；(b) 较柔的梁下的应力分布；
(c) 梁下加垫块时的应力分布

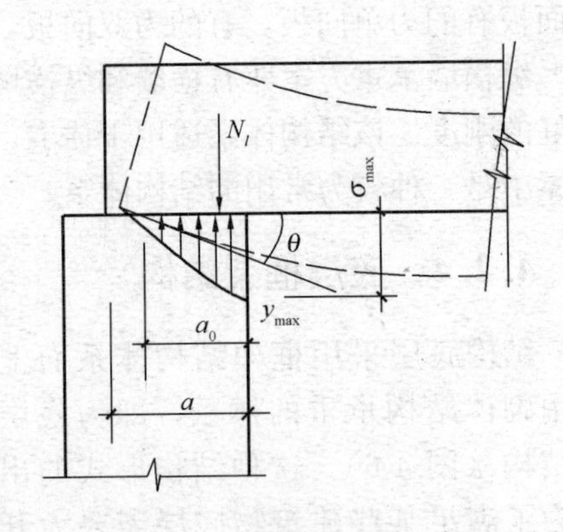

图 4-8 梁端有效支承长度

梁的实际支承长度可根据梁端受力平衡得到，若梁搁置在墙体上的长度为 a，由于梁的挠曲变形，梁的端部会翘起，故有效的传递长度 a_0 必小于 a。设梁端的支承压力为 N_l，则由于砌体的塑性性能，由此产生的压应力图形一般在矩形和三角形之间呈曲线分布。若把这种偏离三角形分布的程度用压应力图形完整系数 η 来描述，则可按三角形分布的情况进行分析。设墙外边缘的压缩位移为 y_{max}，则有 $y_{max}=a_0\tan\theta$，其中 θ 为梁端转角。假定与梁底相接触处砌体的竖向位移与该点的压应力成正比，则墙体边缘处的最大压应力为 $\sigma_{max}=ky_{max}$，其中，k 为梁端支承处砌体的压缩刚度系数，根据力的平衡条件可得：

$$N_l = \eta\sigma_{max}a_0 b = \eta k\, y_{max}a_0 b = \eta k a_0^2 b\tan\theta \tag{4-3}$$

其中 b 为梁的宽度。根据试验结果可定出 $\eta k = 0.687f$，f 为砌体的抗压强度设计值，其单位为 N/mm^2，将此试验结果代入公式 (4-3) 可得梁端有效支承长度为：

$$a_0 = 1.206\sqrt{\frac{N_l}{fb\tan\theta}} \tag{4-4}$$

式 (4-4) 中所有单位均以 N·mm 单位制代入。

对于跨度 l 在常见范围内并承受均布荷载 q 作用的简支梁，则 $N_l = ql/2, \tan\theta = ql^3/(24B_l)$，其中 B_l 为钢筋混凝土梁的长期刚度，可近似取为 $B_l = 0.3E_cI_c$，当混凝土的强度等级为 C20 时，取其弹性模量 $E_c = 25.5\ kN/mm^2$，$I_c=bh_c^3/12$ 为梁的惯性矩，其中 h_c 为混凝土梁高度，近似取 $h_c/l=1/11$，则公式 (4-4) 可简化为：

$$a_0 = 10\sqrt{\frac{h_c}{f}} \tag{4-5}$$

上式中各量的量纲均按 N·mm 制计。梁的有效支承长度 a_0 计算出后，根据理论研究和试验的实际情况并考虑上部荷载和内力重分布的塑性影响，梁端集中力到支座边缘的距离可取为 $0.4a_0$。

4.3.3　集中力的传递

当墙体受到集中荷载作用时，其向下传递时会逐渐扩散开来。在设计中可假定沿墙体两个方向的扩散角均为 45°，图 4-9 为集中力向下扩散的图示，若按 45°角扩散时遇到墙的边界，则只能扩散到墙的边界为止。根据此规则，并运用叠加原理，即可计算出墙的任意水平截面处的竖向应力。

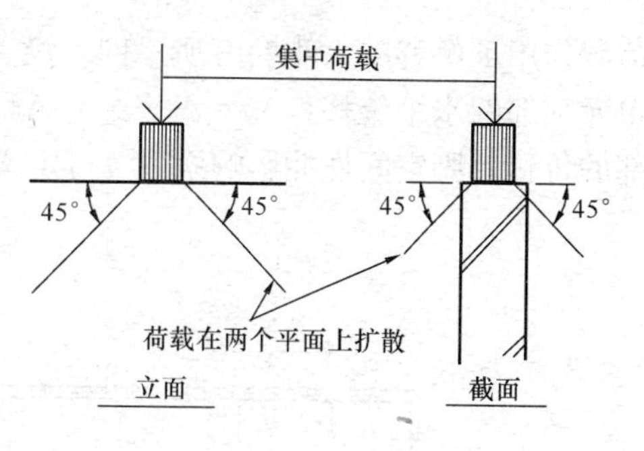

图 4-9　墙上集中力的扩散

4.4　砌体结构房屋的静力计算方案

砌体结构房屋受到水平荷载作用时，房屋的变形与房屋纵横墙的布置以及楼屋盖的刚度密切相关。如图 4-10 所示为一砌体结构房屋纵墙直接受到风荷载作用的图示，计算单元在水平荷载作用下的变形一般来说还受到相邻单元的约束，此约束反力由屋盖承受并传给两端的山墙以及与屋盖相联系的其他单元。这一现象表明，当房屋受到局部水平荷载作用时，不仅直接受荷单元产生内力，而且房屋的所有单元，包括两端的山墙也参与了工作。这些共同作用导致直接受荷单元的内力和位移远小于该单元单独承受相同荷载时的内力和位移。这种房屋在空间上的内力传播与分布，一般称为房屋的空间作用效应，相应的房屋整体刚度称为空间刚度。

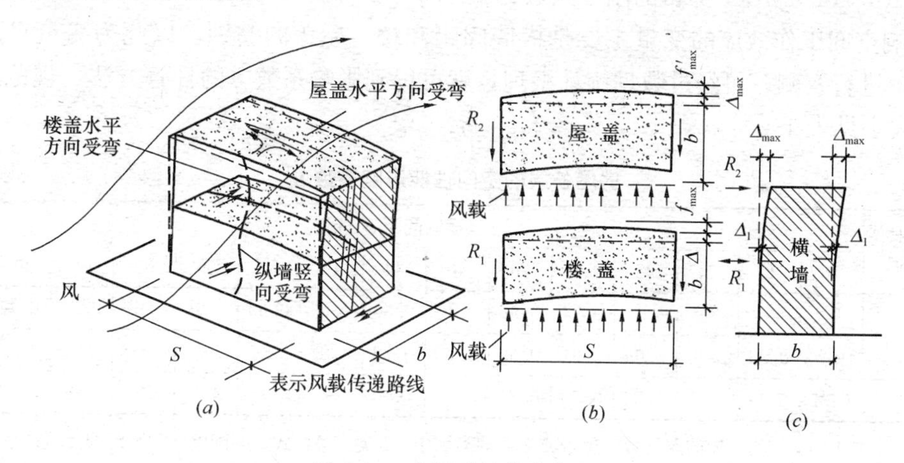

图 4-10　房屋受风荷载作用

随着相邻单元对计算单元的约束程度不同，即随着房屋空间工作程度的不同，对计算单元应采用不同的计算简图，这些计算简图即为房屋的静力计算方案。

4.4.1　房屋静力计算方案的划分

1. 房屋的空间性能影响系数

房屋的空间工作效应表现为整个房屋通过相邻单元对计算单元施加了一个弹性约束反力，一般房屋的墙或柱与屋盖的连接可视为铰接，这样对于图 4-11 所示单元，其在水平荷载作用下侧移的大小会有所不同，设 Δ_e 为该单元在无弹簧支承时的侧移，Δ_{re} 为该计算单元顶部的水平位移，$\Delta_{re}=\Delta_r+\Delta_w$，$\Delta_w$ 为山墙顶部的水平位移，Δ_r 为屋面相对于山墙顶部的位移，则空间性能影响系数 η 可定义为：

$$\eta=\frac{\Delta_{re}}{\Delta_e} \tag{4-6}$$

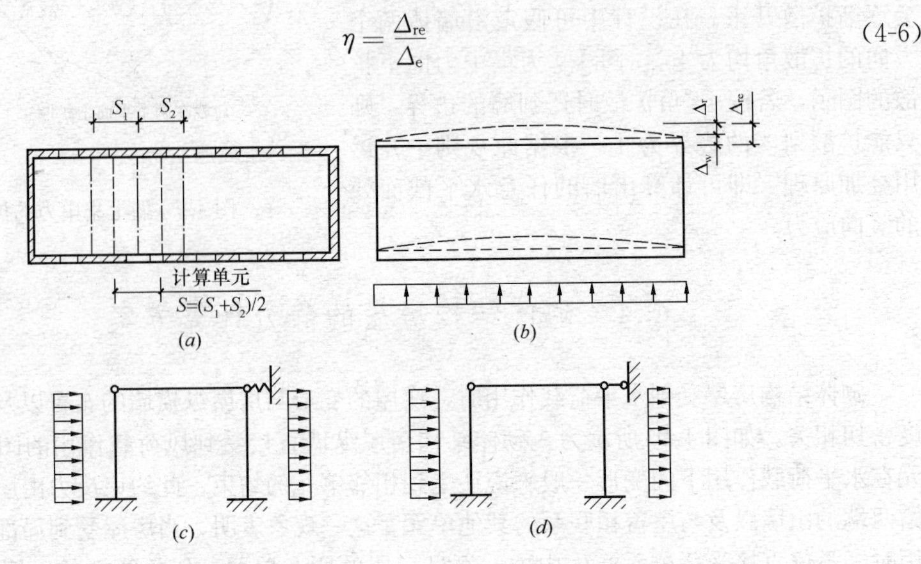

图 4-11　砌体结构房屋计算简图的确定

记 k_e 为无弹簧时计算单元相应于力 P 的刚度，则可证明，图 4-11(c) 中弹簧的约束反力为 $R=(1-\eta)P$，弹簧的刚度系数为 $[1/(\eta-1)]k_e$。

影响空间工作效应的变量主要是横墙间距和楼、屋盖的类别，以此为变量对房屋的 Δ_r 和 Δ_w 进行实测，再经过数理统计整理，就可得到影响系数 η 的计算方法，规范给出的 η 取值大小见表 4-1。

房屋各层的空间性能影响系数 η_i　　　　表 4-1

屋盖或楼盖类别	横墙间距 S（m）														
	16	20	24	28	32	36	40	44	48	52	56	60	64	68	72
1	—	—	—	—	0.33	0.39	0.45	0.50	0.55	0.60	0.64	0.68	0.71	0.74	0.77
2	—	0.35	0.45	0.54	0.61	0.68	0.73	0.78	0.82	—	—	—	—	—	—
3	0.37	0.49	0.60	0.68	0.75	0.81	—	—	—	—	—	—	—	—	—

备注：i 取 $1\sim n$，n 为房屋的总层数。屋盖或楼盖的类别中，1 类为整体式、装配整体和装配式无檩体系钢筋混凝土屋盖和钢筋混凝土楼盖；2 类为装配式有檩体系钢筋混凝土屋盖、轻钢屋盖和有密铺望板的木屋盖或木楼盖；3 类为瓦材屋面的木屋盖和轻钢屋盖。

2. 房屋的静力计算方案的确定

空间性能影响系数 η 值愈大，表示在水平荷载作用下整体房屋的侧移与平面排架的侧移愈接近，即建筑物的空间性能较弱。反之，η 值愈小，表示建筑物的空间性能愈强。根据空间性能影响系数 η 的大小，以及房屋纵横墙相互约束的影响程度，可确定砌体房屋的静力计算方案。实际工程中在进行砌体结构受力分析时，根据横墙的间距以及楼屋盖的类别，将混合结构房屋静力计算方案划分为三种，分别是刚性方案、弹性方案和刚弹性方案，可根据表 4-2 确定。

房屋静力计算方案的确定　　**表 4-2**

	屋盖或楼盖类别	刚性方案	刚弹性方案	弹性方案
1	整体式、装配整体和装配式无檩体系钢筋混凝土屋盖或钢筋混凝土楼盖	$s<32$	$32\leqslant s\leqslant 72$	$s>72$
2	装配式有檩体系钢筋混凝土屋盖、轻钢屋盖和有密铺望板的木屋盖或木楼盖	$s<20$	$20\leqslant s\leqslant 48$	$s>48$
3	瓦材屋面的木屋盖和轻钢屋盖	$s<16$	$16\leqslant s\leqslant 36$	$s>36$
备注	s 为房屋横墙间距，其长度单位为 m； 对无山墙或伸缩缝处无横墙的房屋，应按弹性方案考虑			

刚性和刚弹性方案房屋的横墙，除了满足上述间距要求外，为保证其具有足够的抗侧刚度，墙体还应同时符合下列要求：

（1）横墙的厚度不宜小于 180mm；

（2）横墙中开有洞口时，洞口的水平截面面积不应超过横墙截面面积的 50％；

（3）单层房屋的横墙长度不宜小于其高度，多层房屋的横墙长度不宜小于 $H/2$（H 为横墙总高度）。

当横墙不能同时符合上述要求时，应对横墙的刚度进行验算。当计算水平位移时，应考虑墙体的弯曲变形和剪切变形，如其墙顶最大水平位移值 $\mu_{max}\leqslant H/4000$ 时，仍可视作刚性或刚弹性方案房屋的横墙如图 4-12 所示。

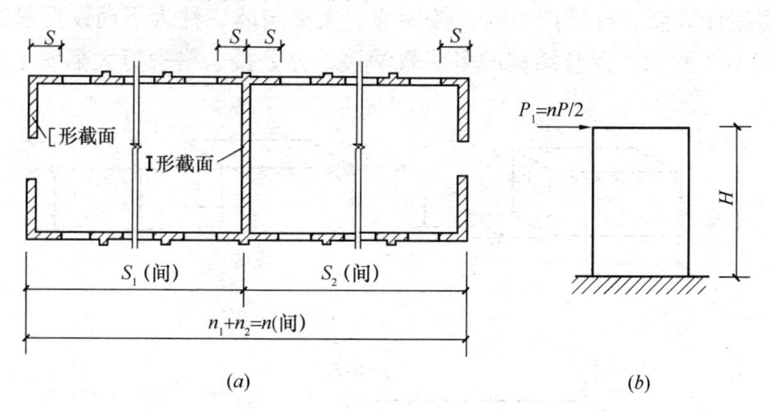

图 4-12　横墙侧移的计算

墙顶最大水平位移 μ_{max} 可按下列公式计算：

$$\mu_{max}=\frac{P_1H^3}{3EI}+\frac{\tau}{G}H=\frac{nPH^3}{6EI}+\frac{2nPH}{EA} \tag{4-7}$$

式中　P_1——作用于横墙顶部的水平集中力，$P_1=nP/2$；

n——与该横墙相邻的两横墙开间数；

H——横墙高度；

E——砌体的弹性模量；

I——横墙截面惯性矩；

G——砌体的剪变模量，$G\approx 0.5E$；

A——横墙截面面积。

当横墙洞口的水平截面面积不大于横墙总截面面积的 75%时，可近似按毛截面计算 A 和 I。与横墙共同工作的纵墙部分的计算宽度，从横墙轴线处算起每边取 $0.3H$，按工字形或[形截面计算。截面的剪应力不均匀分布系数可近似取 2.0。砖砌体的剪切模量可近似取弹性模量的一半。

墙、柱的高度 H，应按下列规定取用：

(1) 对于房屋底层，墙、柱的高度 H 为楼板顶面到构件下端支点的距离。下端支点的位置，可取在基础顶面。当墙、柱基础埋置较深且有刚性地坪时，可取室外地面下 500mm 处。

(2) 对于房屋其他层次，墙、柱的高度 H 为楼板或其他水平支点间的距离。

(3) 对于无壁柱的山墙，其高度 H 可取层高加山墙尖高度的 1/2；对于带壁柱的山墙则可取壁柱处的山墙高度。

凡符合此刚度要求的一段横墙或其他结构构件（如框架等），也可视作刚性和刚弹性方案房屋的横墙。

4.4.2 三类静力计算方案的计算简图

1. 刚性方案房屋

刚性方案房屋的横墙间距较小、楼盖和屋盖的水平刚度较大，房屋的空间刚度也较大，因而在水平荷载作用下房屋的墙、柱顶端相对水平位移很小，可忽略不计。

故此类房屋计算墙、柱的内力时，按屋架、大梁与墙、柱为不动铰支承的竖向构件计算，如图 4-13 (a) 所示。混合结构的多层教学楼、办公楼、宿舍等大都属于此类方案。

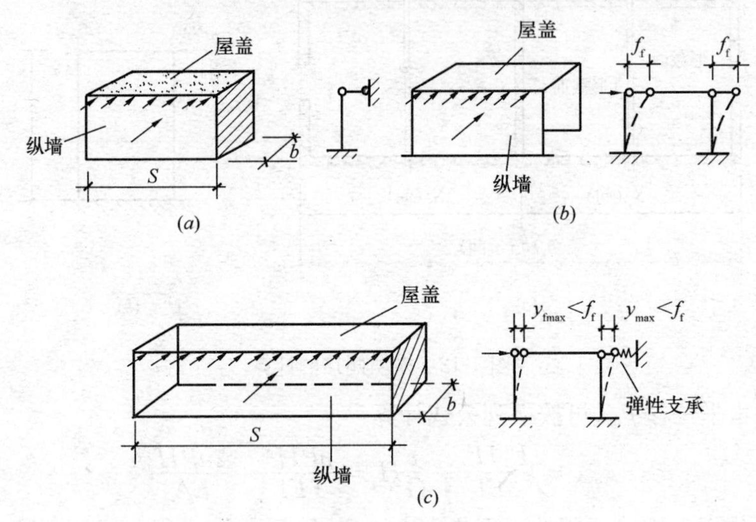

图 4-13 砌体房屋的静力计算方案

2. 弹性方案房屋

此类房屋横墙间距较大，屋（楼）盖的水平刚度较小，房屋的空间刚度亦较小，因而在水平荷载作用下房屋墙、柱顶端的水平位移较大。墙、柱的内力计算时，按屋架、大梁与墙、柱为铰接，且不考虑空间工作的平面排架或框架计算见图 4-13(b)。混合结构的单层厂房、仓库、礼堂、食堂等多属于弹性方案房屋。

3. 刚弹性方案房屋

刚弹性方案房屋是指在水平荷载作用下，其位移介于“刚性”与“弹性”两种方案之间的房屋，但不可忽略不计。在水平荷载作用下，墙、柱的内力按屋架、大梁与墙、柱为铰接，且考虑空间工作的平面排架或框架计算，如图 4-13(c) 所示。

4.4.3 计算截面的确定

确定混合结构房屋中墙、柱的计算截面，关键在于正确取用截面翼缘宽度 b_f。

(1) 对于多层房屋，当有门窗洞口时，带壁柱墙的计算截面翼缘宽度 b_f 可取窗间墙宽度；当无门窗洞口时，每侧翼缘宽度可取壁柱高度的 1/3，但不应大于相邻壁柱间的距离。

(2) 对于单层房屋，带壁柱墙的计算截面翼缘宽度 b_f 可取壁柱宽加 2/3 墙高，但不应大于窗间墙宽度和相邻壁柱间的距离。

(3) 计算带壁柱墙的条形基础时，计算截面翼缘宽度 b_f 可取相邻壁柱间的距离。

(4) 当转角墙段角部受竖向集中荷载时，计算截面的长度可从角点算起，每侧宜取层高的 1/3。当上述墙体范围内有门窗洞口时，则计算截面取至洞边，但不宜大于层高的 1/3。当上层的竖向集中荷载传至本层时，可按均布荷载计算，此时转角墙段可按角形截面偏心受压构件进行承载力验算。

4.5 房屋墙柱构造要求

在进行混合结构房屋设计时，不仅要求结构和构件在各种受力状态下应具有足够的承载力，而且还应确保房屋具有良好的工作性能和足够的耐久性。然而，有的结构和构件的承载力计算尚不能完全反映结构和构件的实际抵抗能力，有的在计算中未考虑诸如温度变化、砌体收缩变形等因素的影响。因此，为确保砌体结构的安全和正常使用，采取必要和合理的构造措施尤为重要。

混合结构房屋墙柱构造要求主要包括以下三个方面：①墙、柱高厚比的要求；②墙、柱的一般构造要求；③防止或减轻墙体开裂的主要措施。

4.5.1 墙、柱的高厚比要求

墙、柱的高厚比 β 越大，其稳定性愈差，愈易产生倾斜或变形，从而影响墙、柱的正常使用，甚至发生倒塌事故。因此，必须对墙、柱高厚比加以限制，即墙、柱的高厚比要满足允许高厚比 [β] 的要求，它是确保砌体结构稳定、满足正常使用极限状态要求的重要构造措施之一。

4.5.2 墙、柱的一般构造要求

1. 砌体材料的最低强度等级

块体和砂浆的强度等级不仅对砌体结构和构件的承载力有显著的影响，而且影响房屋的耐久性。块体和砂浆的强度等级愈低，房屋的耐久性愈差，愈容易出现腐蚀风化现象，

尤其是处于潮湿环境或有酸、碱等腐蚀性介质时，砂浆或砖易出现酥散、掉皮等现象，腐蚀风化更加严重。此外，地面以下和地面以上墙体处于不同的环境，地基土的含水量大，基础墙体维修困难。为了隔断地面下部潮湿对墙体的不利影响，应采用耐久性较好的砌体材料并在室内地面以下室外散水坡以上设置防潮层。

2. 墙、柱的截面、支承及连接构造要求

（1）墙、柱截面最小尺寸

墙、柱截面尺寸愈小，其稳定性愈差，愈容易失稳，此外，截面局部削弱、施工质量对墙、柱承载力的影响更加明显。因此，承重的独立砖柱截面尺寸不应小于 240mm×370mm；对于毛石墙，其厚度不宜小于 350mm；对于毛料石柱，其截面较小边长不宜小于 400mm。当有振动荷载时，墙、柱不宜采用毛石砌体。

（2）垫块设置

屋架、大梁搁置于墙、柱上时，屋架、大梁端部支承处的砌体处于局部受压状态。当屋架、大梁的受荷面积较大而局部受压面积又较小时，容易发生局部受压破坏。因此，对于跨度大于 6m 的屋架和跨度大于 4.8m（采用砖砌体时）、4.2m（采用砌块或料石砌体时）、3.9m（采用毛石砌体时）的梁，应在支承处砌体上设置混凝土或钢筋混凝土垫块，当墙中设有圈梁时，垫块与圈梁宜浇成整体。

（3）壁柱设置

当墙体高度较高、厚度较薄，且所受的荷载较大时，墙体平面外的刚度和稳定性往往较差。为了加强墙体的刚度和稳定性，可在墙体的适当部位设置壁柱。当梁的跨度大于或等于 6m（采用 240mm 厚的砖墙）、4.8m（采用 180mm 厚的砖墙）、4.8m（采用砌块、料石墙）时，其支承处宜加设壁柱，或采取其他加强措施。山墙处的壁柱宜砌至山墙顶部，屋面构件应与山墙可靠拉结。

（4）支承构造

混合结构房屋是由墙、柱、屋架或大梁、楼板等通过合理连接组成的承重体系。为了加强房屋的整体刚度，确保房屋安全、可靠地承受各种作用，墙、柱与楼板、屋架或大梁之间应有可靠的拉结。在确定墙、柱内力计算简图时，楼板、大梁或屋架视作墙、柱的水平支承，水平支承处的反力由楼板（梁）与墙接触面上的摩擦力承受。试验结果表明，当楼板伸入墙体内的支承长度足够时，墙和楼板接触面上的摩擦力可有效地传递水平力，不会出现楼板松动现象。相对而言，屋架或大梁的尺寸较大，而屋架或大梁与墙、柱的接触面却相对较小。当屋架或大梁的跨度较大时，两者之间的摩擦力难以有效地传递水平力，此时应采用锚固件加强屋架或大梁与墙、柱的锚固。具体来说，支承构造应符合下列要求：

1）预制钢筋混凝土板的支承长度，在钢筋混凝土圈梁上不宜小于 80mm，板端伸出的钢筋应与圈梁可靠连接，且同时浇筑。在墙上的支承长度不应小于 100mm，当板支承于内墙时，板端钢筋伸出长度不应小于 70mm，当板支承于外墙时，板端钢筋伸出长度不应小于 100mm，且与支座处沿墙配置的纵筋绑扎，并用强度等级不低于 C25 的混凝土浇筑成板带。

预制钢筋混凝土板与现浇板对接时，预制板端钢筋应伸入现浇板中进行连接后，再浇筑现浇板。

2）支承在墙、柱上的吊车梁、屋架及跨度大于或等于9m（支承于砖砌体上）或7.2m（支承于砌块和料石砌体上）的预制梁的端部，应采用锚固件与墙、柱上的垫块锚固。

（5）连接构造

为了确保填充墙、隔墙的稳定性并能有效传递水平力，防止其与墙、柱连接处因变形和沉降的不同引起裂缝。填充墙、隔墙应分别采取措施与周边主体结构构件可靠连接，连接构造和嵌缝材料应能满足传力、变形、耐久和防护要求。墙体转角处和纵横墙交接处应沿竖向每隔400～500mm设拉结筋，其数量为每120mm墙厚不少于1根直径6mm的钢筋；或采用焊接钢筋网片，埋入长度从墙的转角或交接处算起，对实心砖墙每边不小于500mm，对多孔砖墙和砌块墙不小于700mm。

3. 混凝土砌块墙体的构造要求

为了增强混凝土砌块房屋的整体刚度、提高其抗裂能力，混凝土砌块墙体应符合下列要求：

（1）砌块砌体应分皮错缝搭砌，上、下皮搭砌长度不得小于90mm。当搭砌长度不满足上述要求时，应在水平灰缝内设置不少于2ϕ4的焊接钢筋网片（横向钢筋的间距不宜大于200mm），网片每端均应超过该垂直缝，其长度不得小于300mm。

（2）砌块墙与后砌隔墙交接处，应沿墙高每400mm在水平灰缝内设置不少于2ϕ4、横筋间距不应大于200mm的焊接钢筋网片，如图4-14所示。

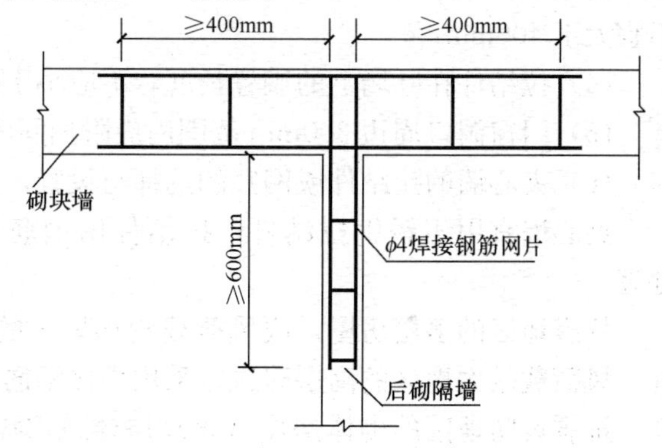

图4-14 砌块墙与后砌隔墙连接

（3）混凝土砌块房屋，宜将纵横墙交接处，距墙中心线每边不小于300mm范围内的孔洞，采用不低于Cb20灌孔混凝土灌实，灌实高度应为墙身全高。

（4）混凝土砌块墙体的下列部位，如未设圈梁或混凝土垫块，应采用不低于Cb20灌孔混凝土将孔洞灌实。

1）搁栅、檩条和钢筋混凝土楼板的支承面下，高度不应小于200mm的砌体；

2）屋架、梁等构件的支承面下，高度不应小于600mm、长度不应小于600mm的砌体；

3）挑梁支承面下，距墙中心线每边不应小于300mm、高度不应小于600mm的砌体。

4. 砌体中留槽洞及埋设管道时的构造要求

在砌体中预留槽洞及埋设管道对砌体的承载力影响较大，尤其是对截面尺寸较小的承重墙体、独立柱更加不利。因此，不应在截面长边小于500mm的承重墙体或独立柱内埋设管线；不宜在墙体中穿行暗线或预留、开凿沟槽，无法避免时应采取必要的措施或按削弱后的截面验算墙体的承载力。对受力较小或未灌孔的砌块砌体，允许在墙体的竖向孔洞中设置管线。

5. 夹心墙的构造要求

为了保证夹心墙具有良好的稳定性和足够的耐久性，外叶墙的砖及混凝土砌块的强度等级不应低于MU10；夹心墙的夹层厚度不宜大于120mm；夹心墙外叶墙的最大横向支承间距与设防烈度有关，当设防烈度为6度时不宜大于9m，7度时不宜大于6m，8度、9度时不宜大于3m。

试验表明，在竖向荷载作用下，夹心墙叶墙间采用的连接件能起到协调内、外叶墙的变形并为内叶墙提供一定支撑作用，因此连接件具有明显提高内叶墙承载力、增强叶墙稳定性的作用。在往复荷载作用下，钢筋拉结件可在大变形情况下避免外叶墙发生失稳破坏，确保内外叶墙协调变形、共同受力。因此采用钢筋拉结件能防止地震作用下已开裂墙体出现脱落倒塌现象。此外，为了确保夹心墙的耐久性，应对夹心墙中的钢筋拉结件进行防腐处理。为此，夹心墙叶墙间的连接应符合下列要求：

（1）叶墙应用经防腐处理的拉结件或钢筋网片连接；

（2）当叶墙间采用环形拉结件时，钢筋直径不应小于4mm，当为Z字形拉结件时，钢筋直径不应小于6mm；拉结件应沿竖向梅花形布置，拉结件的水平和竖向最大间距分别不宜大于800mm和600mm；对有振动或有抗震设防要求时，其水平和竖向最大间距分别不宜大于800mm和400mm；

当采用可调拉结件时，钢筋直径不应小于4mm，拉结件的水平和竖向最大间距均不宜大于400mm；叶墙间灰缝的高差不大于3mm，可调节拉结件中孔眼与扣钉间的公差不大于1.5mm。

（3）当叶墙间采用钢筋网片作拉结件时，网片横向钢筋的直径不应小于4mm，其间距不应大于400mm；网片的竖向间距不宜大于600mm，对有振动或有抗震设防要求时，不宜大于400mm；

（4）拉结件在叶墙上的搁置长度，不应小于叶墙厚度的2/3，并不应小于60mm；

（5）门窗洞口周边300mm范围内应附加间距不大于600mm的拉结件。

（6）夹心墙的拉结件或网片的选择与设置，应符合下列规定：

夹心墙宜用不锈钢拉结件，拉结件用钢筋制作或采用钢筋网片时，应先进行防腐处理。

抗震地区的多层房屋，或风荷载较小地区的高层的夹心墙可采用环形或Z字形拉结件。风荷载较大地区的高层建筑宜采用焊接钢筋网片；

抗震设防地区的砌体房屋（含高层建筑房屋）夹心墙应采用焊接钢筋网片作为拉结件。焊接网应沿夹心墙连续通长设置，外叶墙至少有一根纵向钢筋。钢筋网片可计入内叶墙的配筋率，其搭接与锚固长度应符合有关规范的规定。

可调节拉结件宜用于多层房屋的夹心墙，其竖向和水平间距均不应大于400mm。

4.5.3 防止或减轻墙体开裂的主要措施

1. 裂缝对房屋的影响

房屋产生裂缝，对房屋性能的影响主要表现在以下几个方面：影响房屋的外观，严重者则引起房屋漏水、影响房屋的保温性能等，若裂缝对结构或构件的整体受力产生影响，则会导致房屋的整体性、承载能力、耐久性和抗震性能降低。

2. 裂缝产生的原因

砌体结构墙体开裂的原因是多方面共同作用的结果。在排除设计质量、施工质量等人为可控因素后，其中内因是混合结构房屋的屋盖、楼盖和墙体采用不同的建筑材料，屋盖、楼盖采用钢筋混凝土，墙体则是采用砌体材料，这两种材料的物理力学特性和刚度存在明显差异。

钢筋混凝土的线膨胀系数为（1.0～1.4）$\times 10^{-5}℃^{-1}$，烧结普通砖砌体为 $5\times 10^{-5}℃^{-1}$，混凝土砌块砌体则为 $1.0\times 10^{-5}℃^{-1}$，毛料石砌体为 $8\times 10^{-5}℃^{-1}$。由此可见，钢筋混凝土和砌体材料的线膨胀系数不同。另外，屋盖和墙体的刚度也不相同。当温度升高时，钢筋混凝土屋盖和墙体变形不协调，前者的变形大于后者的变形。然而墙体与屋盖相互支承和约束，屋盖伸长变形受到墙体的阻碍，屋盖处于受压状态而墙体则处于受拉和受剪状态。实际工程中，由于屋顶温差大，因此房屋顶层端部墙体的应力最大。当墙体中的主拉应力或剪应力超过砌体的抗拉或抗剪强度时，墙体中将出现斜裂缝和水平裂缝。顶层墙体开裂最为严重，外纵墙和横墙上端裂缝呈八字形分布，屋盖与墙体之间产生水平裂缝，纵横墙交接处呈包角裂缝（图 4-15 和图 4-16）。

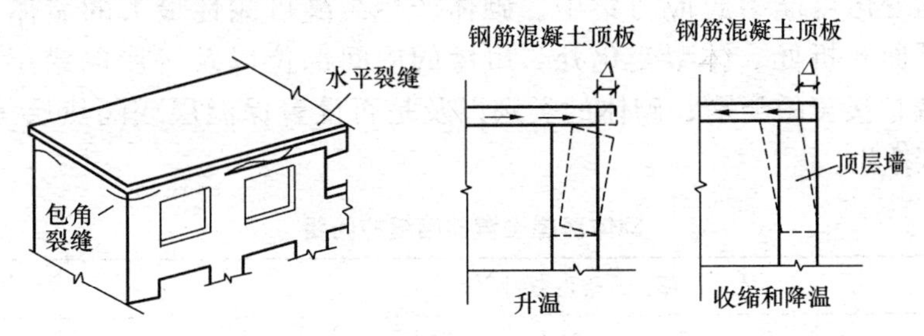

图 4-15 顶层墙体开裂以及纵横墙交接处呈包角裂缝

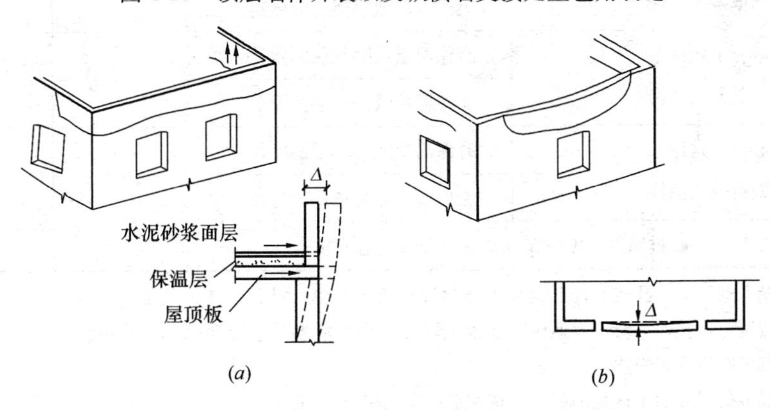

图 4-16 女儿墙裂缝

钢筋混凝土的最大收缩率约为$(200\sim400)\times10^{-5}$，而砌体的收缩则很小。当温度降低或钢筋混凝土干缩时，则情况正好与上述相反，屋盖或楼盖处于受拉和受剪状态，当主拉应力超过混凝土的抗拉强度时，屋盖或楼盖将出现裂缝。在负温差和砌体干缩共同作用下，则可能在房屋的中部产生拉应力，从而在墙体中形成上下贯通裂缝。另外，门窗洞口边也极易因应力集中产生斜裂缝。

地基不均匀沉降以及构件之间的相互约束较差等同样会使房屋产生裂缝（图 4-17）。

3. 减轻裂缝的措施

按照温度变化、砌体干缩、地基不均匀沉降等在墙体中引起的裂缝形式和分布规律，应分别采取相应的措施。

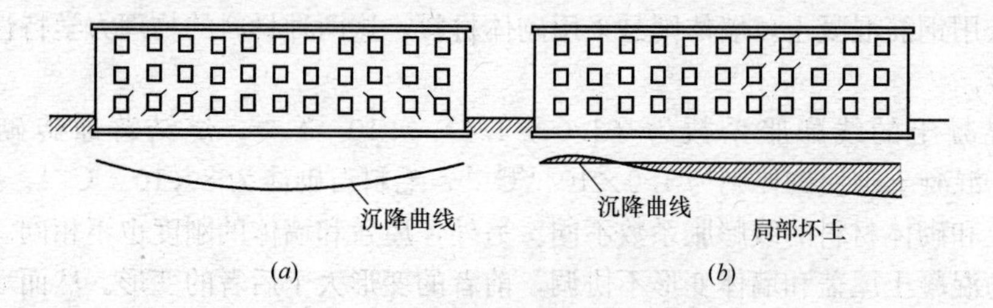

图 4-17 地基不均匀沉降引起的裂缝

(1) 防止或减轻由温差和砌体干缩引起的墙体竖向裂缝

墙体因温差和砌体干缩引起的拉应力与房屋的长度成正比。当房屋很长时，为了防止或减轻房屋在正常使用条件下由温差和砌体干缩引起墙体出现竖向裂缝，应在因温度和收缩变形可能引起应力集中、砌体产生裂缝可能性最大的墙体中设置伸缩缝，如房屋平面转折处、体型变化处、房屋的中间部位以及房屋的错层处。伸缩缝的间距与屋盖、楼盖的类别、砌体的类别以及是否设置保温层或隔热层等因素有关，具体要求见表 4-3。

砌体房屋设置伸缩缝的间距 **表 4-3**

屋盖或楼盖类别		间距（mm）
整体式或装配整体式钢筋混凝土结构	有保温层或隔热层的屋盖、楼盖	50
	无保温层或隔热层的屋盖	40
装配式无檩体系钢筋混凝土结构	有保温层或隔热层的屋盖、楼盖	60
	无保温层或隔热层的屋盖	50
装配式有檩体系钢筋混凝土结构	有保温层或隔热层的屋盖	75
	无保温层或隔热层的屋盖	60
瓦材屋盖、木屋盖或楼盖、砖石屋盖或楼盖		100

注：1. 对烧结普通砖、多孔砖、配筋砌块砌体房屋取表中数值；对石砌体、蒸压灰砂普通砖、蒸压粉煤灰普通砖、混凝土砌块、混凝土普通砖和混凝土多孔砖房屋取表中数值乘以 0.8 的系数。当墙体有外保温措施时，其间距可取表中数值。

2. 在钢筋混凝土屋面上挂瓦的屋盖应按钢筋混凝土屋盖采用。

3. 层高大于 5m 的烧结普通砖、烧结多孔砖、配筋砌块砌体结构单层房屋，其伸缩缝间距可按表中数值乘以 1.3。

4. 温差较大且变化频繁地区和严寒地区不采暖的房屋及构筑物墙体的伸缩缝的最大间距，应按表中数值予以适当减小。

5. 墙体的伸缩缝应与结构的其他变形缝相重合，缝宽度应满足各种变形缝的变形要求；在进行立面处理时，必须保证缝隙的变形作用。

(2) 防止或减轻房屋顶层墙体的裂缝

由前面分析可知，为了防止或减轻房屋顶层墙体的裂缝，可采取降低屋盖与墙体之间的温差、选择整体性和刚度较小的屋盖、减小屋盖与墙体之间的约束以及提高墙体本身的抗拉、抗剪强度等措施。具体来说，可根据实际情况采取下列措施：

1) 屋面应设置保温、隔热层。

墙体中的温度应力与温差几乎呈线性关系，屋面设置的保温、隔热层可降低屋面顶板的温度，缩小屋盖与墙体的温差，从而可推迟或阻止顶层墙体裂缝的出现。

2）屋面保温（隔热）层或屋面刚性面层及砂浆找平层应设置分隔缝，分隔缝间距不宜大于6m，并与女儿墙隔开，其缝宽不小于30mm。该措施的主要目的是为了减小屋面板温度应力以及屋面板与墙体之间的约束。

3）采用装配式有檩体系钢筋混凝土屋盖和瓦材屋盖。

屋面的整体性和刚度越小，温度变化时屋面的水平位移也越小，墙体所受的温度应力亦随之降低。

4）顶层屋面板下设置现浇钢筋混凝土圈梁，并沿内外墙拉通，房屋两端圈梁下的墙体内宜适当设置水平钢筋。

现浇钢筋混凝土圈梁可增加墙体的整体性和刚度，从而缩小屋盖与墙体之间刚度的差异。房屋两端墙体易出现水平裂缝或斜裂缝，在该部位墙体内配置水平钢筋可提高墙体本身的抗拉、抗剪强度。

5）顶层墙体有门窗等洞口时，在过梁上的水平灰缝内设置2～3道焊接钢筋网片或2ϕ6钢筋，并应伸入过梁两端墙内不小于600mm。门窗洞口过梁上的水平灰缝内配置钢筋网片或钢筋的作用与顶层挑梁下墙体内配筋的作用相同，主要是为了提高墙体本身的抗拉或抗剪强度。

6）顶层及女儿墙砂浆强度等级不低于M7.5（Mb7.5、Ms7.5）。

7）女儿墙应设置构造柱，构造柱间距不宜大于4m，构造柱应伸至女儿墙顶并与现浇钢筋混凝土压顶整浇在一起。

8）对顶层墙体施加竖向预应力。

（3）防止或减轻房屋底层墙体裂缝

房屋底层墙体受地基不均匀沉降的敏感程度较其他楼层大，底层窗洞边则受墙体干缩和温度变化的影响产生应力集中。增大基础圈梁的刚度，尤其增大圈梁的高度以及在窗台下墙体灰缝内配筋，可提高墙体的抗拉、抗剪强度。工程中，可根据具体情况采取下列措施：

1）增大基础圈梁的刚度。

2）在底层的窗台下墙体灰缝内设置3道钢筋网片或2ϕ6钢筋，并伸入两边窗间墙内不小于600mm。

（4）防止墙体交接处开裂

墙体转角处和纵横墙交接部位对约束墙体两个方向的变形起着重要作用，为防止其开裂，墙体转角处和纵横墙交接处宜沿竖向每隔400～500mm设拉结钢筋，其数量为每120mm墙厚不少于1根直径6mm的钢筋；或采用焊接钢筋网片，埋入长度从墙的转角或交接处算起，对实心砖墙每边不小于500mm，对多孔砖墙和砌块墙每边不小于700mm。

填充墙砌体与梁、柱或混凝土墙体结合的截面处（包括内、外墙），宜在粉刷前设置钢丝网片，网片宽度可取400mm，并沿界面缝两侧各延伸200mm，或采取其他有效的防裂、盖缝措施。

（5）防止或减轻房屋顶层两端和底层第一、第二开间门窗洞处的裂缝

顶层两端和底层第一、第二开间门窗洞处因应力集中以及混凝土砌块干缩变形较大，

更容易在这些部位出现裂缝。为此，可采取下列防裂措施：

1）在混凝土砌块房屋门窗洞口两侧不少于一个孔洞中设置直径不小于12mm的竖向钢筋，竖向钢筋应在楼层圈梁或基础内锚固，并采用强度等级不低于Cb20的灌孔混凝土灌实。

2）在门窗洞口两边的墙体的水平灰缝中，设置长度不小于900mm、竖向间距为400mm的2根直径4mm的焊接钢筋网片。

3）在顶层和底层设置通长钢筋混凝土窗台梁，窗台梁的高度宜为块高的模数，梁内纵筋不少于4ϕ10，箍筋ϕ6@200，混凝土强度等级不低于C20。

（6）在每层门、窗过梁上方的水平灰缝内及窗台下第一和第二道水平灰缝内，宜设置焊接钢筋网片或2根直径6mm的钢筋，焊接钢筋网片或钢筋应伸入两边窗间墙内不小于600mm。当墙长大于5m时，宜在每层墙高中部设置2～3道焊接钢筋网片或3根直径6mm的通长水平钢筋，竖向间距为500mm。

（7）设置竖向控制缝

工程上，根据砌体材料的干缩特性，通过设置沿墙长方向能自由伸缩的缝，将较长的砌体房屋的墙体划分成若干个较小的区段，使砌体因温度、干缩变形引起的应力小于砌体的抗拉、抗剪强度或者裂缝很小，从而达到可以控制的地步，这种构造缝称为控制缝。在裂缝的多发部位设置控制缝是一种有效的措施。当房屋刚度较大时，可在窗台下或窗台角处墙体内设置竖向控制缝。在墙体高度或厚度突然变化处也宜设置竖向控制缝。竖向控制缝的构造和嵌缝材料应满足墙体平面外传力和防护的要求。竖向控制缝宽度不宜小于25mm，缝内填以压缩性能好的填充材料，且外部用密封材料密封，并采用不吸水的、闭孔发泡聚乙烯实心圆棒作为密封膏的隔离物。

夹心复合墙的外叶墙宜在建筑墙体适当部位设置控制缝，其间距宜为6～8m。

（8）防止地基不均匀沉降产生的裂缝

1）设置沉降缝，沉降缝与温度伸缩缝不同的是必须自基础起将两侧房屋在结构构造上完全分开。混合结构房屋的下列部位宜设置沉降缝：

① 建筑平面的转折部位；

② 高度差异或荷载差异处（图4-18）；

③ 长高比过大的房屋的适当部位；

④ 地基土的压缩性有显著差异处；

⑤ 基础类型不同处；

⑥ 分期建造房屋的交界处。

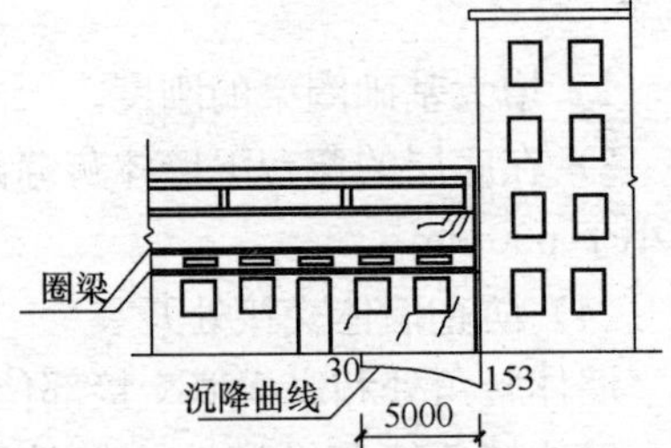

图4-18 高度差异或荷载差异处

沉降缝最小宽度的确定，要考虑避免相邻房屋因地基沉降不同产生倾斜引起相邻构件碰撞，因而与房屋的高度有关。沉降缝的最小宽度一般为：二～三层房屋取50～80mm；四～五层房屋取80～120mm；五层以上房屋不小于120mm。

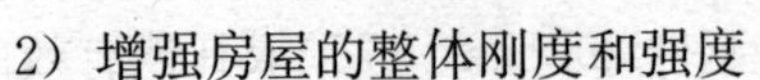
2）增强房屋的整体刚度和强度

对于混合结构房屋，为防止因地基发生过大不均匀沉降在墙体上产生的各种裂缝，宜采用下列措施：

对于三层和三层以上的房屋，其长高比L/H宜小于或等于2.5（其中，L为建筑物长度或沉降缝分隔的单元长度，H 为自基础底面标高算起的建筑物高度）；当房屋的长高比为 $2.5<L/H<3.0$ 时，宜做到纵墙不转折或少转折，并应控制其内横墙间距或增强基础刚度和强度。当房屋的预估最大沉降量小于或等于 120mm 时，其长高比可不受限制。

墙体内宜设置钢筋混凝土圈梁。

在墙体上开洞时，宜在开洞部位配筋或采用构造柱及圈梁加强。

4.6　房屋的内力计算

4.6.1　计算单元的确定

进行砌体结构房屋静力计算时，房屋计算单元的选取是各种计算方案都必不可少的。合理的选取计算单元可以使计算工作量简化，并且可以选取最不利的单元进行承载力计算。

对于房屋的纵墙计算单元的选取可分为以下几种情况（图 4-19）：(1) 对于整片墙上无任何洞口的无洞墙段，可取 1m 单位宽作为计算单元；(2) 对于墙上开有门窗洞口的有洞墙段，计算单元可取窗间墙之间墙段长度，并且应选取荷载较大而截面较小的墙段；(3) 当墙体单独承受集中荷载作用时，墙体有效地承受荷载的范围取 $2/3H$。

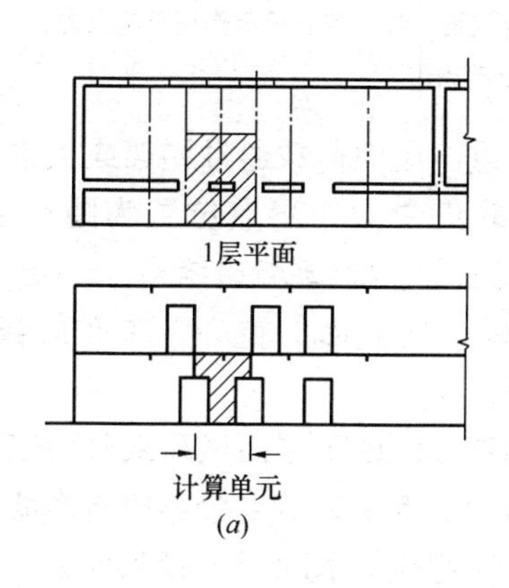

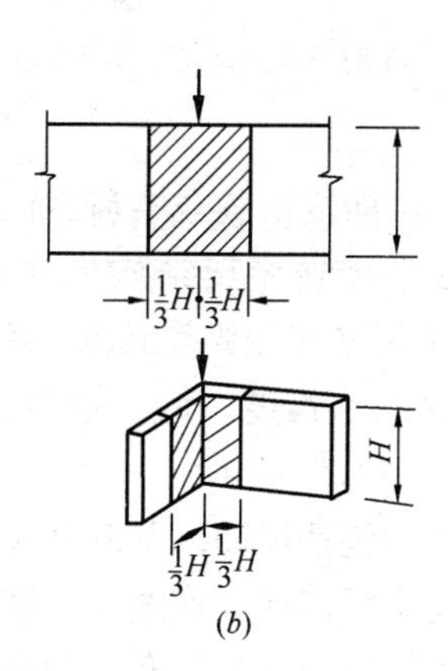

图 4-19　计算单元的选取

（a）较薄弱的单元；（b）承受集中荷载的单元

4.6.2　刚性方案房屋墙、柱的内力计算

1. 单层刚性方案房屋承重墙的计算

(1) 内力计算

图 4-20 (a) 为某单层刚性方案房屋计算单元（常取一个开间为计算单元）内墙、柱的计算简图，墙、柱为上端不动铰支承于屋（楼）盖、下端嵌固于基础的竖向构件如图 4-20 (c) 所示。

刚性方案房屋墙、柱在竖向荷载和风荷载作用下的内力按下述方法计算：竖向荷载包

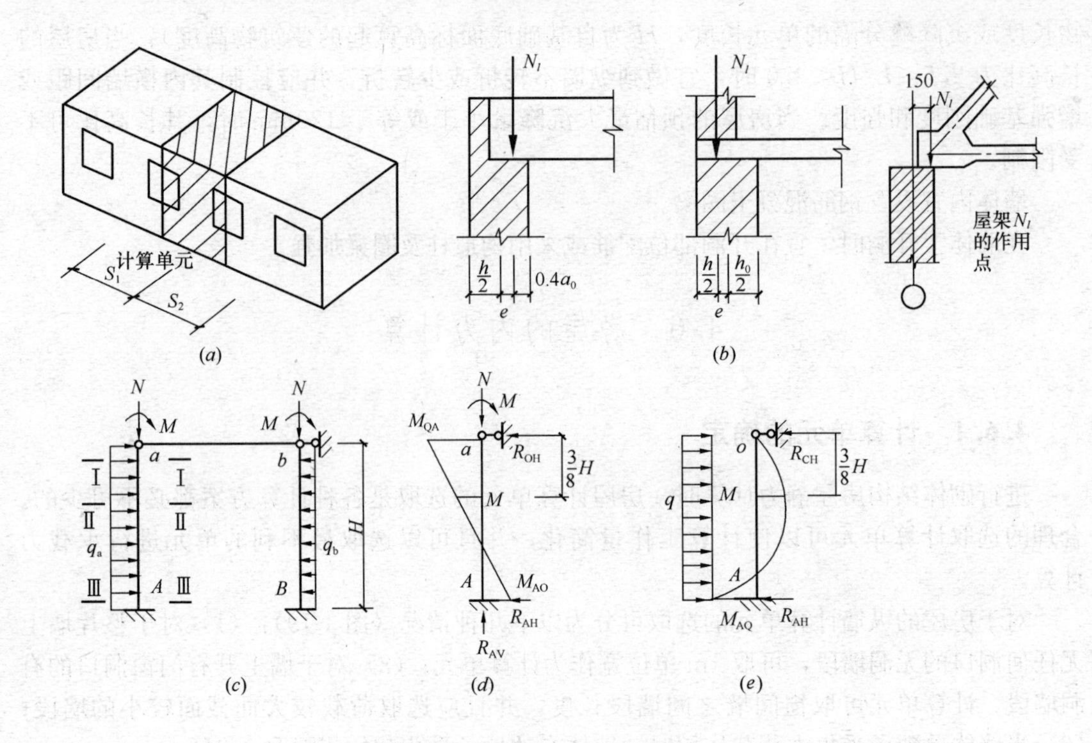

图 4-20　单层刚性方案房屋内力计算

(a) 计算单元；(b) N_l 作用点位置；(c) 计算简图；(d) 竖向荷载作用下的内力；(e) 风荷载作用下的内力

括屋盖自重、屋面活荷载或雪荷载以及墙、柱自重。屋面荷载通过屋架或大梁作用于墙体顶部。若屋顶采用坡屋架结构形式，屋架传来的集中力作用点位置为距离墙体中心线150mm处，采用平屋顶则梁传来的集中力作用点位置为距离墙边缘 $0.4a_0$ 处（图4-20b），a_0 为梁的有效支承长度。墙、柱自重则作用于墙、柱截面的重心。屋面荷载作用下墙、柱内力如图 4-20 (d) 所示。

风荷载作用包括屋面风荷载和墙面风荷载两部分。由于屋面风荷载最后以集中力通过屋架或屋面大梁而传递，在刚性方案中通过不动铰支点由屋盖复合梁传给横墙，因此不会对纵向墙体产生内力，而均布风荷载则对墙体产生弯矩如 图 4-20(e) 所示。

(2) 内力组合

根据上述各种荷载单独作用下的内力，按照可能而又最不利的原则进行控制截面的内力组合，确定其最不利内力。当不考虑地震作用时，通常考虑下列三种荷载效应组合：恒载+风载，恒载+活载，恒载+活载+风载。

当有吊车时，应与混凝土结构单层厂房相同，将吊车荷载效应参与组合。

通常墙、柱的控制截面有三个，分别是上端截面Ⅰ-Ⅰ、下端截面（基础顶面）Ⅲ-Ⅲ和均布风荷载作用下的中部最大弯矩截面Ⅱ-Ⅱ（图 4-20c)。

(3) 截面承载力验算

对各控制截面按受压构件进行承载力验算。对截面Ⅰ-Ⅰ即屋架或大梁支承处的砌体还应进行局部受压承载力验算。

2. 多层刚性方案房屋承重纵墙的计算

(1) 计算简图

多层民用建筑横墙多而密，由屋盖、楼盖、纵墙等构件组成空间受力体系，房屋空间刚度较大，故大多属于刚性方案房屋。

图 4-21 (a) 为某多层刚性方案房屋计算单元内的承重纵墙。计算时常选取一个有代表性或受力较不利开间的墙、柱作为计算单元，在竖向荷载作用下，墙、柱在每层高度范围内可近似地视作两端铰支的竖向构件，其承受竖向荷载范围的宽度取相邻两开间的平均值。其计算简图如图 4-21 (c) 所示。在水平荷载作用下，可将多层房屋简化为一多跨连续梁如图 4-21 (d) 所示。

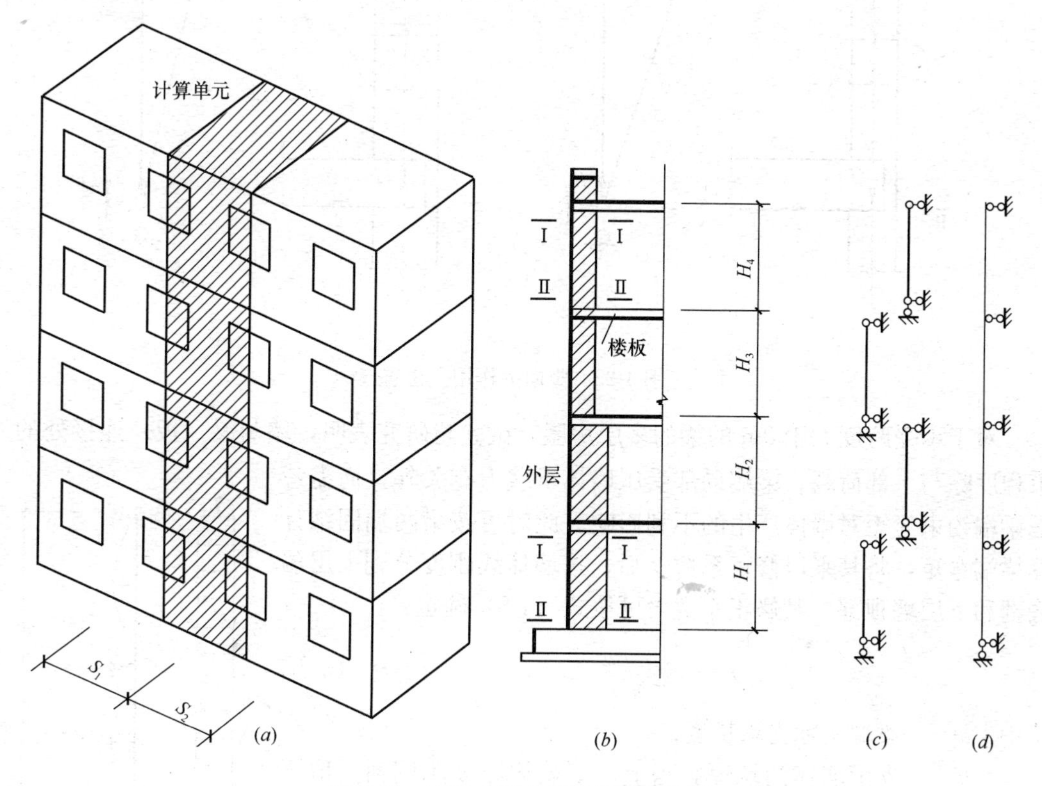

图 4-21 刚性方案多层房屋计算简图

(2) 内力分析

墙、柱的控制截面取墙、柱的上、下端Ⅰ-Ⅰ和Ⅱ-Ⅱ截面，如图 4-21 (b) 所示。

墙体受到上层墙体传来的竖向荷载 N_u 和本层楼板传来的荷载 N_l 的作用。N_u 和 N_l 作用点位置如图 4-22 所示，其中 N_u 作用于上一楼层墙、柱截面的重心处。N_l 距离墙内边缘的距离取 $0.4a_0$ (a_0 为有效支承长度)。G 为本层墙体自重，作用于墙体截面重心处。

每层墙、柱的弯矩图呈三角形分布，构件上端弯矩为 $M_{\mathrm{I}}=N_le_l$，其中 e_l 为本层楼板传来的荷载 N_l 对本层墙体重心轴的偏心距，下端为 $M_{\mathrm{II}}=0$，如图 4-22 (a) 所示。构件上端轴向力为 $N_{\mathrm{I}}=N_u+N_l$，下端轴向力则为 $N_{\mathrm{II}}=N_u+N_l+G$。

当上、下层墙体厚度不同时如图 4-22 (b) 所示，作用于每层墙上端的轴向压力 N_{I}、柱上端弯矩 M_{I} 和偏心距分别为：$N_{\mathrm{I}}=N_u+N_l$，$M_{\mathrm{I}}=N_{\mathrm{I}}e_{\mathrm{I}}-N_ue_0$，$e=(N_le_l-$

$N_u e_0)/(N_u+N_l)$，e_0 为上、下层墙体重心轴线之间的距离。墙体下端的内力为：$N_{Ⅱ}=N_u+N_l+G$，$M_{Ⅱ}=0$。

Ⅰ-Ⅰ截面的弯矩最大，轴向压力最小；Ⅱ-Ⅱ截面的弯矩最小，而轴向压力最大。

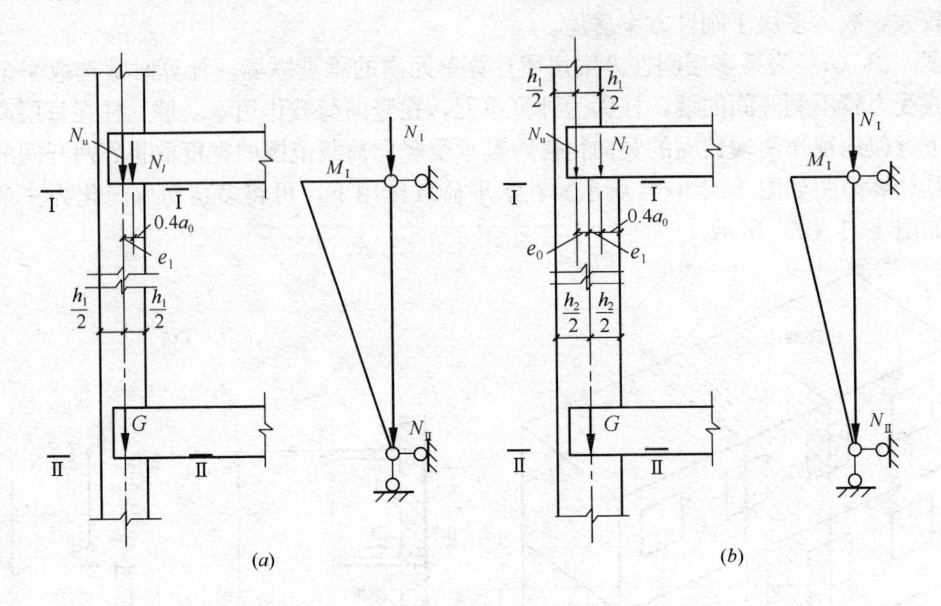

图 4-22 竖向力作用点位置

对于承受跨度大于 9m 的梁的多层房屋，试验与研究表明，墙与梁（板）连接处的约束程度除与上部荷载、梁端局部受压墙体承载力有关外，尚需考虑梁端约束弯矩对墙体产生的不利影响。此时可按梁两端固结计算梁端弯矩，将其乘以修正系数 γ 后，按墙体线刚度分到上层墙底部和下层墙顶部。其修正系数 γ 可按式（4-8）确定：

$$\gamma = 0.2\sqrt{\frac{a}{h}} \tag{4-8}$$

式中 a——梁端实际支承长度；

h——支承墙体的墙厚，当上、下墙体厚度不同时，取下部墙厚；当有壁柱时，墙厚取 h_T。

均布风荷载 q 引起的弯矩如图 4-23 所示，弯矩值可近似按式 $M=qH_i^2/12$ 计算，式中 q 为计算单元每层高墙体上作用的风荷载设计值（kN/m），H_i 为层高（m）。

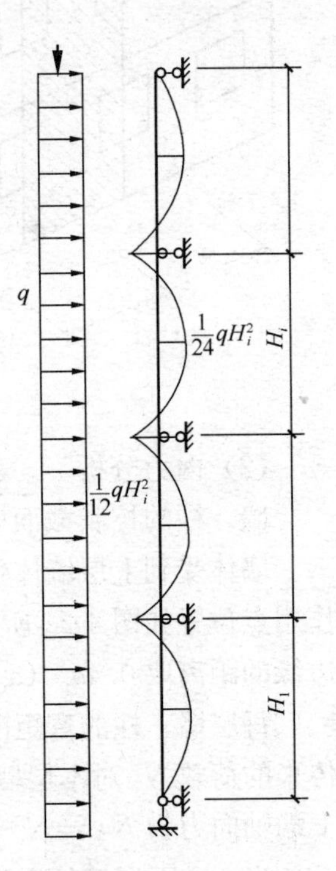

图 4-23 水平荷载作用下弯矩图

对于刚性方案房屋，一般情况下风荷载引起的内力往往不足全部内力的 5%，因此墙体的承载力主要由竖向荷载控制。基于大量计算和调查结果，当多层刚性方案房屋的外墙符合下列要求时，可不考虑风荷载的影响：

1）洞口水平截面面积不超过全截面面积的 2/3；

2）层高和总高不超过表 4-4 的规定；

3）屋面自重不小于 0.8kN/m²。

外墙不考虑风荷载影响时的最大高度　　表 4-4

基本风压值（kN/m²）	层高（m）	总高（m）	基本风压值（kN/m²）	层高（m）	总高（m）
0.4	4.0	28	0.6	4.0	18
0.5	4.0	24	0.7	3.5	18

注：对于多层砌块房屋，当外墙厚度不小于 190mm，层高不大于 2.8m，总高不大于 19.6m，基本风压不大于 0.7kN/m² 时可不考虑风荷载的影响。

（3）截面承载力验算

对截面Ⅰ-Ⅰ按偏心受压和局部受压验算承载力，对截面Ⅱ－Ⅱ，按轴心受压构件进行截面承载力验算。

3. 多层房屋承重横墙的计算

多层房屋承重横墙的计算原理与承重纵墙相同，常沿墙轴线取宽度为 1.0m 的墙作为计算单元，如图 4-24（a）所示。每层横墙视为两端铰支的竖向构件。

每层构件高度 H 的取值与纵墙相同，坡屋顶层高取为层高加山墙尖高的 1/2。

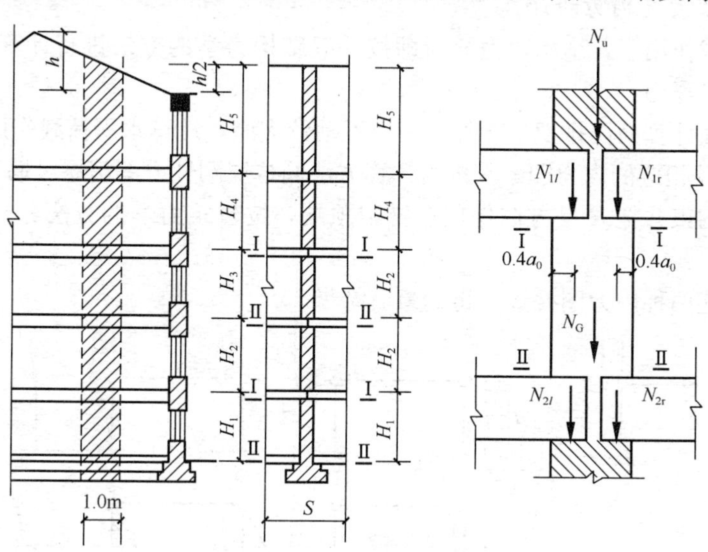

图 4-24　承重横墙的计算简图

（a）计算单元；（b）荷载作用

对于多层混合结构房屋，当横墙的砌体材料、荷载和墙厚相同时，可只验算底层截面Ⅱ-Ⅱ的承载力（图 4-24b）。当横墙的砌体材料或墙厚改变时，尚应对改变处进行承载力验算。当左、右两开间不等或楼面荷载相差较大时，尚应对顶部截面Ⅰ-Ⅰ按偏心受压进行承载力验算。当楼面梁支承于横墙上时，还应验算梁端下局部受压承载力。

4.6.3　弹性方案房屋墙、柱的计算

1. 弹性方案房屋计算简图的确定

单层弹性方案房屋对墙体进行内力分析，确定计算简图时通常按下列假定考虑：（1）将屋架或屋面梁与墙体顶端的连接视为铰接，墙下端则嵌固于基础顶面；（2）屋架或屋面

梁的水平刚度视为无穷大，在荷载作用下，与其相连接的两侧墙体顶端的水平侧移相等，如图 4-25（*b*）所示。

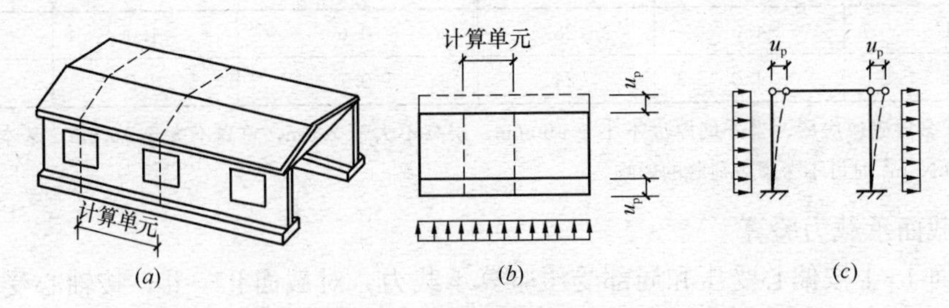

图 4-25 弹性方案房屋计算简图

基于上述假定，单层弹性方案房屋按屋架或屋面大梁与墙、柱为铰接，且不考虑空间工作的平面排架确定墙、柱的内力，其计算简图如图 4-25（*c*）所示。

墙体所承受的荷载与刚性方案房屋相同。

2. 弹性方案房屋内力的计算

在各种荷载作用下，结构内力分析即按一般结构力学的方法进行计算，如图 4-26 所示。具体计算步骤为：

（1）在平面计算简图排架顶端加上一个不动铰支座，计算水平荷载作用下不动铰支座的约束反力 R 及相应的内力图。其内力计算方法同单层刚性方案房屋纵墙。

（2）去除约束并把 R 反方向作用在排架顶端，按建筑力学的方法分析排架内力，作内力图。

（3）将上述两种内力图叠加，得到最后结果。

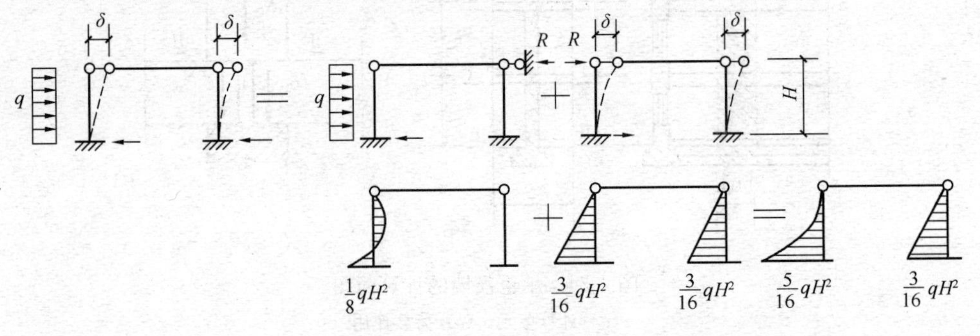

图 4-26 单层弹性方案房屋的内力计算

3. 控制截面

单层弹性方案房屋墙、柱的控制截面有两个，即墙、柱顶端和底端截面，均按偏心受压进行承载力验算，对柱顶截面尚需进行局部受压承载力验算。对于变截面柱，还应对变截面处进行受压承载力验算。

多层房屋弹性方案在受力上不够合理。此类房屋的楼面梁与墙、柱的连接处不能形成类似于钢筋混凝土框架那样整体性好的节点，因此梁与墙的连接通常假设为铰接，在水平荷载作用下墙、柱水平位移很大，往往不能满足使用要求。另外，这类房屋空间刚度较差，容易引起连续倒塌。对于层高和跨度较大而又比较空旷的多层房屋，应尽量避免设计成弹性方案。

4.6.4 刚弹性方案房屋

1. 单层刚弹性方案房屋墙、柱的计算

由前述砌体结构静力计算方案的分析可知，刚弹性方案房屋的空间性能介于刚性方案和弹性方案之间，刚弹性方案单层房屋与弹性方案房屋计算简图的主要区别在于在排架柱顶施加了一个弹性支座，以反映结构的空间作用。内力分析时需考虑空间性能影响系数 η 的作用，对同样的平面结构和相同的荷载，若按弹性方案计算的侧移为 Δ_e，则其按刚弹性方案（有约束弹簧）计算的侧移为 Δ_{re}，由于线弹性结构的力与位移成正比，若无弹簧时（弹性方案），结构顶部所受的水平力为 F，则有弹簧时（刚弹性方案），作用在结构上相应的力为 ηF，由平衡条件可得作用在弹簧上的力为 $(1-\eta)F$。

单层刚弹性方案房屋的计算简图如图 4-27 所示。其内力计算步骤如下：

(1) 先在排架顶端加上一个不动铰支座，算出不动铰支座的约束反力 R 及相应的内力图。

(2) 考虑房屋的空间作用，去除约束，并把反力 R 乘以 η，以 ηR 反方向作用在排架顶端，求出该情况下的内力图。η 为房屋的空间性能影响系数，按表 4-1 取用。

(3) 将上述两种内力图叠加，即得到刚弹性方案的内力计算结果。

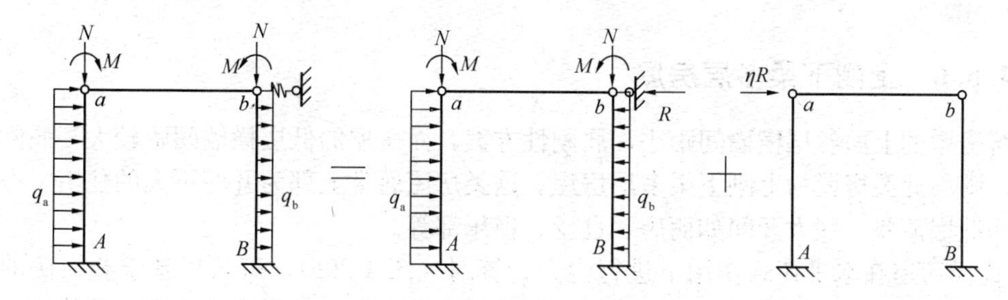

图 4-27　单层刚弹性方案房屋的计算简图

2. 多层刚弹性方案房屋墙、柱的计算

(1) 多层房屋的空间性能影响系数

对于多层刚弹性方案房屋在竖向荷载作用下，当结构和荷载均为对称时，由于在节点处不产生水平位移，其内力计算与刚性方案相同。但对于竖向荷载或结构不对称以及水平荷载作用时的情况，其内力计算步骤同单层刚弹性方案房屋。与单层房屋不同之处在于，多层房屋不仅沿纵向各开间之间存在空间作用，而且沿竖向各楼层之间也存在空间作用，这表明多层房屋的空间作用比单层房屋大。多层房屋各层的空间性能影响系数 η 一般小于相同构造的单层房屋空间性能影响系数。为了简化计算并偏于安全，《规范》规定，多层房屋的空间性能影响系数可按单层房屋采用（见表 4-1）。

(2) 内力计算

与刚弹性方案单层房屋相似，刚弹性方案多层房屋的内力分析可采用叠加原理按下面的步骤进行，在计算简图的各横梁处加水平约束连杆，求出相应的内力和各层的约束反力 R_i，$i=1$，……，n，其中 n 为层数；把第 i 层的约束反力 R_i 反向后再乘以该层的空间性能影响系数 η_i 作用于结构（$i=1$，……，n），求出相应的内力；将上述两步计算出的内力进行叠加，即可得到原结构的内力，如图 4-28 所示。

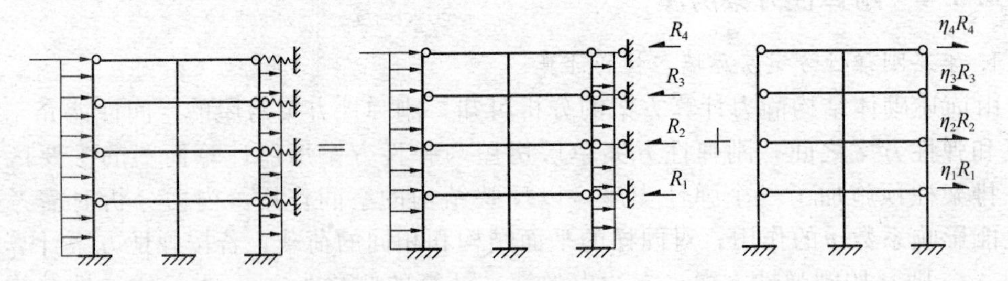

图 4-28 刚弹性方案多层房屋的计算简图

4.6.5 上柔下刚多层房屋

由于建筑使用功能要求，房屋顶层横墙间距较大，只能满足刚弹性方案的要求；房屋下面各层的横墙间距小，空间刚度大可满足刚性方案的要求。这种房屋称为上柔下刚多层房屋。

分析表明，不考虑上下楼层之间的空间作用是偏于安全的。这类房屋的顶层可近似按单层房屋进行分析，其空间性能影响系数可根据屋盖类别按表 4-1 确定，下面各层仍按刚性方案进行计算。设计时，应使下层的墙、柱的截面尺寸至少不小于相应上层的墙、柱的截面尺寸。

4.6.6 上刚下柔多层房屋

若房屋的上面各层横墙间距小，属刚性方案，而房屋的低层横墙间距较大，属刚弹性方案，则称此类房屋为上刚下柔多层房屋。这类房屋通常上部为开间不大的住宅、办公室等，而低层需要一些大开间如商店、食堂、俱乐部等。

此类房屋在水平荷载作用下进行内力计算时（图 4-29*b*），可采用基于叠加法的计算步骤：由于上面各层为刚性方案，所以在各层横梁相应位置加不动铰支座，计算相应的内力和各支座的反力 R_i，$i=1$，2……n，其中 n 为房屋的层数。

相对于底层，上面各层可简化为刚度无穷大的横梁，与底层构成单层排架（图 4-29*c*）。将上述求出的支座反力 R_i 反向作用于结构。此时，可按第一类屋盖和底层横墙间距确定空间性能影响系数 η。此单层排架顶部的水平力 V 为：

$$V=\eta\sum_{i=1}^{n}R_i \tag{4-9}$$

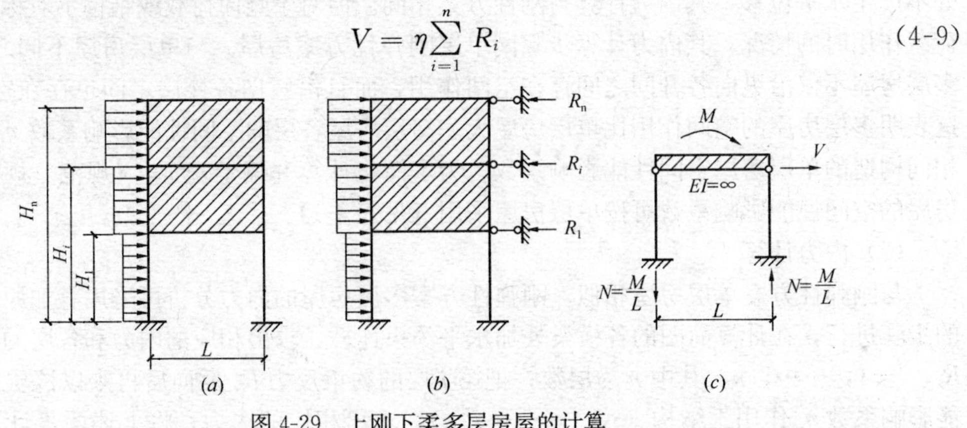

图 4-29 上刚下柔多层房屋的计算

单层排架顶部作用的水平力矩 M 为：

$$M=\sum_{i=1}^{n} R_i\,(H_i-H_1) \tag{4-10}$$

其中，$H_i(i=1,2\cdots\cdots n)$ 为第 i 层顶部横梁到房屋底部支座的距离。求出在 M 和 V 作用下此单层排架的内力。各柱的轴力为：

$$N=\pm\frac{M}{L} \tag{4-11}$$

其中 L 为底层排架的跨度。

将上两步求得的内力叠加，即得原结构的内力。

4.7　地下室墙的计算

有的混合结构房屋设有地下室，地下室墙体一般砌筑在钢筋混凝土基础底板上，顶部为首层楼面，室外有回填土，因此墙厚一般大于房屋首层墙厚。另外，为了保证房屋具有足够的整体刚度，地下室内的横墙数量多、间距小，因而地下室墙体可按刚性方案进行静力计算，且一般可不进行高厚比验算。

1. 计算简图

砌体结构房屋地下室外墙的计算简图可简化为两端铰支的竖向构件，如图 4-30 所示，墙上端可视为简支于地下室顶盖梁或板的底面，墙下端支承点的性质则与地下室墙体的厚度 d 与基础底面宽度 D 的比值有关，当 $d/D\geqslant 0.7$ 时，墙下端可认为是不动铰支承，支承点的位置与具体的施工情况有关，若地下室的地面为混凝土地面，且室外回填土较迟，则认为支承点的位置在地下室地面水平处；若混凝土地面较薄或施工期间未浇筑混凝土或混凝土未达到足够的强度就在室内外回填土时，墙体底端支承点应取在基础底板的板底处。当 $d/D<0.7$ 时，基础具有一定的阻止墙体发生转动的能力，下端将存在嵌固弯矩，此时，其下端则应按基础底面水平处的弹性嵌固考虑。

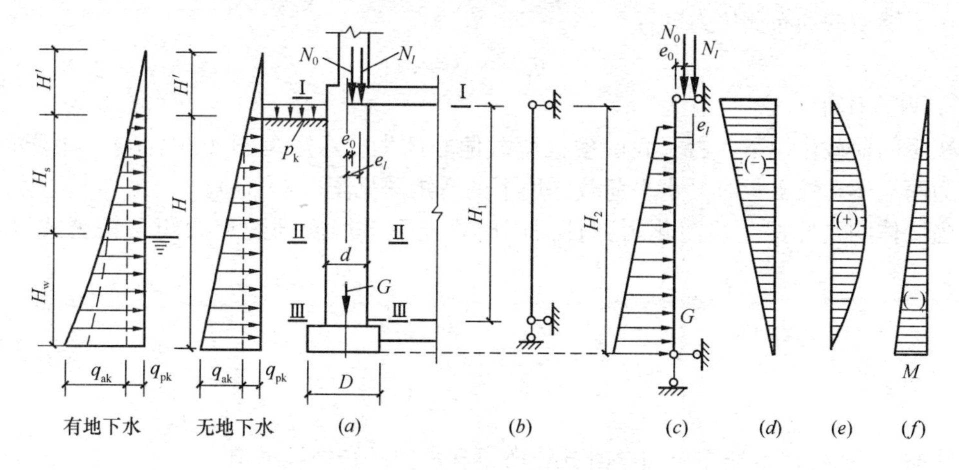

图 4-30　地下室墙体计算简图

2. 荷载取值

作用于地下室外墙的荷载包括以下几项（图 4-30a）。

(1) ±0.000 以上墙体自重以及屋面、楼面传来的恒荷载和活荷载 N_0，作用在第一层墙体截面的形心上。

(2) 第一层楼面梁、板传来的轴向力 N_l，其偏心距 $e_l=d/2-0.4a_0$。

(3) 地下室墙体除了承受上部结构传来的轴向压力外，对于地下室的外墙，还应考虑室外地面上的堆积物、墙外填土以及地下水压力的作用。地下水位以上，距室外地表深度 H 处墙体受到土的静止侧压力 q_{sk} 为：

$$q_{sk}=K_0\gamma H \tag{4-12}$$

式中 K_0——静止土压力系数，可按表 4-5 取值；

H——底板标高至填土表面的深度（m）；

γ——回填土的重度，可取 $20kN/m^3$。

静止土压力系数 K_0 的参考值 **表 4-5**

土的类型和状态	碎石土	砂 土	粉 土	粉质黏土			黏 土		
				硬塑	可塑	软塑及流塑	硬塑	可塑	软塑及流塑
K_0	0.18~0.25	0.25~0.33	0.33	0.33	0.43	0.54	0.33	0.54	0.72

当地下室墙体部分位于地下水位以下时，需要考虑水的浮力影响，若地下水深度为 H_w，则在 H_w 高度范围内应考虑水的浮力对土的影响，土体作用在墙上侧压力为：

$$\begin{aligned} q_{sk}&=K_0\gamma H_s+K_0(\gamma-\gamma_w)H_w+\gamma_w H_w \\ &=K_0(\gamma H-\gamma_w H_w)+\gamma_w H_w \end{aligned} \tag{4-13}$$

式中 γ——土壤含水饱和时的重度（kN/m^3）；

H_s——未浸水的回填土高度（m）；

γ_w——水的重度，可取 $10kN/m^3$。

对于地下室的外墙，通常还应考虑室外地面上的活荷载 p_k（一般取 $10kN/m^2$）产生的作用于墙面的均布侧压力 q_{pk}：

$$q_{pk}=K_0 p_k \tag{4-14}$$

3. 内力计算

在竖向荷载作用下，由于底层楼板荷载偏心产生的弯矩见图 4-30（d）。计算简图可简化为两端不动铰支承时，水平荷载作用下的弯矩图见图 4-30（e）。

当墙体的底部按上述简化为弹性嵌固时，地下室墙底部约束弯矩可按公式（4-15）计算：

$$M_k=\frac{M_{0k}}{1+\dfrac{3E}{CH_2}\left(\dfrac{d}{D}\right)^3} \tag{4-15}$$

式中 M_{0k}——按墙下端完全固定时计算所得到的固端弯矩标准值；

E——墙砌体的弹性模量；

H_2——地下室底板底面至基础底面的距离；

C——地基的刚度可按表 4-6 取值。

地基刚度 C 的取值　　**表 4-6**

地基承载力设计值（kN/m^2）	地基的刚度 C（kN/m^3）	地基承载力设计值（kN/m^2）	地基的刚度 C（kN/m^3）
<150	30000 以下	>600	100000 以上
300	60000	龄期在两年以上的填土	150000～300000
600	100000		

地下室墙的控制截面为墙体顶部Ⅰ-Ⅰ截面、最大弯矩所在Ⅱ-Ⅱ截面和底部Ⅲ-Ⅲ截面。首先按结构力学的方法计算地下室墙体在各种荷载单独作用下的内力（图 4-30*c*、*d*、*e*），然后进行控制截面的内力组合。

4. 截面承载力验算

对墙体顶部Ⅰ-Ⅰ截面进行偏心受压和局部受压承载力验算，对最大弯矩所在Ⅱ-Ⅱ截面进行偏心受压承载力验算，对截面Ⅲ-Ⅲ进行偏心受压（或轴心受压）承载力验算。

5. 地下室墙体的抗滑移验算

为避免施工阶段地下室墙外回填土的侧压力使基础底面产生滑移破坏，地下室墙体应进行施工阶段抗滑移验算，其验算表达式为：

$$\gamma_0(1.2V_{sk}+1.4V_{qk})\leqslant 0.8\mu N \tag{4-16}$$

$$\gamma_0(1.35V_{sk}+1.4\times 0.7V_{qk})\leqslant 0.8\mu N \tag{4-17}$$

式中　V_{sk}——土侧压力的合力；

V_{qk}——室外地面施工活载产生的侧压力的合力；

μ——基础与土的摩擦系数，按表 3-5 取值。

4.8　刚性基础计算

由砖、毛石、混凝土或毛石混凝土等材料制成的，且不需配置钢筋的墙下条形基础或柱下独立基础，称为无筋扩展基础，习惯上也称刚性基础。

作用于基础上的荷载向地基传递时，压应力分布线形成一个夹角，其极限值称为刚性角。当刚性基础的基础底面位于刚性角范围内时，基础主要承受压应力，弯曲应力和剪应力则很小，因此它通常是采用抗压强度较高而抗拉、抗剪强度很低的材料砌筑或浇筑而成。其中，刚性角随基础材料不同而有所不同。

设计刚性基础时，往往通过控制基础台阶的宽度与高度之比不超过表 4-7 所示的台阶宽高比允许值等构造措施以确保基础底面控制在刚性角限定的范围内，亦即要求刚性基础底面宽度符合下列条件：

$$b<b_0+2H_0\cdot\tan\theta \tag{4-18}$$

式中　b_0——基础底面宽度；

b——基础顶面的砌体宽度；

H_0——基础高度；

$\tan\theta$——基础台阶宽高比的允许值，查表 4-7 确定。

无筋扩展基础台阶高宽比的允许值　　表 4-7

基础材料	质量要求	台阶宽高比的允许值		
		$p_k \leqslant 100$	$100 \leqslant p_k \leqslant 200$	$200 \leqslant p_k \leqslant 300$
混凝土基础	C15 混凝土	1∶1.00	1∶1.00	1∶1.25
毛石混凝土基础	C15 混凝土	1∶1.00	1∶1.25	1∶1.50
砖基础	砖不低于 MU10 砂浆不低于 M5	1∶1.50	1∶1.50	1∶1.50
毛石基础	砂浆不低于 M5	1∶1.25	1∶1.50	—
灰土基础	体积比为 3∶7 或 2∶8 的灰土，其最小干密度：粉土 15.5kN/m³ 粉质黏土 15.0kN/m³ 黏土 14.5kN/m³	1∶1.25	1∶1.50	—
三合土基础	体积比 1∶2∶4～1∶3∶6（石灰∶砂∶骨料）每层约需铺 220mm 夯至 150mm	1∶1.50	1∶2.00	—

注：1. p_k 为荷载效应标准组合时基础底面处的平均压力值（kPa）；
2. 阶梯形毛石基础的每阶伸出宽度，不宜大于 200mm；
3. 当基础由不同材料叠合组成时，应对接触部分作抗压验算；
4. 基础底面处的平均压力值超过 300kPa 的混凝土基础，尚应进行抗剪验算。

当基础承受的荷载较大时，按地基承载力要求确定的基础底面宽度 b 也较大。由式(4-18) 可知，相应的基础高度 H_0 亦较大，此时基础自重、埋深以及材料用量随之增大。因此，刚性基础主要适用于六层和六层以下混合结构房屋的基础。当混合结构房屋的墙、柱采用刚性基础设计时，需选择基础类型和确定基础埋置深度。刚性基础的类型，根据所用材料的不同主要有砖基础、毛石基础、混凝土基础以及毛石混凝土基础。

(1) 砖基础

砖基础剖面通常采用等高大放脚，台阶宽度为 60mm，高度为 120mm，亦可采用不等高大放脚。为了使基础和地基之间能均匀传递压力，在砖基础底面以下常作 100mm 厚的混凝土垫层，混凝土强度等级为 C15。

(2) 毛石基础

毛石基础是由毛石砌筑而成的，在产石地区应用较多。所选用的毛石应质地坚硬、不易风化。

(3) 混凝土和毛石混凝土基础

混凝土基础是由混凝土浇筑而成的，其强度、耐久性和抗冻性均比砖基础好。当混凝土基础体积较大时，为了节约水泥用量、降低造价，可在混凝土中加入 25%～30%的毛石，从而形成毛石混凝土基础。

4.9 砌体结构房屋设计估算例题

某四层办公楼，采用装配式梁板结构平面图见图 4-31，剖面图见图 4-32，大梁截面尺寸 240mm×500mm，梁端伸入墙内 240mm，大梁间距 3.9m。底层墙厚为 370mm，2～

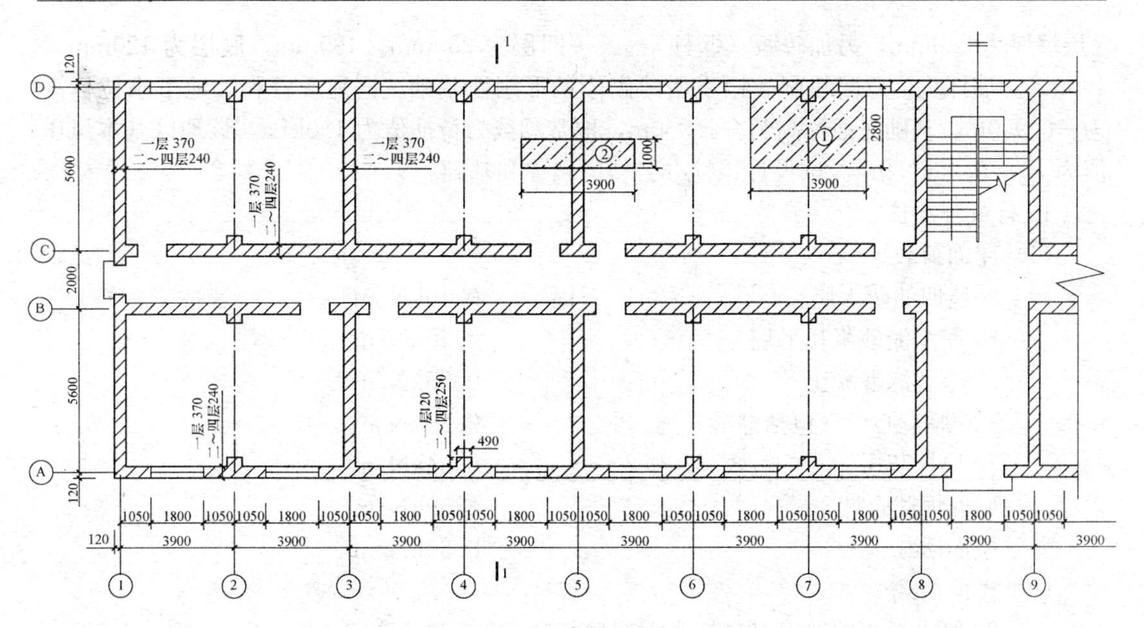

图 4-31　房屋平面图

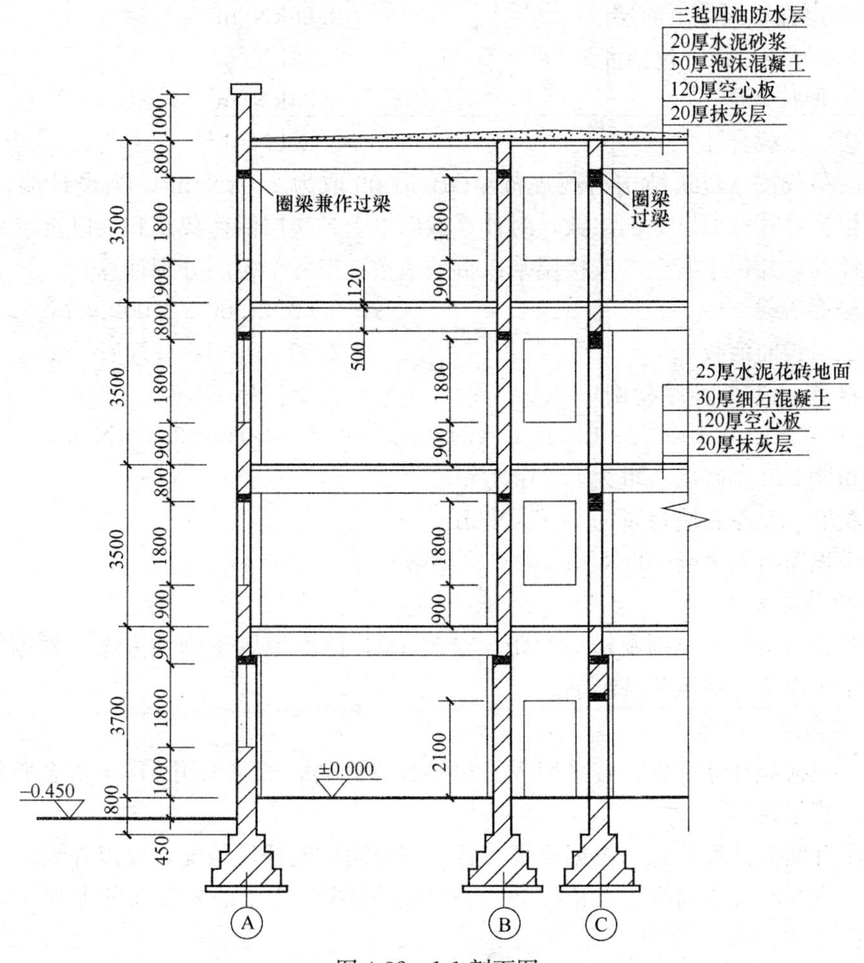

图 4-32　1-1 剖面图

4 层墙厚为 240mm，另加砖墩（壁柱）：二～四层为 250mm×490mm，底层为 120mm×490mm。墙体均为双面粉刷。拟采用砖砌体条形刚性基础。据地质资料，地下水位标高为－0.950m，基础底面标高为－1.950m，地基承载力特征值为 150kPa。该地区基本风压值为 $w_0=0.55\text{kN/m}^2$。试设计该幢办公楼的墙体和基础。

1. 荷载标准值

（1）屋面荷载

三毡四油防水层	0.40kN/m^2
20 厚水泥砂浆找平层	0.40kN/m^2
50 厚泡沫混凝土	0.25kN/m^2
120 厚空心板（包括灌缝）	2.20kN/m^2
20 厚抹灰层	0.34kN/m^2
屋面恒载合计	3.59kN/m^2
屋面活载	0.50kN/m^2

（2）楼面荷载

25 厚水泥花砖地面（包括水泥粗砂打底）	0.60kN/m^2
30 厚细石混凝土面层	0.66kN/m^2
120 厚空心板（包括灌缝）	2.20kN/m^2
20 厚抹灰层	0.34kN/m^2
楼面恒载合计	3.80kN/m^2

楼面活荷载按《建筑结构荷载规范》GB 50009 取为 2.0kN/m^2。当设计墙、柱和基础时，应根据计算截面以上的层数，对计算截面以上各楼层活荷载总和乘以折减系数。此处为简化计算，并偏于安全，按楼层乘以折减系数，按各个楼层分别计算。

四层楼面活载	$2.00\times1.00=2.00\text{kN/m}^2$
二、三层楼面活载	$2.00\times0.85=1.70\text{kN/m}^2$

大梁自重（包括 15 厚粉刷）

$$0.24\times0.50\times25+0.015\times(2\times0.50+0.24)\times20=3.37\text{kN/m}$$

双面粉刷 240 厚砖墙自重为 5.24kN/m^2，

双面粉刷 370 厚砖墙自重为 7.67kN/m^2，

钢框玻璃窗自重为 0.40kN/m^2。

2. 静力计算方案

根据屋盖（楼盖）类别及横墙间距，查表 4-2，该房屋属于刚性方案；根据第 4.6.3 节中的规定可以不考虑风荷载影响。

3. 纵墙高厚比验算

根据上述荷载计算结果，砖采用 MU20 烧结多孔砖，砂浆采用 M7.5 混合砂浆。

（1）计算单元

取一个开间为计算单元，根据梁板布置及门窗洞口的开设情况，仅以外纵墙为例进行计算分析，内纵墙可作同样的分析（略）。外纵墙取图 4-31 中的阴影部分①为计算单元的受荷面积。

（2）截面性质

二～四层纵墙计算单元如图 4-33 所示，底层纵墙计算单元如图 4-34 所示。

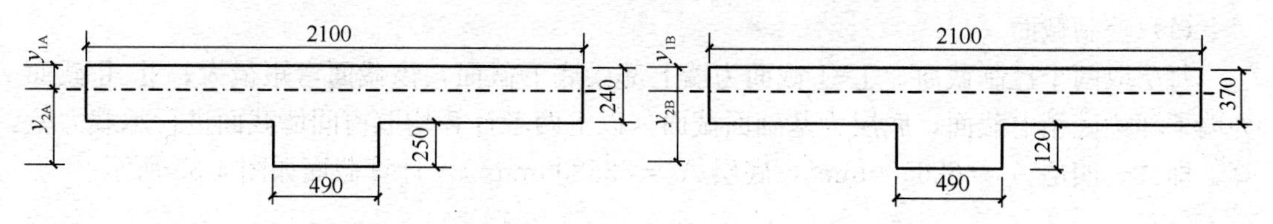

图 4-33　二～四层纵墙计算单元　　　　图 4-34　底层纵墙计算单元

$$A_1 = 2100 \times 240 + 490 \times 250 = 626500\text{mm}^2$$

$$y_{1A} = [2100 \times 240 \times 240/2 + 250 \times 490 \times (240 + 250/2)]/A_1 = 167.91\text{mm}$$

$$y_{2A} = 240 + 250 - 167.91 = 322.09\text{mm}$$

$$I_1 = 2100 \times 240^3/12 + 2100 \times 240 \times (240/2 - 167.91)^2 + 490 \times 250^3/12 + 490 \times 250 \times (322.09 - 250/2)^2 = 8.97 \times 10^9\text{mm}^4$$

$$i_1 = \sqrt{\frac{I_1}{A_1}} = \sqrt{\frac{8.97 \times 10^9}{626500}} = 119.66\text{mm}$$

$$h_{T1} = 3.5i_1 = 3.5 \times 119.66 = 418.81\text{mm}$$

$$A_2 = 2100 \times 370 + 490 \times 120 = 835800\text{mm}^2$$

$$y_{1B} = [2100 \times 370 \times 370/2 + 120 \times 490 \times (370 + 120/2)]/A_2 = 202.24\text{mm}$$

$$y_{2B} = 370 + 120 - 202.24 = 287.76\text{mm}$$

$$I_2 = 2100 \times 370^3/12 + 2100 \times 370 \times (370/2 - 202.24)^2 + 490 \times 120^3/12 + 490 \times 120 \times (287.76 - 120/2)^2 = 1.22 \times 10^{10}\text{mm}^4$$

$$i_2 = \sqrt{\frac{I_2}{A_2}} = \sqrt{\frac{1.22 \times 10^{10}}{835800}} = 120.82\text{mm}$$

$$h_{T2} = 3.5i_2 = 3.5 \times 120.82 = 422.86\text{mm}$$

（3）验算高厚比

1）二～四层墙体

查表 5-2 得墙体允许高厚比$[\beta]=26$，查表 5-1 得 $H_{01}=1.0H=3.5\text{m}$。

$$\mu_1=1.0，\mu_2=1-0.4\frac{b_s}{s}=1-0.4\frac{1800}{3900}=0.815$$

$$\mu_1\mu_2[\beta] = 1.0 \times 0.815 \times 26 = 21.19$$

$$\beta_1 = \frac{H_{01}}{h_{T1}} = \frac{3500}{418.81} = 8.38 < \mu_1\mu_2[\beta] = 21.19\text{，满足要求。}$$

2）底层墙体

墙体允许高厚比查表 5-2 得$[\beta]=26$，查表 5-1 得 $H_{02}=1.0H=3.7+0.8=4.5\text{m}$。

$$\mu_1=1.0，\mu_2=1-0.4\frac{b_s}{s}=1-0.4\frac{1800}{3900}=0.815$$

$$\mu_1\mu_2[\beta] = 1.0 \times 0.815 \times 26 = 21.19$$

$$\beta_2 = \frac{H_{02}}{h_{T2}} = \frac{4500}{422.86} = 10.64 < \mu_1\mu_2[\beta] = 21.19\text{，满足要求。}$$

4. 纵墙控制截面的内力计算和承载力验算

（1）控制截面

每层取两个控制截面，Ⅰ-Ⅰ截面为墙上部梁底下截面，该截面弯矩最大；Ⅱ-Ⅱ截面为墙下部梁底稍上截面，底层为基础面截面（以上两者计算均取窗间墙截面进行承载力验算，即二～四层 $A_1=626500\text{mm}^2$，底层 $A_2=835800\text{mm}^2$）。计算截面如图 4-35 所示。

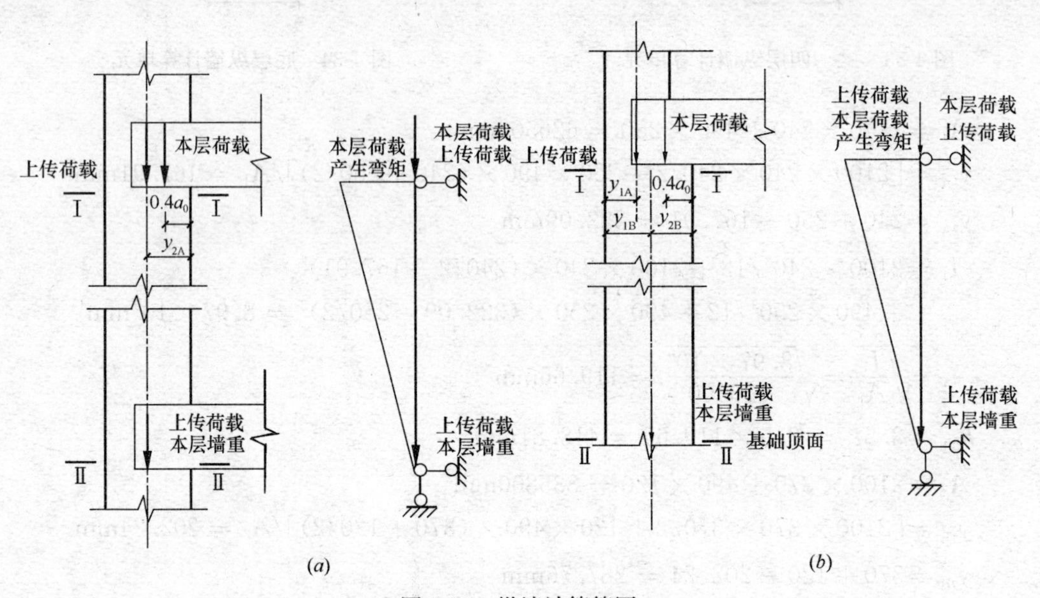

图 4-35　纵墙计算简图

(a) 墙厚不变；(b) 墙厚改变

（2）荷载设计值计算

1）屋面传来集中荷载

组合 1　$1.2\times(3.59\times3.9\times2.8+3.37\times2.8)+1.4\times0.50\times3.9\times2.8=66.01\text{kN}$

组合 2　$1.35\times(3.59\times3.9\times2.8+3.37\times2.8)+1.4\times0.7\times0.50\times3.9\times2.8=71.01\text{kN}$

2）每层楼面传来集中荷载

四层楼面

组合 1　$1.2\times(3.80\times3.9\times2.8+3.37\times2.8)+1.4\times2.00\times3.9\times2.8=91.69\text{kN}$

组合 2　$1.35\times(3.80\times3.9\times2.8+3.37\times2.8)+1.4\times0.7\times2.00\times3.9\times2.8=90.17\text{kN}$

二、三层楼面

组合 1　$1.2\times(3.80\times3.9\times2.8+3.37\times2.8)+1.4\times1.70\times3.9\times2.8=87.11\text{kN}$

组合 2　$1.35\times(3.80\times3.9\times2.8+3.37\times2.8)+1.4\times0.7\times1.70\times3.9\times2.8=86.95\text{kN}$

3）每层砖墙自重（窗洞尺寸为 1.8m×1.8m）

二～四层

$$1.35\times[(3.9\times3.5-1.8\times1.8)\times5.24+1.8\times1.8\times0.40]=75.39\text{kN}$$

底层

$$1.35\times\{[3.9\times(3.7-0.12-0.5+0.8)-1.8\times1.8]\times7.62+1.8\times1.8\times0.40\}=124.08\text{kN}$$

620mm 高 370 厚砖墙的自重（楼板面至梁底）

$$1.35\times0.62\times7.62\times3.9=24.87\text{kN}$$

620mm 高 240 厚砖墙的自重（楼板面至梁底）

$$1.35\times0.62\times5.24\times3.9=17.10\text{kN}$$

1000mm 高 240 厚女儿墙的自重

$$1.35\times1.0\times5.24\times3.9=27.59\text{kN}$$

（3）梁端支承处砌体局部受压承载力计算

材料选用砖 MU20，砂浆 M7.5 混合砂浆，查附表 3-1 得抗压强度设计值为 2.39MPa。

1）二～四层Ⅰ-Ⅰ截面

混凝土梁轴线间跨度为 5.6m，伸入墙体长度 240mm，则梁的计算跨度大于 4.8m，应设置刚性垫块（图 4-36）。设垫块尺寸为 $a_b=490\text{mm}$，$b_b=400\text{mm}$，$t_b=180\text{mm}$，垫块自梁边每边挑出长度为 $80\text{mm}<t_b$，同时伸入翼墙内的长度为 240mm，满足刚性垫块要求。

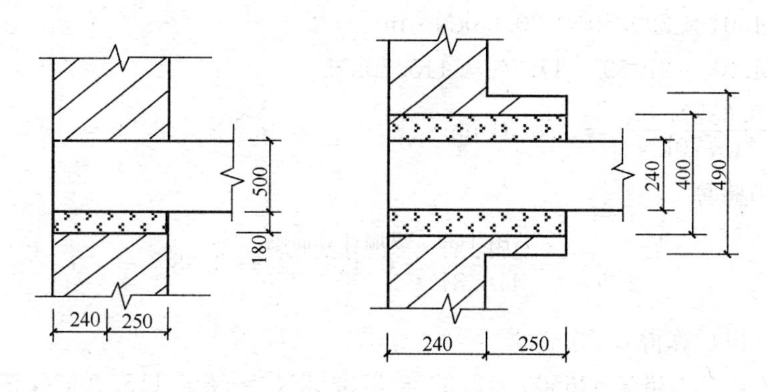

图 4-36　二～四层梁端刚性垫块图

经验算（计算过程略），设以上垫块后梁端支承处砌体局部受压承载力满足要求。

2）底层Ⅰ-Ⅰ截面

梁的轴线跨度为 5.6m，伸入墙体长度 240mm，则梁的计算跨度大于 4.8m，应设置刚性垫块（图 4-37）。设垫块尺寸为 $a_b=360\text{mm}$，$b_b=400\text{mm}$，$t_b=180\text{mm}$，垫块自梁边每边挑出长度为 $80\text{mm}<t_b$，同时伸入翼墙内的长度为 240mm，满足刚性垫块要求。

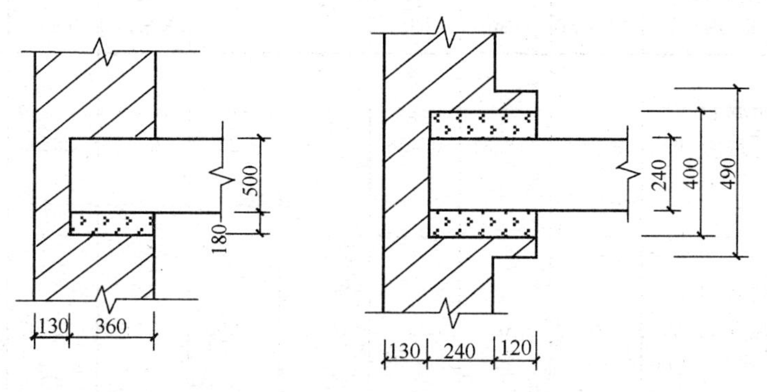

图 4-37　底层梁端刚性垫块图

经验算（计算过程略），设以上垫块后梁端支承处砌体局部受压承载力满足要求。

（4）内力计算及截面受压承载力验算

计算简图见图 4-35。

1）四层墙体

Ⅰ-Ⅰ截面

梁端加刚性垫块后：

上层传来的荷载 $N=44.69\text{kN}$，$A=626500\text{mm}^2$

$$\sigma_0=\frac{N}{A}=\frac{44.69}{626500}=0.0713\text{N/mm}^2$$

$$\frac{\sigma_0}{f}=\frac{0.0713}{2.39}=0.03$$

$$a_0=5.445\sqrt{\frac{500}{2.39}}=78.76\text{mm}$$

$$e_i=y_{2A}-0.4a_0=322.09-0.4\times78.76=290.59\text{mm}$$

$$M=71.01\times290.59=20.63\text{kN}\cdot\text{m}$$

$$N=71.01+27.59+17.10=115.70\text{kN}$$

$$e=\frac{20.63\text{kN}\cdot\text{m}}{115.70\text{kN}}=178.31\text{mm}<0.6y_{2A}=0.6\times322.09=193.25\text{mm}$$

抗压承载力验算

$$\frac{e}{h_{T1}}=\frac{178.31}{418.81}=0.426\quad\beta_1=8.38$$

根据式（5-14）算得 $\varphi=0.236$

$N_u=\varphi Af=0.236\times626500\times2.39=353.5\text{kN}>N=115.70\text{kN}$，满足要求。

Ⅱ-Ⅲ截面

$M=0$，$N=115.70+75.39=191.09\text{kN}$，查表 5-3 得 $\varphi=0.905$。

$N_u=\varphi Af=0.905\times626500\times2.39=1355.09\text{kN}>N=191.09\text{kN}$，满足要求。

2）其他层的计算列于表 4-8 中。

各截面的内力计算和受压承载力验算 **表 4-8**

层次	截面	荷载设计值 N (kN)	M (kN·m)	e (mm)	$\frac{e}{h_T}$	β	φ	f (N/mm²)	A (mm²)	φfA (kN)	结论
四层	Ⅰ-Ⅰ	屋面荷载 71.01 墙　　重 44.69 115.70	20.63	178.31	0.426	8.38	0.236	2.39	626500	353.50	安全
	Ⅱ-Ⅱ	上面传来 115.70 本层墙重 75.39 191.09	0	0	0	8.38	0.905	2.39	626500	1355.09	安全

续表

层次	截面	荷载设计值 N (kN)	M (kN·m)	e (mm)	$\frac{e}{h_T}$	β	φ	f (N/mm²)	A (mm²)	φfA (kN)	结论
三层	Ⅰ-Ⅰ	上面传来 191.09 楼面荷载 91.69 282.78	26.56	93.93	0.224	8.38	0.45	2.39	626500	673.80	安全
	Ⅱ-Ⅱ	上面传来 282.78 本层墙重 75.39 358.17	0	0	0	8.38	0.905	2.39	626500	1355.09	安全
二层	Ⅰ-Ⅰ	上面传来 358.17 楼面荷载 87.11 445.28	25.13	56.45	0.134	8.38	0.62	2.39	626500	928.35	安全
	Ⅱ-Ⅲ	上面传来 445.28 本层墙重 58.29① 503.57	0	0	0	8.38	0.905	2.39	626500	1355.09	安全
底层	Ⅰ-Ⅰ	上面传来 503.57 620 高墙重 24.87 楼面荷载 87.11 615.55	−3.21②	−5.20	0.012	10.64	0.389	2.39	835800	777.05	安全
	Ⅱ-Ⅱ	上面传来 615.55 本层墙重 124.08 739.63	0	0	0	10.64	0.855	2.39	835800	1707.92	安全

① 在墙厚改变的楼层，计算取该层楼面标高处截面，本层墙重 75.39−17.11=58.29kN；
② 在墙厚改变的楼层，上层传来荷载和本层楼面荷载均产生 M（见图 4-35b）。

5. 横墙控制截面的内力计算和承载力验算

(1) 控制截面

横墙的两侧恒载是对称的，而活载则有可能仅一侧有。估算表明，即使考虑仅一侧有本层活载，引起的弯矩也是非常小的，故可取满布活载计算。

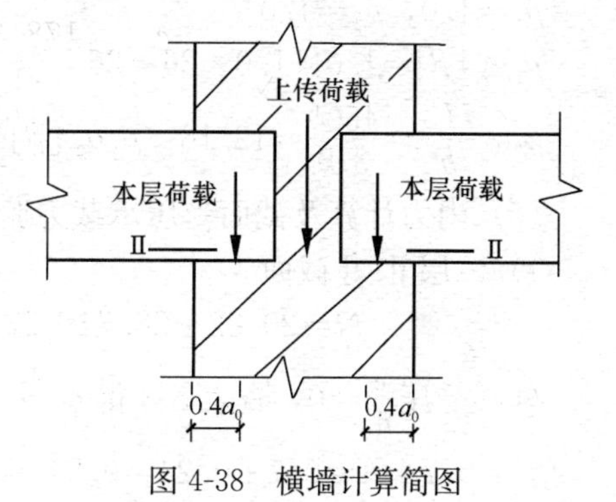

图 4-38　横墙计算简图

由于两侧楼盖传来的纵向力相同时，沿整个高度都承受轴心压力，则取每层Ⅱ-Ⅱ截面即墙下部板底稍上截面进行验算，由于底层墙厚为 370mm，二～四层墙厚为 240mm，因此仅需验算二层Ⅱ-Ⅱ截面与底层基础顶面。

(2) 计算单元

内横墙计算单元取 1m，取图 4-31 中的阴影部分②为计算单元的受荷面积。计算简图如图 4-38 所示。

(3) 荷载设计值计算

1) 屋面传来集中荷载

组合 1　1.2×(3.59×3.9×1.0)+1.4×0.50×3.9×1.0=19.53kN

组合 2　1.35×(3.59×3.9×1.0)+1.4×0.7×0.70×3.9×1.0=20.82kN

2) 每层楼面传来集中荷载

四层楼面

组合 1　1.2×(3.8×3.9×1.0)+1.4×2.00×3.9×1.0=28.74kN

组合 2　1.35×(3.8×3.9×1.0)+1.4×0.7×2.00×3.9×1.0=27.65kN

二、三层楼面

组合 1　1.2×(3.8×3.9×1.0)+1.4×1.70×3.9×1.0=27.07kN

组合 2　1.35×(3.8×3.9×1.0)+1.4×0.7×1.70×3.9×1.0=26.50kN

3）每层砖墙自重

二～四层

$$1.35\times(1.0\times3.5)\times5.24=24.76\text{kN}$$

底层

$$1.35\times1.0\times(3.7-0.12+0.8)\times7.62=45.06\text{kN}$$

(4) 验算高厚比

材料选用砖 MU20 烧结多孔砖，砂浆 M7.5 混合砂浆，查附表 3-1 抗压强度设计值为 2.39MPa。

1）二～四层墙体

墙体允许高厚比查表 5-2 得$[\beta]=26$，查表 5-1 得 $H_{01}=1.0H=3.5\text{m}$。

$$\mu_1=1.0，\mu_2=1.0，$$

$$\mu_1\mu_2[\beta]=1.0\times1.0\times26=26$$

$$\beta_1=\frac{H_{01}}{h}=\frac{3500}{240}=14.58<\mu_1\mu_2[\beta]=26，满足要求。$$

2）底层墙体

墙体允许高厚比查表 5-2 得$[\beta]=26$，查表 5-1 得 $H_{02}=1.0H=3.7+0.8=4.5\text{m}$。

$\mu_1=1.0$，$\mu_2=1.0$

$\mu_1\mu_2[\beta]=1.0\times1.0\times26=26$

$\beta_2=\frac{H_{02}}{h}=\frac{4500}{370}=12.16<\mu_1\mu_2[\beta]=26$，满足要求。

(5) 内力计算及截面受压承载力验算

1）二层Ⅱ-Ⅱ截面

$$N=20.82+28.74+27.07+27.07+24.76\times3=177.98\text{kN}$$

轴心受压$\frac{e}{h}=0$，查表 5-3 得 $\varphi=0.757$，$A=0.24\times1.0=0.24\text{m}^2<0.3\text{m}^2$

$\gamma_a=0.7+A=0.7+0.24=0.94$

$N_u=\varphi\gamma_a fA=0.757\times0.94\times2.39\times240000=408.2\text{kN}>N=177.98\text{kN}$，满足要求

2）底层Ⅱ-Ⅱ截面

$$N=20.82+28.74+27.07+27.07+24.76\times3+45.06=223.04\text{kN}$$

轴心受压$\frac{e}{h}=0$，查表 5-3 得 $\varphi=0.818$，$A=0.37\times1.0=0.37\text{m}^2>0.3\text{m}^2$

$\gamma_a=1.0$

$N_u=\varphi\gamma_a fA=0.818\times1.0\times2.39\times370000=723.4\text{kN}>N=223.04\text{kN}$，满足要求

6. 墙下条形刚性基础设计

(略)

思 考 题

[4-1] 砌体结构房屋有哪几种承重体系？各有何优缺点？

[4-2]　房屋的空间性能影响系数的物理意义是什么?

[4-3]　砌体结构房屋的静力计算方案有哪几种? 各有何特点?

[4-4]　刚性方案单层、多层房屋墙、柱的计算简图有何异同?

[4-5]　满足那些要求时，砌体结构房屋可不考虑风荷载的作用?

[4-6]　在水平荷载作用下，弹和刚弹性方案单层房屋墙、柱的内力计算步骤各是怎样的，有何异同?

[4-7]　在水平荷载作用下，刚性方案多层房屋墙、柱的内力计算步骤是怎样的?

习　题

[4-1]　某二层教学楼平面及外纵墙剖面见图 4-39，楼、屋面采用现浇混凝土梁板结构，梁 L1 截面

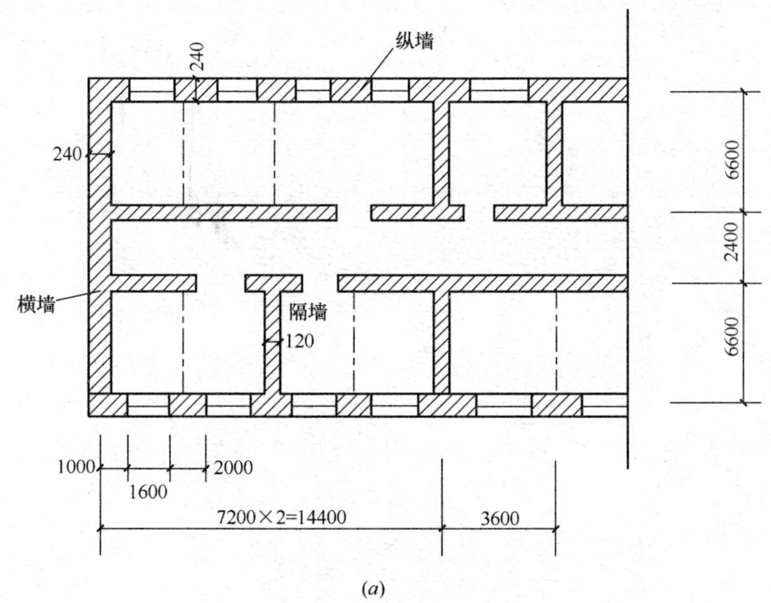

(a)

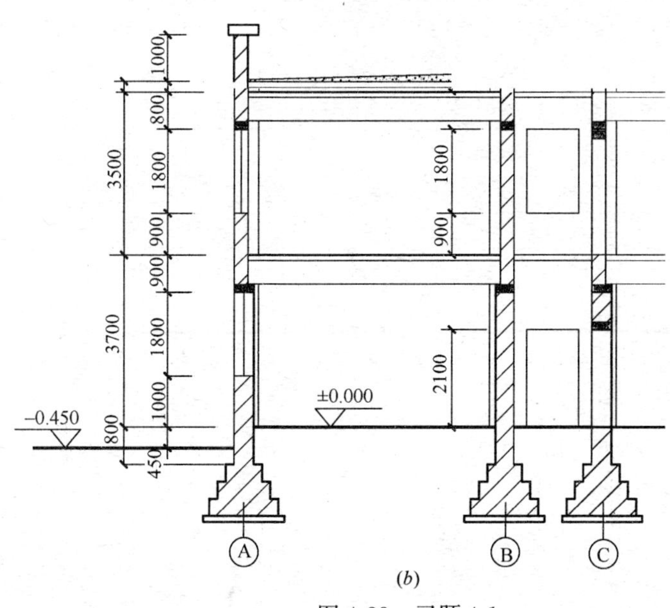

(b)

图 4-39　习题 4-1

尺寸为 $b \times h=200\text{mm} \times 500\text{mm}$。墙体厚度为 240mm，进行底层外纵墙的承载力验算。已知屋面恒载标准值(包括防水层、找平层、隔热板、混凝土楼板、抹灰等)为 3.6kN/m²，屋面活荷载标准值为 0.5 kN/m²，楼面恒载标准值为 3.05kN/m²，楼面活荷载标准值为 2.0kN/m²。钢筋混凝土重度为 25kN/m³，双面粉刷的 240 厚砖墙重为 5.24kN/m²，钢窗自重为 0.4kN/m²，基本风压值为 0.45kN/m²。试设计该楼墙体。

第5章　砌体结构构件承载力计算

5.1　墙柱高厚比验算

墙柱高厚比验算是保证墙柱构件在施工阶段和使用期间稳定性的一项重要构造措施。墙柱高厚比还是计算其受压承载力的重要参数。

墙柱无论是否承重，首先应确保其稳定性。一片独立墙从基础顶面开始砌筑到足够高度时，即使未承受外力，也可能在自重下失去稳定而倾倒。若增加墙体厚度，则不致倾倒的高度增大。若墙体上下或周边的支承情况不同，则不致倾倒的高度也不同。墙柱丧失整体稳定的原因，包括施工偏差、施工阶段和使用期间的偶然撞击和振动等。

需要进行高厚比验算的构件不仅包括承重的柱、无壁柱墙、带壁柱墙，也包括带构造柱墙以及非承重墙等。无壁柱墙是指壁柱之间或相邻窗间墙之间的墙体。构造柱是在房屋外墙或纵、横墙交接处先砌墙、后浇筑混凝土并与墙连成整体的钢筋混凝土柱，用于抗震设防房屋中。

5.1.1　墙柱的计算高度

计算墙柱高厚比时，构件的高度是指计算高度。结构中的细长构件在轴心受压时，常常由于侧向变形的增大而引发稳定破坏。失稳时，临界荷载的大小与构件端部约束程度有关。墙柱的实际支承情况极为复杂，不可能是完全铰支，也不可能是完全固定，同时，各类砌体由于水平灰缝数量多，其整体性也受到削弱，因而，确定计算高度时，既要考虑构件上、下端的支承条件（对于墙来说，还要考虑墙两侧的支承条件），又要考虑砌体结构的构造特点。

综合各种影响因素，墙、柱的计算高度 H_0 应按表 5-1 取值。表中构件高度 H 按下列规定取值：

（1）房屋底层为楼顶面到构件下端的距离，下端支点的位置可取在基础顶面，当基础埋置较深且有刚性地面时，可取室外地面以下 500mm；

受压构件的计算高度 H_0　　　　**表 5-1**

房屋类别			柱		带壁柱墙或周边拉结的墙		
			排架方向	垂直排架方向	$S>2H$	$2H\geqslant S>H$	$S\leqslant H$
有吊车的单层房屋	变截面柱上段	弹性方案	$2.5H_u$	$1.25H_u$	$2.5H_u$		
		刚性、刚弹性方案	$2.0H_u$	$1.25H_u$	$2.0H_u$		
	变截面柱下段		$1.0H_l$	$0.8H_l$	$1.0H_l$		

续表

房屋类别			柱		带壁柱墙或周边拉结的墙		
			排架方向	垂直排架方向	$S>2H$	$2H\geqslant S>H$	$S\leqslant H$
无吊车的单层和多层房屋	单跨	弹性方案	$1.5H$	$1.0H$	$1.5H$		
		刚弹性方案	$1.2H$	$1.0H$	$1.2H$		
	多跨	弹性方案	$1.25H$	$1.0H$	$1.25H$		
		刚弹性方案	$1.10H$	$1.0H$	$1.1H$		
	刚性方案		$1.0H$	$1.0H$	$1.0H$	$0.4S+0.2H$	$0.6S$

注：1. 表中 H_u 为变截面柱的上段高度；H_l 为变截面柱的下段高度；

2. 对于上端为自由端的构件，$H_0=2H$；

3. 独立砖柱，当无柱间支撑时，柱在垂直排架方向的 H_0 应按表中数值乘以 1.25 后采用；

4. S 为相邻横墙间距；

5. 自承重墙的计算高度应根据周边支承或拉结条件确定。

（2）房屋其他层为楼板与其他水平支点之间的距离；

（3）无壁柱的山墙可取层高加山墙尖高度的 1/2，带壁柱山墙可取壁柱处的山墙高度。

5.1.2 墙柱高厚比验算

无壁柱墙或矩形截面柱高厚比按下式计算：

$$\beta=\frac{H_0}{h} \tag{5-1}$$

式中 H_0 ——墙、柱的计算高度，按表 5-1 取用；

h ——墙厚或矩形柱与 H_0 相对应的边长。

带壁柱墙（T 形和十字形等截面）高厚比按下式进行计算：

$$\beta=\frac{H_0}{h_T} \tag{5-2}$$

式中 h_T—— T 形截面 H_0 相对应的折算厚度，可近似按 $h_T=3.5i$ 计算，i 为截面的回转半径，$i=\sqrt{I/A}$，I、A 分别为截面的惯性矩和面积。

此时，T 形截面的计算翼缘宽度 b_f 可按下列规定确定：多层房屋中，当有门窗洞口时，取窗间墙宽度；无门窗洞口时，每侧翼缘可取壁柱高度的 1/3；单层厂房中，可取壁柱宽加 2/3 墙高，但不大于窗间墙宽度和相邻壁柱间距离。同时，按表 5-1 确定带壁柱墙的计算高度 H_0 时，应取 S 为相邻横墙间的距离；设有钢筋混凝土圈梁的带壁柱墙的 $b/S\geqslant 1/30$ 时（b 为圈梁的厚度），可把圈梁看作是壁柱间墙的不动铰支点。

计算带构造柱墙的高厚比时，h 取墙厚，计算高度 H_0 应按相邻横墙的间距确定。

墙柱高厚比应符合下式要求：

$$\beta\leqslant\mu_1\mu_2[\beta] \tag{5-3}$$

式中 $[\beta]$ ——墙柱高厚比限值，按表 5-2 取值；

μ_1 ——自承重墙允许高厚比的修正系数；墙厚 $h\leqslant 240$mm 时修正系数，当 $h=240$mm 时，$\mu_1=1.2$；当 $h=90$mm 时，$\mu_1=1.5$；当 240mm$>h>$90mm

时，可按线性插入法取值。墙体上端为自由端时，μ_1 取值还可提高 30%。对厚度小于 90mm 的墙，当双面采用不低于 M10 的水泥砂浆抹面，包括抹面层的厚度不小于 90mm 时，可按墙厚等于 90mm 验算高厚比；

μ_2 ——有门窗洞口的墙允许高厚比修正系数

$$\mu_2 = 1 - 0.4\frac{b_s}{S} \tag{5-4}$$

式中　b_s——宽度 s 范围内的门窗洞口宽度（见图 5-1）；

S——相邻横墙或壁柱之间的距离（见图 5-1）。

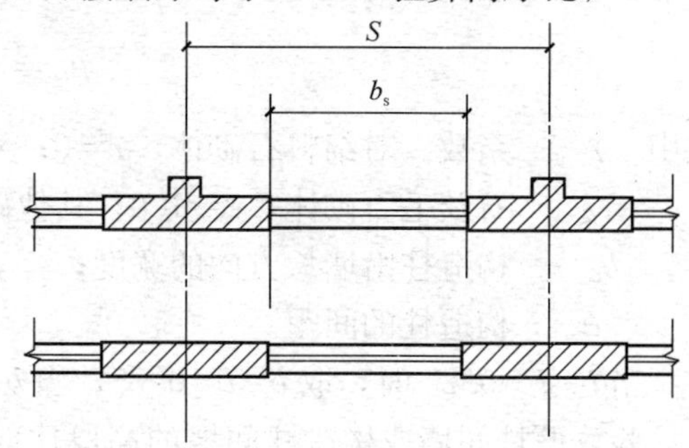

图 5-1　有门窗洞口墙允许高厚比的修正系数 μ_2 的计算

当计算结果 μ_2 小于 0.7 时，应取 μ_2 = 0.7；当洞口高度小于墙高的 1/5 时，可取 μ_2=1.0。当洞口高度大于或等于墙高的 4/5 时，可按独立墙段验算高厚比。

影响墙、柱高厚比限值［β］的因素很多，根据实践经验和现阶段材料质量和施工技术水平，通过综合分析，《规范》GB 50003 规定的［β］取值见表 5-2。

墙、柱允许高厚比［β］限值　　表 5-2

砌体类型	砂浆强度等级	墙	柱
无筋砌体	M2.5	22	15
	M5.0 或 Mb5.0、Ms5.0	24	16
	≥M 7.5 或 Mb7.5、Ms7.5	26	17
配筋砌块砌体	—	30	21

注：1. 毛石墙、柱允许高厚比应按表中数值降低 20%；
2. 带有混凝土或砂浆面层的组合砖砌体构件的允许高厚比，可按表中数值提高 20%，但不得大于 28；
3. 验算施工阶段砂浆尚未硬化的新砌砌体高厚比时，允许高厚比对墙取 14，对柱取 11。

当与墙连接的相邻两横墙间的距离 $S \leqslant \mu_1\mu_2[\beta]h$ 时，墙的高度不受高厚比的限制。

变截面柱的高厚比可按上、下截面分别验算，其计算高度可按表 5-1 的规定取用。验算上柱的高厚比时，墙、柱的允许高厚比可按表 5-2 的数值乘以 1.3 后采用。

带壁柱墙的高厚比验算应包括两部分：横墙之间的整片墙的高厚比验算和壁柱间墙的高厚比验算（图 5-2）。

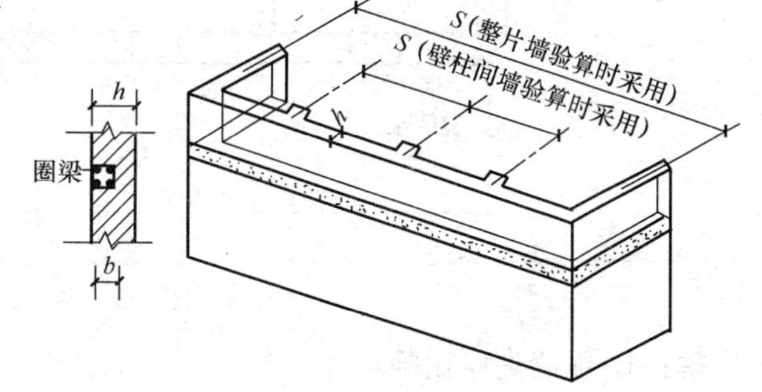

图 5-2　带壁柱的高厚比验算

整片墙的高厚比可按式（5-2）计算，当确定带壁柱墙的计算高度 H_0 时，墙的长度 s 应取与之相交相邻墙之间的距离（图 5-2）。

对于带构造柱墙，当构造柱截面宽度不小于墙厚时，可按公式（5-1）验算带构造柱墙的高厚比，此时公式中的 h 取墙厚；当确定带构造柱墙的高厚比 H_0 时，s 应取相邻横墙之间的距离，墙的允许高厚比 $[\beta]$ 可乘以修正系数 μ_c，考虑构造柱对于高厚比的有利影响，但在施工阶段时不应考虑构造柱对高厚比的有利影响。μ_c 可按式（5-5）计算：

$$\mu_c = 1 + \gamma \frac{b_c}{l} \tag{5-5}$$

式中 γ——系数。对细料石砌体，$\gamma=0$；对混凝土砌块、混凝土多孔砖、粗料石、毛料石及毛石砌体，$\gamma=1.0$；其他砌体，$\gamma=1.5$；

b_c——构造柱沿墙长方向的宽度；

l——构造柱的间距。

当 $b_c/l>0.25$ 时，取 $b_c/l=0.25$，当 $b_c/l<0.05$ 时，取 $b_c/l=0$。

验算壁柱间墙或构造柱间墙的高厚比时。墙的长度 s 取相邻壁柱间或构造柱间的距离。设有钢筋混凝土圈梁的带壁柱墙或构造柱墙，当 $b/s \geqslant 1/30$ 时，圈梁可视作壁柱间墙或构造柱间墙的不动铰支座，如图 5-2 所示。当不满足上述条件且不允许增加圈梁宽度时，可按墙体平面外等刚度原则增加圈梁高度，此时，圈梁仍可视为壁柱间墙或构造柱间墙的不动铰支点。

【例 5-1】 某办公楼的平面图（图 5-3）。采用钢筋混凝土楼盖，为刚性方案房屋。底层墙高 4.1m（算至基础顶面），以上各层墙高 3.6m。纵、横墙均为 240mm 厚，砂浆强度等级为 M5。隔墙厚 120mm，砂浆强度等级为 M2.5，高 3.6m。试验算各墙的高厚比。

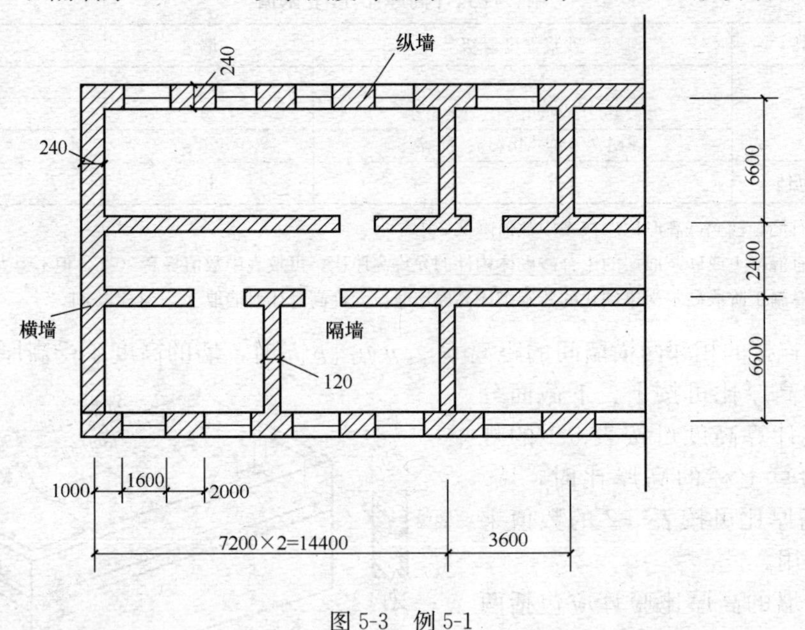

图 5-3　例 5-1

解： 1. 纵墙高厚比验算

最大横墙间距 $S=7.2\times2=14.4\text{m}$，由表 5-2 查得，$[\beta]=24$

横墙间距 $S>2H$，查表 5-1，$H_0=1.0H=4.1\text{m}$

窗间墙间距 $S=3.6\text{m}$，且 $b_s=1.6\text{m}$

$$\mu_2 = 1-0.4\frac{b_s}{S} = 1-0.4\times\frac{1600}{3600} = 0.822$$

$$\beta=\frac{H_0}{h}=\frac{4100}{240}=17.08<\mu_1\mu_2[\beta]=1.0\times0.822\times24=19.73$$

满足要求。

2. 横墙高厚比验算

最大纵墙间距 $S=6.6\text{m}$，$2H>S>H$

$$H_0=0.4S+0.2H=0.4\times6600+0.2\times4100=3460\text{mm}$$

$$\beta=\frac{H_0}{h}=\frac{3460}{240}=14.42<\mu_1\mu_2[\beta]=1.0\times1.0\times24=24$$

满足要求。

3. 隔墙高厚比验算

隔墙一般是后砌的，上端用斜放立砖顶住楼面梁和楼板，故应按顶端为不动铰支座来考虑，因两侧与纵墙拉结不好，可按两侧无拉结墙来考虑，即取 $H_0=1.0H=3.6\text{m}$。

隔墙无洞口，$\mu_2=1$

隔墙是非承重墙，$h=120\text{mm}$

$$\mu_1=1.2+\frac{1.5-1.2}{240-90}(240-120)=1.44$$

$$\mu_1\mu_2[\beta]=1.44\times1\times22=31.68$$

$$\beta=\frac{H_0}{h}=\frac{3600}{120}=30<\mu_1\mu_2[\beta]=31.68$$

满足要求。

【例 5-2】 某单跨房屋壁柱间距 6m，壁柱间距范围内开有 2.8m 的窗洞，屋架下弦标高为 5m，室内地坪至基础顶面距离为 0.5m，墙厚 240mm，采用强度等级为 M5 的砂浆。根据房屋的楼盖类别，确定为刚弹性方案，试验算此带壁柱墙的高厚比（窗间墙的截面见图 5-4）。

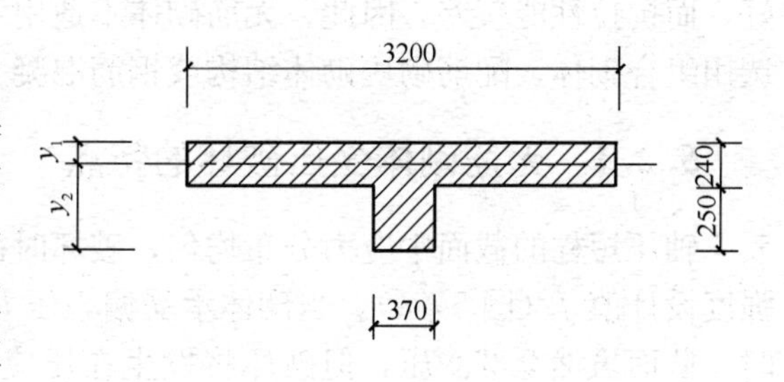

图 5-4　例 5-2 窗间墙截面

解： 1. 整片墙的高厚比验算

(1) 窗间墙的几何特征

截面积　　$A=240\times3200+370\times250=860500\text{mm}^2$

形心位置　$y_1=\dfrac{240\times3200\times120+370\times250\times(240+250/2)}{860500}=146.3\text{mm}$

$$y_2=(240+250)-146.3=343.7\text{mm}$$

惯性矩

$$I=\frac{1}{12}\times3200\times240^3+3200\times240\times(146.3-120)^2+\frac{1}{12}\times370\times250^3+370\times250\times(343.7-125)^2=0.12\times10^9=\text{mm}^4$$

回转半径　$i=\sqrt{\dfrac{I}{A}}=\sqrt{\dfrac{9.12\times10^9}{860500}}=102.9\text{mm}$

折算厚度　$h_T=3.5i=3.5\times102.9=360.2\text{mm}$

壁柱高度 $H=5+0.5=5.5\text{m}$

(2) 整片墙的高厚比验算

由表5-1得 $H_0=1.2H=1.2\times5.5=6.6\text{m}$

由表5-2得 $[\beta]=24$

承重墙 $\mu_1=1 \quad \mu_2=1-0.4\dfrac{b_s}{S}=1-0.4\times\dfrac{2.8}{6}=0.813$

$$\beta=\frac{H_0}{h_T}=\frac{6600}{360.2}=18.32<\mu_1\mu_2[\beta]=1\times0.813\times24=19.5$$

满足要求。

2. 壁柱间墙的高厚比验算

壁柱间墙的高厚比验算，按刚性方案，查表5-1得

$$H_0=0.4S+0.2H=0.4\times6+0.2\times5.5=3.5\text{m}$$

$$\beta=\frac{H_0}{h}=\frac{3500}{240}=14.6<\mu_1\mu_2[\beta]=19.5$$

满足要求。

5.2 无筋砌体受压承载力计算

在实际工程中，受压构件是砌体结构中最常见的受力形式。由于砌体的抗压性能较好，而抗拉性能较差，因此，无筋砌体不适用于偏心距过大的情况。偏心距过大时应考虑选用组合砌体、配筋砌块砌体结构或钢筋混凝土结构。

5.2.1 无筋砌体受压破坏的特点

轴压短柱的截面中应力分布均匀，破坏时截面承受的最大压应力即为砌体的轴心抗压强度设计值 f（图5-5*a*）。当砌体承受偏心压力时，截面中应力呈曲线分布。偏心距较小时，截面虽然全部受压，但破坏将发生在压应力较大的一侧，破坏时边缘压应力比 f 大（图5-5*b*）。随着偏心距进一步增大，在应力较小边出现拉应力，但只要在受压边压碎前受拉边的拉应力尚未达到砌体的通缝抗拉强度，截面的受拉边就不会开裂，即直至破坏构件仍然是全截面受力（图5-5*c*）。若偏心距再增大，一旦截面受拉边的拉应力超过砌体沿通缝的抗拉强度时，将出现水平裂缝，使实际受力的截面面积减小，对于出现裂缝后的剩余截面，荷载的偏心距将减小（图5-5*d*），这时剩余截面的应力合力与偏心压力达到新的

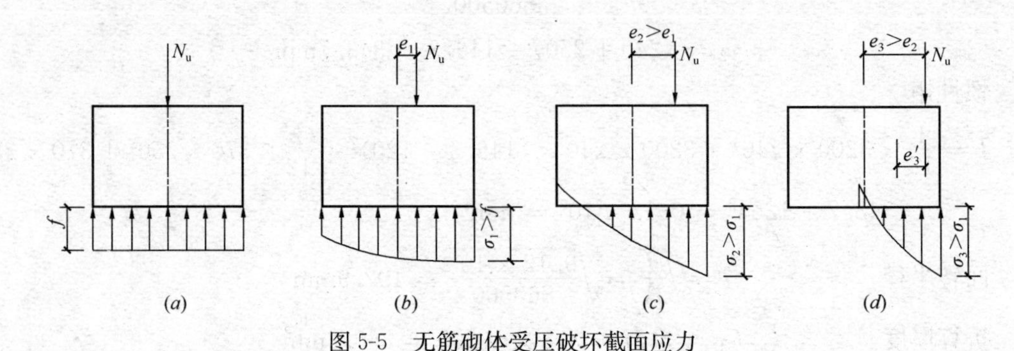

图5-5 无筋砌体受压破坏截面应力

平衡；随着偏心压力的不断增大，水平裂缝不断开展，当受力截面面积小到一定程度时，砌体受压边出现竖向裂缝，最后导致构件破坏。

此外，由于偏心受压时砌体极限变形值较轴心受压时增大，故破坏时的最大压应力较轴心受压时的最大压应力有所提高，提高的程度随着偏心距的增大而增大。

5.2.2 影响砌体受压构件承载力的主要因素

大量实验表明，砌体受压构件的承载力将随着荷载偏心距的增大而明显下降，而且偏心荷载会引起二阶弯矩，加速构件的破坏，使承载力进一步降低。所以受压构件的承载力应考虑偏心距和纵向弯曲的影响。下面将就其对单向偏心受压短柱、长柱和双向偏心受压构件承载力的影响分别加以讨论。

1. 短柱单向偏心受压构件影响系数 φ

短柱是指其承载力仅与截面尺寸和材料强度有关的柱。设计中按高厚比区分，可认为 $\beta \leqslant 3$ 的构件即为短柱。

根据国内用矩形、T 形、十字形和环形截面受压短柱所做的破坏试验，可得破坏压力随偏心距 e 的增大而降低的规律。其降低程度可用偏心影响系数 φ 来考虑。φ 与 e/i 的关系如图 5-6 所示。

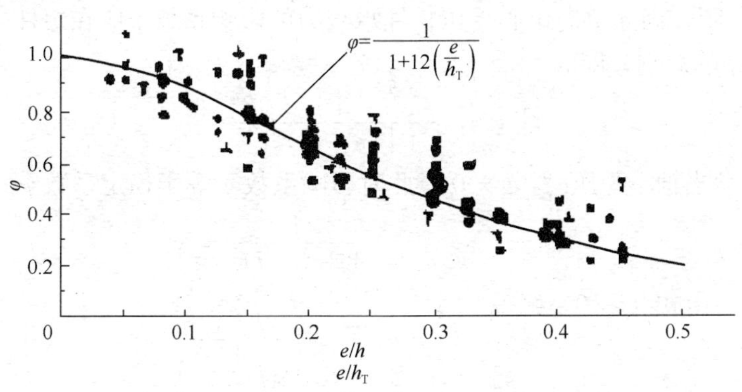

图 5-6　短柱偏心影响系数 φ

根据试验经统计分析，对于矩形截面墙、柱，影响系数 φ 可按下式计算：

$$\varphi=\frac{1}{1+12\,(e/h)^2} \tag{5-6}$$

式中　h——矩形截面在轴向力偏心方向的边长；

e——轴向力的偏心距，$e=\dfrac{M}{N}$，其中 M、N 分别为截面弯矩和轴向力设计值。

计算 T 形、十字形等截面构件时也可直接用式（5-6）计算，但此时应以折算厚度 h_T 取代 h，取 $h_T = 3.5i$，i 为截面的回转半径。

此时公式（5-6）可简化为：

$$\varphi=\frac{1}{1+(e/i)^2} \tag{5-7}$$

式中　i——截面回转半径，$i=\sqrt{\dfrac{I}{A}}$，其中 I、A 分别为截面沿偏心方向的惯性矩和构件毛截面面积。带壁柱的翼缘计算宽度 b_f 按 5.1.2 节取值。

2. 长柱轴心受压稳定系数 φ_0 及单向偏心受压影响系数 φ

长柱的受压承载力计算还应考虑高厚比的不利影响。设计时可认为 $\beta>3$ 的墙柱构件属于长柱受力。

(1) 长柱轴心受压稳定系数 φ_0

较细长的柱或高而薄的墙承受轴心压力时，往往由于砌体材料的非匀质性、砌筑时构件尺寸的偏差以及轴心压力实际作用位置的偏差等因素引起偶然偏心，这种偶然偏心会产生侧向变形，引起构件纵向弯曲，使长柱承载力低于短柱。这种纵向弯曲的影响可以用轴心受压构件的稳定系数 φ_0 反映：

$$\varphi_0 = \frac{1}{1+\alpha\beta^2} \tag{5-8}$$

式中 β——构件的高厚比；

α——与砂浆强度等级有关的系数：当砂浆强度等级大于等于 M5 时，$\alpha=0.0015$；当砂浆强度等级为 M2.5 时，$\alpha=0.002$；当砂浆强度等级为 0 时，$\alpha=0.009$。

(2) 长柱单向偏心影响系数 φ

长柱单向偏心受压时，将产生侧向变形 e_i（图 5-7），由它引起的附加弯矩为 M_{ei}，故称 e_i 为附加偏心距。因此单向偏心受压长柱承载力的影响系数 φ 应在短柱受力基础上再考虑附加偏心距 e_i 的影响，即

$$\varphi = \frac{1}{1+[(e+e_i)/i]^2} \tag{5-9}$$

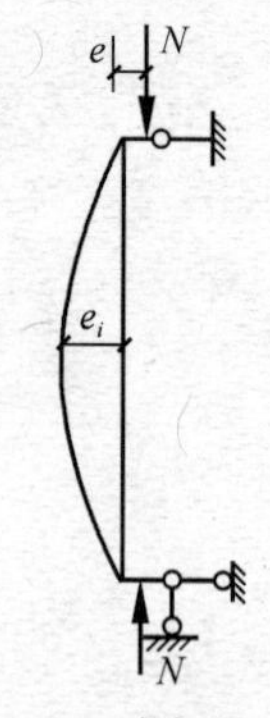

图 5-7 附加偏心距

当轴心受压时，$e=0$，此时影响系数 φ 等于稳定系数 φ_0，即

$$\frac{1}{1+(e_i/i)^2} = \varphi_0 \tag{5-10}$$

由式（5-10）解得

$$e_i = i\sqrt{\frac{1}{\varphi_0}-1} \tag{5-11}$$

将式（5-11）代入式（5-9）得：

$$\varphi = \frac{1}{1+\left(\frac{e}{i}+\sqrt{\frac{1}{\varphi_0}-1}\right)^2} \tag{5-12}$$

上式可用于计算任意截面的单向偏心受压影响系数 φ。

当为矩形截面时，附加偏心距 e_i 根据公式（5-11）可写为：

$$e_i = \frac{h}{\sqrt{12}}\sqrt{\frac{1}{\varphi_0}-1} \tag{5-13}$$

将式（5-13）代入式（5-9），影响系数 φ 按下式计算：

$$\varphi = \frac{1}{1+12\left[\frac{e}{h}+\sqrt{\frac{1}{12}\left(\frac{1}{\varphi_0}-1\right)}\right]^2} \tag{5-14}$$

其中，稳定系数 φ_0 按式（5-8）计算。

为便于计算，《规范》给出了影响系数 φ 的计算表格，见表 5-3～表 5-5。根据构件所

用砂浆强度等级、高厚比 β 和相对偏心距 e/h（或 e/h_T），可查相应的 φ 值，表 5-5（砂浆强度为 0）用于施工阶段砂浆尚未硬化的新砌体构件计算。

影响系数 φ（砂浆强度等级≥M5）　　　　表 5-3

β	$\frac{e}{h}$ 或 $\frac{e}{h_T}$												
	0	0.025	0.05	0.075	0.1	0.125	0.15	0.175	0.2	0.225	0.25	0.275	0.3
≤3	1	0.99	0.97	0.94	0.89	0.84	0.79	0.73	0.68	0.62	0.57	0.52	0.48
4	0.98	0.95	0.90	0.85	0.80	0.74	0.69	0.64	0.58	0.53	0.49	0.45	0.41
6	0.95	0.91	0.86	0.81	0.75	0.69	0.64	0.59	0.54	0.49	0.45	0.42	0.38
8	0.91	0.86	0.81	0.76	0.70	0.64	0.59	0.54	0.50	0.46	0.42	0.39	0.36
10	0.87	0.82	0.76	0.71	0.65	0.60	0.55	0.50	0.46	0.42	0.39	0.36	0.33
12	0.82	0.77	0.71	0.66	0.60	0.55	0.51	0.47	0.43	0.39	0.36	0.33	0.31
14	0.77	0.72	0.66	0.61	0.56	0.51	0.47	0.43	0.40	0.36	0.34	0.31	0.29
16	0.72	0.67	0.61	0.56	0.52	0.47	0.44	0.40	0.37	0.34	0.31	0.29	0.27
18	0.67	0.62	0.57	0.52	0.48	0.44	0.40	0.37	0.34	0.31	0.29	0.27	0.25
20	0.62	0.57	0.53	0.48	0.44	0.40	0.37	0.34	0.32	0.29	0.27	0.25	0.23
22	0.58	0.53	0.49	0.45	0.41	0.38	0.35	0.32	0.30	0.27	0.25	0.24	0.22
24	0.54	0.49	0.45	0.41	0.38	0.35	0.32	0.30	0.28	0.26	0.24	0.22	0.21
26	0.50	0.46	0.42	0.38	0.35	0.33	0.30	0.28	0.26	0.24	0.22	0.21	0.19
28	0.46	0.42	0.39	0.36	0.33	0.30	0.28	0.26	0.24	0.22	0.21	0.19	0.18
30	0.42	0.39	0.36	0.33	0.31	0.28	0.26	0.24	0.22	0.21	0.20	0.18	0.17

影响系数 φ（砂浆强度等级 M2.5）　　　　表 5-4

β	$\frac{e}{h}$ 或 $\frac{e}{h_T}$												
	0	0.025	0.05	0.075	0.1	0.125	0.15	0.175	0.2	0.225	0.25	0.275	0.3
≤3	1	0.99	0.97	0.94	0.89	0.84	0.79	0.73	0.68	0.62	0.57	0.52	0.48
4	0.97	0.94	0.89	0.84	0.78	0.73	0.67	0.62	0.57	0.52	0.48	0.44	0.40
6	0.93	0.89	0.84	0.78	0.73	0.67	0.62	0.57	0.52	0.48	0.44	0.40	0.37
8	0.89	0.84	0.78	0.72	0.67	0.62	0.57	0.52	0.48	0.44	0.40	0.37	0.34
10	0.83	0.78	0.72	0.67	0.61	0.56	0.52	0.47	0.43	0.40	0.38	0.34	0.31
12	0.78	0.72	0.67	0.61	0.56	0.56	0.47	0.43	0.40	0.37	0.34	0.31	0.29
14	0.72	0.66	0.61	0.56	0.51	0.47	0.43	0.40	0.36	0.34	0.31	0.29	0.27
16	0.66	0.61	0.56	0.51	0.47	0.43	0.40	0.36	0.34	0.31	0.29	0.26	0.25
18	0.61	0.56	0.51	0.47	0.43	0.40	0.36	0.33	0.31	0.29	0.26	0.24	0.23
20	0.56	0.51	0.47	0.43	0.39	0.36	0.33	0.31	0.28	0.26	0.24	0.23	0.21
22	0.51	0.47	0.43	0.39	0.36	0.33	0.31	0.28	0.26	0.24	0.23	0.21	0.20
24	0.46	0.43	0.39	0.36	0.33	0.31	0.28	0.26	0.24	0.23	0.21	0.20	0.18
26	0.42	0.39	0.36	0.33	0.31	0.28	0.26	0.24	0.22	0.21	0.20	0.18	0.17
28	0.39	0.36	0.33	0.30	0.28	0.26	0.24	0.22	0.21	0.20	0.18	0.17	0.16
30	0.36	0.33	0.30	0.28	0.26	0.24	0.22	0.21	0.20	0.18	0.17	0.16	0.15

影响系数 φ（砂浆强度 0） **表 5-5**

β	$\frac{e}{h}$ 或 $\frac{e}{h_T}$												
	0	0.025	0.05	0.075	0.1	0.125	0.15	0.175	0.2	0.225	0.25	0.275	0.3
≤3	1	0.99	0.97	0.94	0.89	0.84	0.79	0.73	0.68	0.62	0.57	0.52	0.48
4	0.87	0.82	0.77	0.71	0.66	0.60	0.55	0.51	0.46	0.43	0.39	0.36	0.33
6	0.76	0.70	0.65	0.59	0.54	0.50	0.46	0.42	0.39	0.36	0.33	0.30	0.28
8	0.63	0.58	0.54	0.49	0.45	0.41	0.38	0.35	0.32	0.30	0.28	0.25	0.24
10	0.53	0.48	0.44	0.41	0.37	0.34	0.32	0.29	0.27	0.25	0.23	0.22	0.20
12	0.44	0.40	0.37	0.34	0.31	0.29	0.27	0.25	0.23	0.21	0.20	0.19	0.17
14	0.36	0.33	0.31	0.28	0.26	0.24	0.23	0.21	0.20	0.18	0.17	0.16	0.15
16	0.30	0.28	0.26	0.24	0.22	0.21	0.19	0.18	0.17	0.16	0.15	0.14	0.13
18	0.26	0.24	0.22	0.21	0.19	0.18	0.17	0.16	0.15	0.14	0.13	0.12	0.12
20	0.22	0.20	0.19	0.18	0.17	0.16	0.15	0.14	0.13	0.12	0.12	0.11	0.10
22	0.19	0.18	0.16	0.15	0.14	0.14	0.13	0.12	0.12	0.11	0.10	0.10	0.09
24	0.16	0.15	0.14	0.13	0.13	0.12	0.11	0.11	0.10	0.10	0.09	0.09	0.08
26	0.14	0.13	0.13	0.12	0.11	0.11	0.10	0.10	0.09	0.09	0.08	0.08	0.07
28	0.12	0.12	0.12	0.11	0.10	0.10	0.09	0.09	0.08	0.08	0.08	0.07	0.07
30	0.11	0.10	0.10	0.09	0.09	0.09	0.08	0.08	0.07	0.07	0.07	0.07	0.06

3. 双向偏心受压构件（包括长柱与短柱）承载力影响系数 φ 的确定

轴向压力在截面的两个主轴方向都有偏心距，或同时承受轴向压力及两个方向弯矩的构件，即为双向偏心受压构件（图 5-8）。

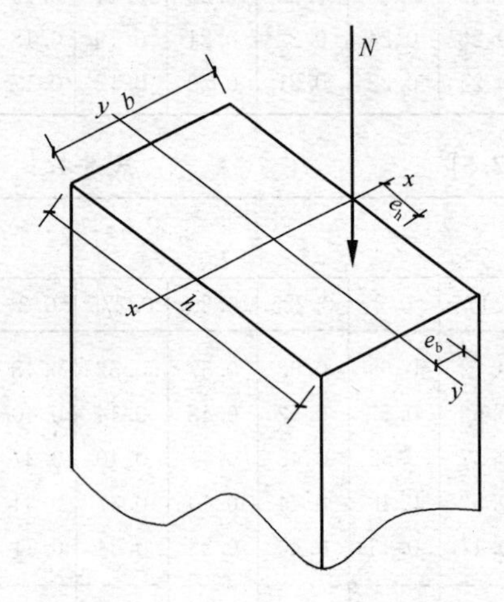

图 5-8 双向偏心受压示意图

双向偏心受压构件截面承载力的计算比较复杂。根据湖南大学的试验研究，《砌体结构设计规范》GB 50003 建议仍采用附加偏心距法。此时影响系数 φ 的计算公式为：

$$\varphi=\frac{1}{\left[1+\left(\frac{e_b+e_{ib}}{i_b}\right)^2+\left(\frac{e_h+e_{ih}}{i_h}\right)^2\right]} \tag{5-15}$$

当构件为矩形截面时，式（5-15）可以表示为：

$$\varphi=\frac{1}{1+12\left[\left(\frac{e_b+e_{ib}}{b}\right)^2+\left(\frac{e_h+e_{ih}}{h}\right)^2\right]} \tag{5-16}$$

式中 e_b、e_h——轴向力在截面重心 x 轴、y 轴方向的偏心距，e_b、e_h 宜分别不大于 $0.5x$ 和 $0.5y$；

x、y——自截面重心沿 x 轴、y 轴至轴向力所在偏心方向截面边缘的距离；

e_{ib}、e_{ih}——轴向力在截面重心 x 轴、y 轴方向的附加偏心距。

当构件沿 h 方向单向偏压时，由式（5-15）得

$$\varphi=\frac{1}{1+12\left(\frac{e_{h}+e_{ih}}{h}\right)^{2}} \tag{5-17}$$

当 $e_h=0$ 时，$\varphi=\varphi_0$，则得

$$e_{ih}=\frac{h}{\sqrt{12}}\sqrt{\frac{1}{\varphi_0}-1} \tag{5-18}$$

同理沿 b 方向单向偏压时，可得

$$e_{ib}=\frac{b}{\sqrt{12}}\sqrt{\frac{1}{\varphi_0}-1} \tag{5-19}$$

对于双向偏心受压构件，根据试验结果对式（5-18）和式（5-19）进行修正得

$$e_{ih}=\frac{h}{\sqrt{12}}\sqrt{\frac{1}{\varphi_0}-1}\left(\frac{e_h/h}{e_h/h+e_b/b}\right) \tag{5-20}$$

$$e_{ib}=\frac{b}{\sqrt{12}}\sqrt{\frac{1}{\varphi_0}-1}\left(\frac{e_b/b}{e_h/h+e_b/b}\right) \tag{5-21}$$

5.2.3　受压构件的承载力计算

根据以上分析，无筋砌体轴心受压，单向偏心受压及双向偏心受压构件的承载力应按下式计算：

$$N\leqslant\varphi fA \tag{5-22}$$

式中　N——轴向力设计值；

φ——高厚比 β 和轴向力的偏心距 e 对受压构件承载力的影响系数，轴心受压和单向偏心受压构件按式（5-6）、式（5-7）、式（5-12）和式（5-14）计算或查表（表 5-3～表 5-5）确定，双向偏心受压构件和矩形截面双向偏心受压构件分别按式（5-15）和式（5-16）计算；

f——砌体抗压强度设计值；

A——截面面积，对各类砌体均按毛截面计算，对带壁柱墙，其翼缘宽度 b_f 可按 5.1.2 节中的规定取用。

对矩形截面单向偏心受压构件，当轴向力偏心方向的截面边长大于另一方向的边长时，除按偏心受压计算外，还应对较小的边长按轴心受压进行验算。

在应用式（5-22）进行承载力计算时，应注意以下问题：

(1) 对于轴心受压构件 h（或 h_T）应采用截面尺寸较小的数值。对于单向偏心受压构件，h（或 h_T）应采用荷载偏心方向的截面边长；对另一方向，需进行轴心受压构件验算时，h 应采用垂直于弯矩作用方向的截面边长。

(2) 在确定影响系数 φ 时，为了考虑不同种类砌体在受力性能上的差异，构件高厚比 β 应按下列公式确定：

对矩形截面

$$\beta=\gamma_\beta\frac{H_0}{h} \tag{5-23}$$

对 T 形截面

$$\beta=\gamma_\beta\frac{H_0}{h_T} \tag{5-24}$$

式中 H_0——受压构件的计算高度，按表 5-1 确定；

γ_β——不同材料的高厚比修正系数，按表 5-6 采用；

高厚比修正系数 γ_β **表 5-6**

砌体材料的类别	γ_β	砌体材料的类别	γ_β
烧结普通砖、烧结多孔砖	1.0	蒸压灰砂普通砖、蒸压粉煤灰普通砖、细料石	1.2
混凝土普通砖、混凝土多孔砖、混凝土及轻集料混凝土砌块	1.1	粗料石、毛石	1.5

注：对灌孔混凝土砌块砌体，取 $\gamma_\beta=1.0$。

（3）矩形截面双向偏心受压构件，当一个方向的偏心率（e_b/b 或 e_h/h）不大于另一个方向偏心率的 5%时，可简化按另一个方向的单向偏心受压计算，其承载力的计算误差小于 5%。承载力影响系数按式（5-16）或查表 5-3～表 5-5 确定。

（4）轴向力的偏心距 e 按内力设计值计算。

（5）偏心距的限值，试验表明，当偏心距较大时，很容易在截面受拉边产生水平裂缝，截面受压区减少，构件刚度降低，纵向弯曲的不利影响加大，使构件的承载力显著下降，既不安全也不经济。因此《规范》规定无筋砌体受压构件的偏心距不应超过 $0.6y$，y 为截面重心到轴向力所在偏心方向截面边缘的距离。

此外，对于双向偏心受压构件，试验表明，当偏心距 $e_b>0.3b$，$e_h>0.3h$ 时，随着荷载的增大，砌体内水平裂缝和竖向裂缝几乎同时发生，甚至水平裂缝早于竖向裂缝产生，因而设计双向偏心受压构件时，《规范》规定偏心距宜分别为 $e_b\leqslant 0.5x$，$e_h\leqslant 0.5y$。

当偏心距超过上述限值时，可采取组合砌体和配筋砌块砌体；否则应采取相应措施以减小偏心距。

【例 5-3】 某烧结普通砖柱，截面尺寸为 370mm×490mm，砖的强度等级为 MU10，采用混合砂浆砌筑，强度等级为 M5，柱的计算高度为 3.3m，承受轴向压力标准值 $N_k=$ 150kN（其中永久荷载标准值为 120kN，包括砖柱自重），试验算该柱承载力。

解： 按可变荷载效应起控制作用的荷载组合

$$N=1.2\times 120+1.4\times 30=186\text{kN}$$

按永久荷载效应起控制作用的荷载组合

$$N=1.35\times 120+1.4\times 0.7\times 30=192\text{kN}$$

所以取第二种组合进行该柱承载力验算。

柱的高厚比为：

$$\beta=\frac{3300}{370}=8.92<[\beta]=16$$

由式（5-8）得

$$\varphi=\varphi_0=\frac{1}{1+\alpha\beta^2}=\frac{1}{1+0.0015\times 8.92^2}=0.893$$

也可查表 5-3 确定 φ。

柱截面面积

$$A=0.37\times 0.49=0.1813\text{m}^2$$

应考虑砌体抗压承载力设计值调整系数

$$\gamma_a = 0.7 + 0.1813 = 0.8813$$

查附表 3-1 得 $f = 1.5\text{MPa}$，则该柱的轴心抗压承载力设计值为：

$$\varphi f A = 0.893 \times 0.8813 \times 1.5 \times 0.1813 \times 10^6 = 214.02\text{kN} > 192\text{kN}$$

所以该柱的承载力满足要求。

【例 5-4】 某矩形截面单向偏心受压柱的截面尺寸 $b \times h = 490\text{mm} \times 620\text{mm}$，计算高度为 5.0m，承受轴力和弯矩设计值分别为：$N = 160\text{kN}$，$M = 20\text{kN} \cdot \text{m}$，弯矩沿截面长边方向。用 MU15 蒸压灰砂砖及 M5 水泥砂浆砌筑。试验算此柱的承载力。

解：（1）验算柱长边方向

偏心距：

$$e = \frac{M}{N} = \frac{20 \times 10^3}{160} = 125\text{mm} < 0.6y = 0.6 \times \frac{620}{2} = 186\text{mm}$$

$$\frac{e}{h} = \frac{125}{620} = 0.202$$

查表（5-2）得柱的允许高厚比为：$[\beta] = 16$

$$\beta = \frac{H_0}{h} = \frac{5.0}{0.62} = 8.06 < [\beta] = 16$$

承载力计算时，柱的高厚比为：$\beta = \gamma_\beta \dfrac{H_0}{h} = 1.2 \times \dfrac{5.0}{0.62} = 9.7$

查表 5-3 得 $\varphi = 0.47$，查附表 3-3 得 $f = 1.83\text{MPa}$

$$A = 490 \times 620 = 0.304\text{m}^2 > 0.3\text{m}^2$$

$$\varphi f A = 0.47 \times 1.83 \times 0.304 \times 10^6 = 261.47\text{kN} > N = 160\text{kN}$$

满足要求。

（2）验算柱短边方向承载力

由于轴向力的偏心方向沿截面的长边，故应对短边按轴心受压进行承载力验算。

$$\beta = \frac{H_0}{b} = \frac{5000}{490} = 10.20 < [\beta] = 16$$

计算承载力时，柱的高厚比为：$\beta = \gamma_\beta \dfrac{H_0}{b} = 1.2 \times \dfrac{5000}{490} = 12.24$

查表 5-3 得　$\varphi = 0.82$

$$\varphi f A = 0.82 \times 1.83 \times 0.304 \times 10^6 = 456.2\text{kN} > N = 160\text{kN}$$

满足要求。

【例 5-5】 某窗间墙截面尺寸为 $1200\text{mm} \times 190\text{mm}$，采用强度等级为 MU7.5 的混凝土小型空心砌块，孔洞率 $\delta = 46\%$，砂浆强度等级为 Mb7.5，施工质量控制等级为 B 级。作用于墙上的轴向力设计值 $N = 180\text{kN}$，在截面厚度方向的偏心距 $e = 40\text{mm}$。试核算该窗间墙的受压承载力。

解：高厚比验算从略。

由公式（5-23）和表 5-6 得：

$$\beta = \gamma_\beta \frac{H_0}{h} = 1.1 \times \frac{4.2}{0.19} = 24.3$$

偏心距验算：$e=40\text{mm}<0.6\times190/2=57\text{mm}$

$$\frac{e}{h}=\frac{40}{190}=0.21$$

轴心受压稳定系数：

$$\varphi_0=\frac{1}{1+0.0015\times24.3^2}=0.53$$

偏心受压影响系数：

$$\varphi=\frac{1}{1+12\left[\frac{e}{h}+\sqrt{\frac{1}{12}\left(\frac{1}{\varphi_0}-1\right)}\right]^2}=\frac{1}{1+12\left[0.21+\sqrt{\frac{1}{12}\left(\frac{1}{0.53}-1\right)}\right]^2}=0.264$$

$$A=1.2\times0.19=0.228\text{m}^2<0.3\text{m}^2$$

强度设计值修正系数： $\gamma_a=0.7+A=0.928$

查附表 3-4 得 $f=1.93\text{MPa}$

根据公式（5-22）计算墙体承载力：

$$\varphi fA=0.264\times0.928\times1.93\times0.228\times10^3=107.8\text{kN}<180\text{kN}$$

此时该窗间墙的承载力不满足要求。

采用灌孔混凝土提高构件的承载力，将墙体沿砌块孔洞每隔 1 孔用 Cb20 混凝土灌孔，砌体的灌孔率为 $\rho=50\%$。

灌孔率 $\rho=50\%>33\%$

Cb20 混凝土灌孔 $f_c=9.6\text{MPa}$。

$$\alpha=\delta\rho=0.46\times0.5=0.23$$

单排孔混凝土砌块对孔砌筑的灌孔砌体的抗压强度设计值为：

$$f_g=f+0.6\alpha f_c=1.93+0.6\times0.23\times9.6=3.25\text{MPa}<2f$$

根据上述计算：$\varphi=0.264$

按公式（5-22）计算，

$$\varphi f_g A=0.264\times3.25\times0.928\times0.228\times10^3=181.5\text{kN}>180\text{kN}$$

可见混凝土小型空心砌块砌体灌孔后，墙体的受压承载力得到较大程度的提高。

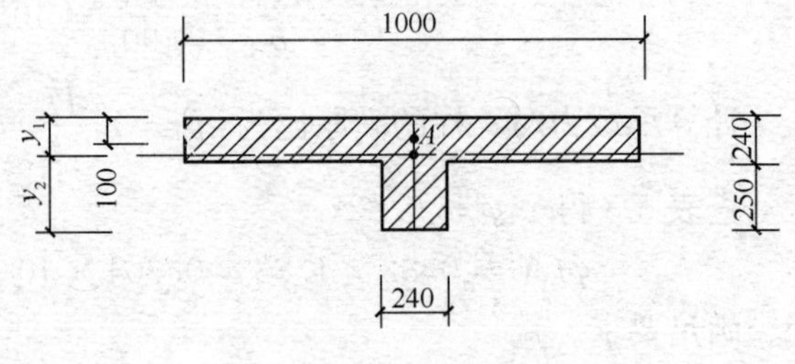

图 5-9 带壁柱砖墙

【例 5-6】 带壁柱墙截面尺寸如图 5-9 所示，采用 MU10 烧结普通砖，混合砂浆 M7.5 砌筑，柱的计算高度为 5m，承受轴向压力设计值 $N=230\text{kN}$，轴向力作用在距墙边缘 100mm 处的 A 点，试计算其承载力。

解：（1）截面几何特征计算

截面面积 $A=1.0\times0.24+0.24\times0.25=0.3\text{m}^2$

截面重心位置

$$y_1=\frac{1.0\times0.24\times0.12+0.24\times0.25\times(0.24+0.25/2)}{0.3}$$

$$=0.169\text{m}$$

$$y_2 = 0.49 - 0.169 = 0.321\text{m}$$

截面惯性矩

$$I = \frac{1}{3} \times 1 \times 0.169^3 + \frac{1}{3}(1-0.24)(0.24-0.169)^3 + \frac{1}{3} \times 0.24 \times 0.321^3 = 0.0043\text{m}^4$$

截面回转半径

$$i = \sqrt{\frac{I}{A}} = \sqrt{\frac{0.0043}{0.3}} = 0.12\text{m}$$

T 形截面的折算厚度

$$h_T = 3.5i = 3.5 \times 0.12 = 0.42\text{m}$$

（2）承载力计算

高厚比
$$\beta = \frac{H_0}{h_T} = \frac{5}{0.42} = 11.9$$

偏心距 $e = y_1 - 0.1 = 0.169 - 0.1 = 0.069\text{m} < 0.6y_1 = 0.6 \times 0.169 = 0.101\text{m}$，满足要求。

$$\frac{e}{h_T} = \frac{0.069}{0.42} = 0.164$$

查表 5-3 得 $\varphi = 0.489$ 。

查附表 3-1 $f = 1.69\text{MPa}$, $A = 0.3\text{m}^2$, $\gamma_a = 1.0$ 。

则 $N = \varphi f A = 0.489 \times 0.3 \times 1.69 \times 10^3 = 247.92\text{kN} > 230\text{kN}$ ，承载力满足要求。

【例 5-7】 截面为 490mm×740mm 的烧结普通砖柱，砖的强度等级为 MU10，混合砂浆 M7.5 砌筑，柱在两个方向的计算长度均为 5m，承受轴向力设计值 $N=350\text{kN}$，荷载设计值产生的偏心距 $e_h=100\text{mm}$，$e_b=100\text{mm}$。试验算其承载力。

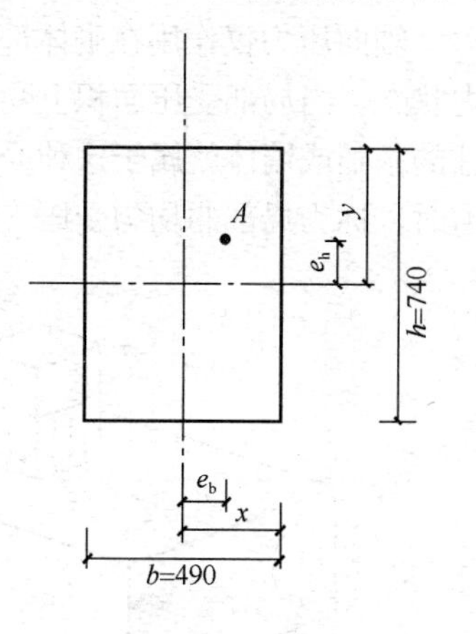

图 5-10　例 5-7

解： $e_h = 100\text{mm} < 0.5y = 0.5 \times \frac{740}{2} = 185\text{mm}$

$$e_b = 100\text{mm} < 0.5x = 0.5 \times \frac{490}{2} = 122.5\text{mm}$$

偏心距未超过限值。

偏心率　$e_b/b = 100/490 = 0.204$

$e_h/h = 100/740 = 0.135$

$e_h/h > 5\% \times e_b/b = 5\% \times 0.204 = 0.0102$

故应按双向偏心受压承载力验算。

（1）计算高厚比

$$\beta_b = H_0/b = 5/0.49 = 10.20$$
$$\beta_h = H_0/h = 5/0.74 = 6.76$$

（2）计算稳定系数

$$\varphi_{0h} = \frac{1}{1+\alpha\beta_h^2} = \frac{1}{1+0.0015 \times 6.76^2} = 0.936$$

$$\varphi_{0b} = \frac{1}{1+\alpha\beta_b^2} = \frac{1}{1+0.0015 \times 10.20^2} = 0.865$$

(3) 计算附加偏心距

$$e_{ib}=\frac{b}{\sqrt{12}}\sqrt{\frac{1}{\varphi_{0b}}-1}\left(\frac{e_b/b}{e_b/b+e_h/h}\right)=\frac{0.49}{\sqrt{12}}\sqrt{\frac{1}{0.865}-1}\left(\frac{0.204}{0.204+0.135}\right)=0.034$$

$$e_{ih}=\frac{b}{\sqrt{12}}\sqrt{\frac{1}{\varphi_{0h}}-1}\left(\frac{e_h/h}{e_b/b+e_h/h}\right)=\frac{0.74}{\sqrt{12}}\sqrt{\frac{1}{0.936}-1}\left(\frac{0.135}{0.204+0.135}\right)=0.022$$

(4) 计算影响系数

$$\varphi=\frac{1}{1+12\left[\left(\frac{e_b+e_{ib}}{b}\right)^2+\left(\frac{e_h+e_{ih}}{h}\right)^2\right]}$$

$$=\frac{1}{1+12\left[\left(\frac{0.1+0.034}{0.49}\right)^2+\left(\frac{0.1+0.022}{0.74}\right)^2\right]}=0.599$$

(5) 截面承载力

查附表 3-1 得砌体抗压强度设计值 $f=1.69\text{MPa}$，$A=0.49\times0.74=0.3626\text{m}^2>0.3\text{m}^2$，$\gamma_a=1.0$。

$N=\varphi fA=0.599\times0.3626\times1.69\times10^3=367.06\text{kN}>350\text{kN}$ 满足要求。

5.3 局 部 受 压

轴向压力仅作用在砌体部分面积上的受力状态称为局部受压，这是砌体结构中常见的受力状态。当局部受压面积上受有均匀分布的压应力时，称为局部均匀受压，如支承轴心受压柱的基础或墙体就属于这种受力情况（图 5-11*a*）。当局部受压面积上受有非均匀分布的压应力时，称为局部非均匀受压，如梁或屋架端下部支承处砌体截面的应力分布（图 5-11*b*）。

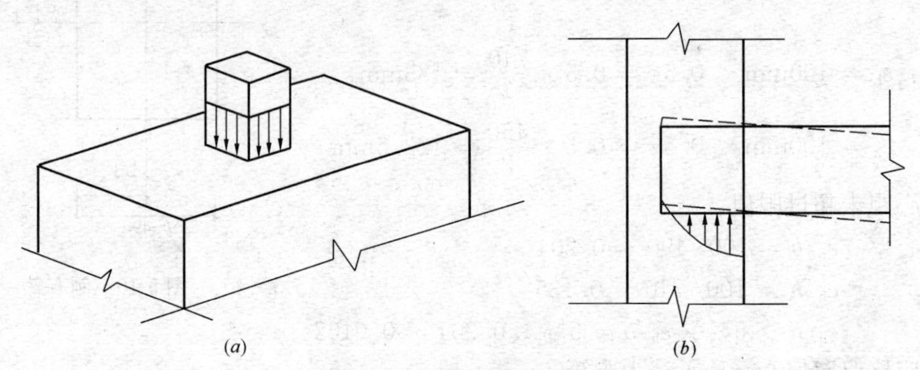

图 5-11 砌体的局部受压应力

(*a*) 局部均匀受压；(*b*) 局部不均匀受压

5.3.1 局部受压的破坏形态

砌体局部受压破坏试验表明，可能出现的破坏形态有以下三种：

(1) 竖向裂缝的发展而破坏

首先在垫块下方的一段长度上出现竖向裂缝，随着荷载的增加，裂缝向上、下方向发展，同时出现其他竖向裂缝和斜裂缝。砌体接近破坏时，砖块被压碎并有脱落。破坏时，均有一条主要竖向裂缝贯穿整个试件（图 5-12a）。破坏是在试件内部而不是在局部受压面积上发生的。

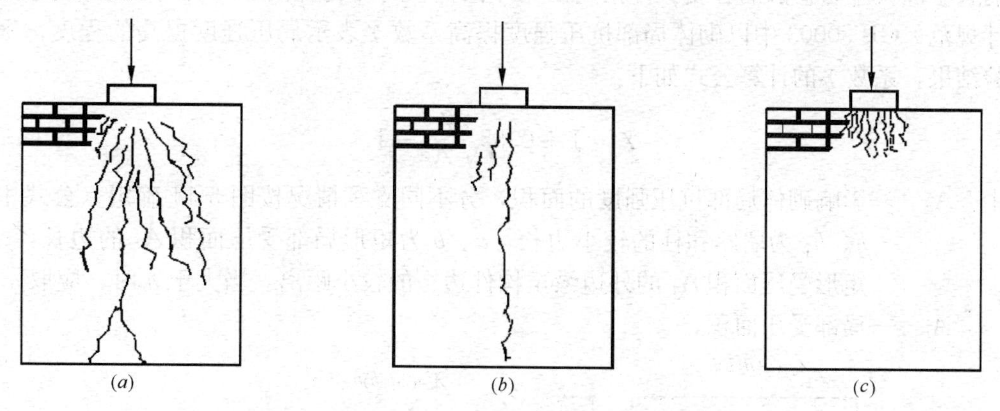

图 5-12　砌体局部均匀受压的破坏形态
（a）竖向裂缝发展而破坏；（b）劈裂破坏；（c）局部压碎

（2）当 A_0/A_l 较大时，当压力达到一定数值时，砌体沿竖向突然发生劈裂，裂缝几乎可以贯穿试件的全部高度，从而造成试件的破坏。犹如刀劈，裂缝少而集中（图 5-12b），这种破坏形态的开裂荷载几乎等于破坏荷载，破坏突然而无预兆。

（3）局部受压面积下砌体的压碎破坏

当块体强度较低，而局部受压应力较大时，局部面积下的砌体在发生前两种破坏之前就已经局部被压碎（图 5-12c），从而造成试件的破坏。

试验结果表明，局部受压破坏大量发生的是第一种形态，较少发生的是第三种形态，但无论发生那种破坏形态，砌体破坏时局部受压面积的抗压强度均高于砌体在轴心均匀受压时的抗压强度。

5.3.2　局部受压抗压强度提高系数

砌体局部抗压强度高于全截面的抗压强度，其主要原因有两个：一是局部受压区周围未直接承受压力的砌体对局压区的横向变形有约束作用，使直接承受压力的内部砌体处于三向应力状态，因而抗压强度得到提高，称为“套箍作用”。此外，支撑面与砌体之间产生与局部受压砌体横向变形方向相反的摩擦力，对砌体的横向变形形成了有效的约束，也提高了局部砌体的抗压强度。二是由于砌体搭缝砌筑，局部压应力向未直接受压的砌体扩散，从而使局部压应力很快变小，局部受压强度得到提高，这称为应力扩散。由砌体局部受压应力状态理论分析和试验测试可得出一般墙段在中部局部荷载作用下，试件中线上横向应力和竖向应力的分布以及竖向应力扩散分别如图 5-13（a）、（b）所示。

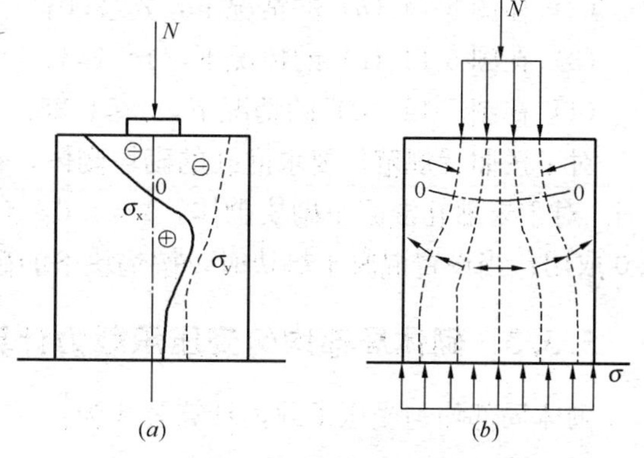

图 5-13　砌体局部受压时的应力状态
（a）试件中线上的 σ_x，σ_y 分布；（b）应力扩散

从以上分析可知，砌体局部受压强度的大小，主要取决于周围砌体的“套箍强化”作用的大小以及应力扩散的程度，即与周围砌体面积和局部受压面积之比有关。《砌体结构设计规范》GB 50003 中以砌体局部抗压强度提高系数 γ 表示局压强度提高的程度，根据试验结果，系数 γ 的计算公式如下：

$$\gamma = 1 + 0.35\sqrt{\frac{A_0}{A_l} - 1} \tag{5-25}$$

式中 A_0——影响砌体局部抗压强度的面积，分不同支承情况按图 5-14 确定（公式中的 h、h_1 为墙厚和柱的较小边长，a、b 为矩形局部受压面积 A_l 的边长，c 为矩形受压面积 A_l 的外边缘至构件边缘的较小距离，当大于 h 时，应取 h）；

A_l——局部受压面积。

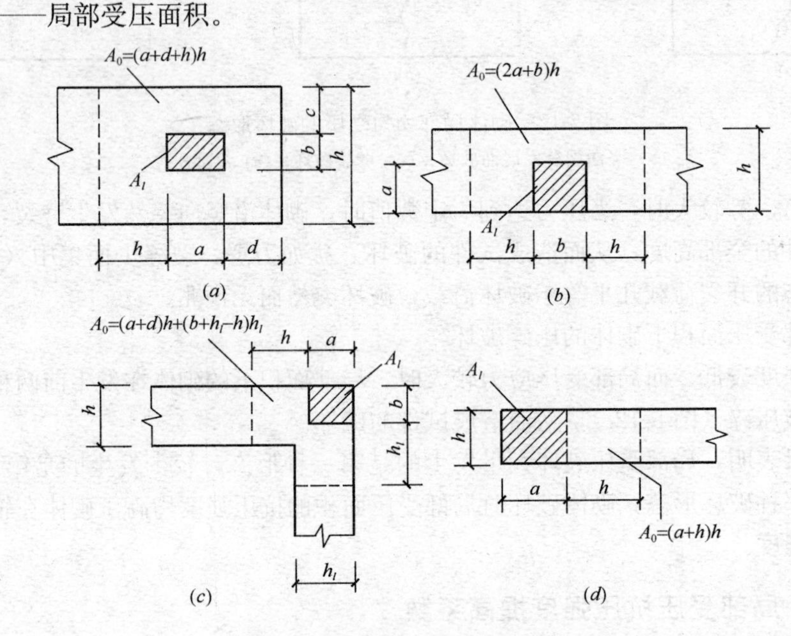

图 5-14 影响局部抗压强度的面积

此外，《规范》GB 50003 规定按式（5-25）计算得到的 γ 尚应符合下列规定：

（1）在图 5-14（a）的情况下，$\gamma \leqslant 2.5$；

（2）在图 5-14（b）的情况下，$\gamma \leqslant 2.0$；

（3）在图 5-14（c）的情况下，$\gamma \leqslant 1.5$。

（4）在图 5-14（d）的情况下，$\gamma \leqslant 1.25$。

对于按照《规范》要求灌孔的砌块砌体，在图 5-14（a）、（b）的情况下，应符合 $\gamma \leqslant 1.5$。对于未灌孔混凝土砌块砌体，$\gamma = 1.0$。对于多孔砖砌体孔洞难以灌实时，应按 $\gamma = 1.0$ 取用；当设置混凝土垫块时，按垫块下的砌体局部受压计算。

5.3.3 砌体局部均匀受压承载力计算

砌体局部均匀受压承载力计算公式为：

$$N_l \leqslant \gamma f A_l \tag{5-26}$$

式中 N_l——局部压力设计值；

A_l ——局部受压面积；

f ——砌体抗压强度设计值，可不考虑构件截面面积过小时强度调整系数 γ_a 的影响；

γ ——砌体局部抗压强度提高系数。

5.3.4 梁端支承处砌体的局部受压

1. 受力特点

梁直接支承于墙或柱上时，砌体局压面上有梁端支承压力 N_l 及上部砌体传来的轴向力 N_0，由于梁受力后其端头支承处必然产生转角 θ（图5-15），因此，支座内边缘处砌体的压缩变形以及相应的压应力必然最大，使梁端下局部受压面积上的压应力不均匀，其受力有下列几个特点：

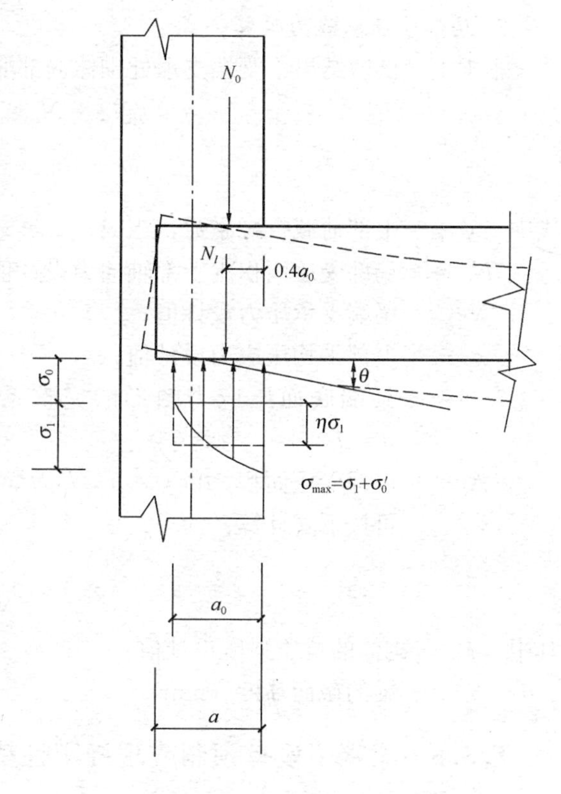

图5-15　梁端下部砌体的非均匀受压

（1）由于梁端支承处产生转角，使梁端有脱开下部砌体的趋势，所以梁的有效支承长度不一定是梁在砌体上的实际支承长度 a，如图5-15所示，以 a_0 表示梁的有效支承长度，a_0 的大小取决于支承处梁的转角位移。梁的高度越大，跨度越小，梁端支承处的压缩刚度越大，则转角越小，梁的有效支承长度则愈接近于实际支承长度。

（2）由于局部受压面积内的压应力呈曲线分布，靠近砌体内边缘处压应力 σ_1 最大。取其平均压应力为 $\eta\sigma_1$，η 为梁端底面压应力图形完整系数。梁端合力 N_l 的作用点是在更靠近支座内边的位置，通常 N_l 到支座内边的距离可取为 $0.4a_0$。

（3）当梁的支承力 N_l 增大到一定程度时，支承面下的砌体的压缩变形已经达到使梁端的顶面与上部砌体脱开，产生水平缝隙（图5-16a、b）。这时，由上部砌体传给梁端支

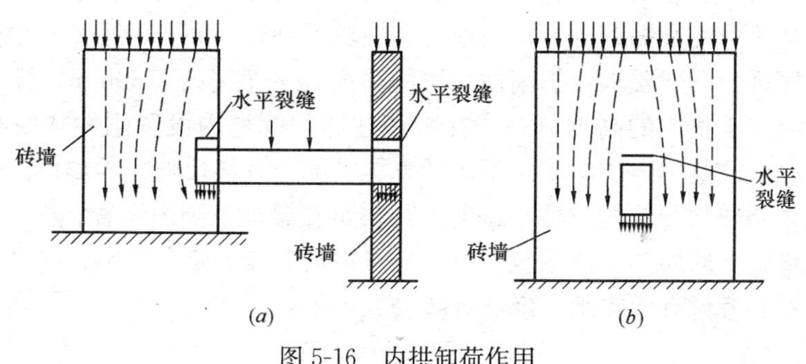

图5-16　内拱卸荷作用

承面的压应力将通过上部砌体的内拱作用传给梁周围的砌体（内拱卸荷作用）。这样，使梁端周围砌体的内压力增大，加强了对局部受压砌体的侧向约束作用，对砌体的局部受压是有利的。

试验还表明内拱卸荷作用的程度与 A_0/A_l 的比值大小有关，上部荷载的效应随 A_0/A_l 值的增大而逐渐减弱，当 $A_0/A_l \geqslant 2$ 时，效应已很小。因而《规范》GB 50003 规定，当 $A_0/A_l \geqslant 3.0$ 时，可以不考虑上部荷载的作用。

2. *局部受压承载力验算公式*

根据上述试验结果，梁端支承处砌体局部非均匀受压承载力计算表达式为：

$$\psi N_0 + N_l \leqslant \eta \gamma f A_l \tag{5-27}$$

$$\psi = 1.5 - 0.5\frac{A_0}{A_l} \tag{5-28}$$

式中 ψ——上部荷载折减系数，当 $A_0/A_l \geqslant 3$ 时，取 $\psi = 0$；

N_0——局部受压面积内上部轴向力设计值，$N_0 = \sigma_0 A_l$；

N_l——梁端支承压力设计值；

σ_0——上部平均压应力设计值；

η——梁端底面压应力图形的完整系数，应取 $\eta = 0.7$；对于过梁和墙梁应取 $\eta = 1.0$。

A_l——局部受压面积，$A_l = a_0 b$，b 为梁宽（mm），a_0 为梁端有效支承长度（mm），可按下式计算：

$$a_0 = 10\sqrt{\frac{h_c}{f}} \tag{5-29}$$

其中 f——砌体的抗压强度设计值；

h_c——梁的截面高度（mm）。

5.3.5 梁端下设有预制或现浇刚性垫块时砌体局部受压承载力计算

当梁端下砌体的局部受压承载力不足或当梁的跨度较大时，可在梁端下部加设垫块。垫块的形式有两种：一种是预制刚性垫块（预制混凝土或钢筋混凝土垫块），另一种是与梁现浇成整体的刚性垫块。前者主要是用于预制梁下部，后者主要用于现浇楼盖的梁端。若墙中设有圈梁，垫块宜与圈梁浇成整体。若梁支承于独立砖柱上，则不论梁跨大小均须设置垫块。

试验表明，梁下设置刚性垫块，可以改善垫块下砌体局部受压性能，不但增加了局部承压面积，而且还可使梁端的压力均匀地传到垫块下砌体截面。为了使垫块更好地传递梁端压力，垫块应符合下列要求：①刚性垫块的高度 t_b 不宜小于 180mm，挑出自梁边算起的垫块长度不应大于垫块的高度 t_b；②在带壁柱墙的壁柱内设置刚性垫块时（图 5-17），其计算面积应取壁柱范围内的面积而不应计算翼缘部分，垫块伸入翼墙内的长度不应小于 120mm；③当现浇垫块与梁端整体现浇时，垫块可在梁高范围内设置。

计算刚性垫块下的局部受压承载力时，应考虑荷载偏心距的影响；应考虑局部抗压强度的提高，但不必考虑有效支承长度。计算公式如下：

$$N_0 + N_l \leqslant \varphi \gamma_1 f A_b \tag{5-30}$$

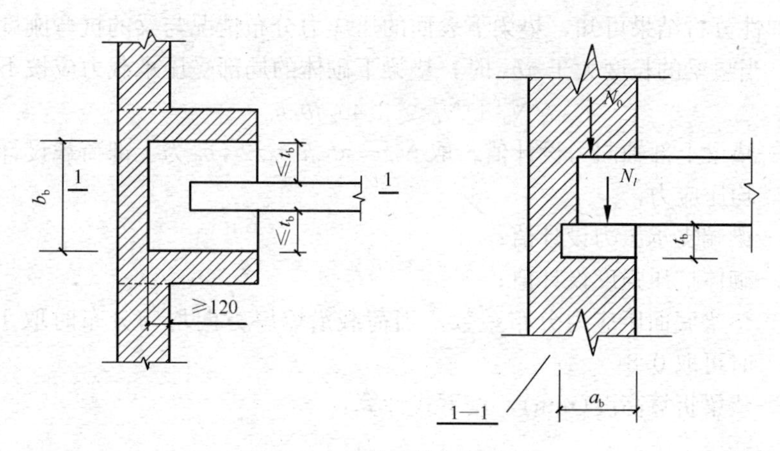

图 5-17　壁柱上设刚性垫块

式中　N_0——垫块面积 A_b 内上部轴向力设计值，$N_0=\sigma_0 A_b$；

N_l——梁端支承压力设计值；

φ——垫块上 N_0 与 N_l 合力的影响系数，按 $\beta\leqslant3$ 考虑；

γ_1——垫块外砌体的有利影响系数，$\gamma_1=0.8\gamma$，但不小于1.0，γ 为砌体局部抗压强度提高系数，按式（5-25）以 A_b 代替 A_l 计算得出；

f——砌体抗压强度设计值；

A_b——垫块面积，$A_b=a_b b_b$，a_b 为垫块伸入墙内的长度，b_b 为垫块的宽度。

梁端设有刚性垫块时，垫块上 N_l 作用点位置可取 $0.4a_0$ 处，a_0 为刚性垫块上表面梁端有效支承长度，可按下式计算：

$$a_0=\delta_1\sqrt{\frac{h_c}{f}} \tag{5-31}$$

式中　δ_1——刚性垫块的影响系数，按表 5-7 采用；

h_c——梁的截面高度（mm）。

δ_1 系数取值　　　　**表 5-7**

σ_0/f	0	0.2	0.4	0.6	0.8
δ_1	5.4	5.7	6.0	6.9	7.8

注：表中其间的数值可采用插入法求得。

5.3.6　梁下设置垫梁时砌体局部受压承载力计算

为了扩散梁端集中力，有时采用钢筋混凝土垫梁代替垫块，也可以利用圈梁作为垫梁。

垫梁受力的情况不同于前述的垫块，可以把垫梁视为一根承受集中荷载的弹性地基梁，墙体即为弹性地基。柔性的垫梁能把集中荷载传布于砌体较大范围，砌体中的应力分布见图 5-18，可近似视为三角

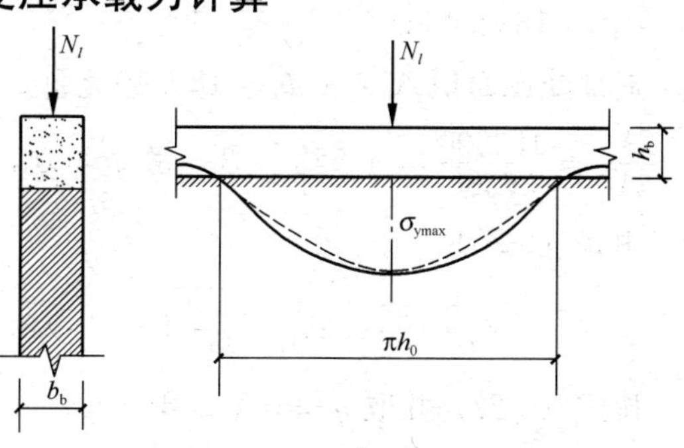

图 5-18　垫梁局部受压

形分布。由弹性分析结果可知，垫梁下表面的压应力分布情况与梁的抗弯刚度及砌体的压缩刚度有关。当垫梁的长度大于 πh_0 时，垫梁下砌体的局部受压承载力应按下式计算：

$$N_0 + N_l \leqslant 2.4\delta_2 f b_b h_0 \tag{5-32}$$

式中 N_0——垫梁上部轴向力设计值，取 $N_0 = \pi b_b h_0 \sigma_0 / 2$，$\sigma_0$ 为上部荷载设计值产生的平均压应力；

N_l——梁端支承压力设计值；

f——砌体抗压强度设计值；

δ_2——垫梁底面压应力分布系数，当荷载沿墙厚方向均匀分布时取 1.0，不均匀时可取 0.8；

h_0——垫梁折算高度(mm)，按下式计算：

$$h_0 = 2\sqrt[3]{\frac{E_c I_c}{Eh}} \tag{5-33}$$

式中 E_c，I_c——分别为垫梁的混凝土弹性模量和截面惯性矩；

b_b——垫梁在墙厚方向的宽度(mm)；

E——砌体的弹性模量；

h——墙厚(mm)。

垫梁上梁端有效支承长度 a_0 可按式(5-31)计算。

【例 5-8】 一钢筋混凝土梁支承在窗间墙上（图 5-19），梁端荷载设计值为 60kN，梁底截面处的上部荷载设计值 150kN，梁截面尺寸 $b \times h = 200\text{mm} \times 550\text{mm}$，支承长度 $a = 240\text{mm}$，窗间墙截面尺寸 1200mm×240mm，采用 MU10 烧结普通砖和 M7.5 混合砂浆砌筑。试验算梁底部砌体的局部受压承载力。

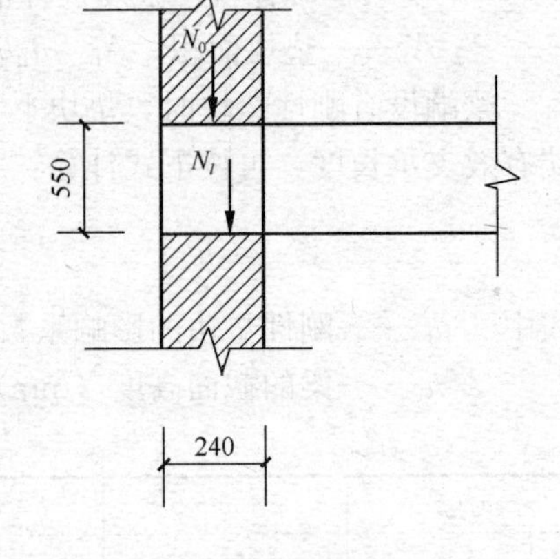

图 5-19 例 5-8

解：查附表 3-1，$f = 1.69\text{MPa}$。

梁端有效支承长度 $a_0 = 10\sqrt{\dfrac{h}{f}} = 10 \times \sqrt{\dfrac{550}{1.69}} = 180.40\text{mm} < a = 240\text{mm}$

由图 5-14（b）得，影响砌体局部抗压强度的计算面积

$$A_0 = (2h + b)h = (200 + 2 \times 240) \times 240 = 163200\ \text{mm}^2$$

局部受压面积 $A_l = a_0 b = 180.40 \times 200 = 36080\ \text{mm}^2$

$\dfrac{A_0}{A_l} = \dfrac{163200}{36080} = 4.523 > 3$，故 $\psi = 0$，可不考虑上部荷载的影响。

由式（5-25）

$$\gamma = 1 + 0.35\sqrt{\frac{A_0}{A_l} - 1} = 1 + 0.35\sqrt{4.523 - 1} = 1.877 < 2.0$$

按式（5-27）并取 $\eta = 0.7$，得

$$\eta\gamma f A_l = 0.7 \times 1.877 \times 1.69 \times 36296 = 80594\text{N} = 80.59\text{kN} > N_l = 60\text{kN}$$

满足要求。

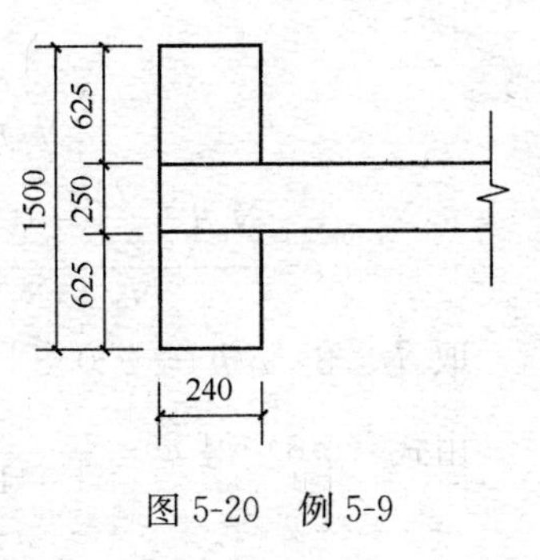

图5-20　例5-9

【例5-9】 已知某窗间墙截面尺寸1500mm×240mm，采用MU10烧结普通砖、M5混合砂浆砌筑，钢筋混凝土梁支承在窗间墙上（图5-20），梁截面尺寸为$b \times h = 250\text{mm} \times 600\text{mm}$，梁端荷载设计值产生的支承压力$N_l = 100\text{kN}$，上部荷载在窗间墙产生的轴向压力设计值$N_0 = 60\text{kN}$，试验算梁底部砌体的局部受压承载力，若不满足请分别用设置垫块或垫梁进行设计。

解：（1）验算承载力

查附表3-1，$f = 1.5\text{MPa}$。

梁端有效支承长度$a_0 = 10\sqrt{\dfrac{h}{f}} = 10 \times \sqrt{\dfrac{600}{1.50}} = 200\text{mm} < a = 240\text{mm}$

由图5-14（b）得，影响砌体局部抗压强度的计算面积

$$A_0 = (b + 2h)h = (0.25 + 2 \times 0.24) \times 0.24 = 0.175\text{m}^2$$

局部受压面积$A_l = a_0 b = 0.2 \times 0.25 = 0.05\text{m}^2$

$\dfrac{A_0}{A_l} = \dfrac{0.175}{0.05} = 3.5 > 3$，取$\psi = 0$，可不考虑上部荷载的影响。

由式（5-25）得：

$$\gamma = 1 + 0.35\sqrt{\frac{A_0}{A_l} - 1} = 1 + 0.35\sqrt{3.5 - 1} = 1.553 < 2.0$$

按式（5-27）并取$\eta = 0.7$，得

$$\eta\gamma f A_l = 0.7 \times 1.553 \times 1.5 \times 0.05 \times 10^3 = 81.5\text{ kN} < N_l = 100\text{kN}$$

承载力不满足要求。

（2）设置预制或与梁端现浇成整体的刚性垫块时，垫块下局部受压承载力验算

现设置$a_b \times b_b = 240\text{mm} \times 740\text{mm}$，厚度$t_b = 300\text{mm}$（$t_b \geqslant 180\text{mm}$）的混凝土刚性垫块。垫块自梁边挑出长度$(740 - 250)/2 = 245\text{mm} < t_b = 300$，符合要求。

由图5-14（b）得

$$A_0 = (b + 2h)h = (0.74 + 2 \times 0.24) \times 0.24 = 0.294\text{m}^2$$

$$A_b = a_b b_b = 0.24 \times 0.74 = 0.178\text{m}^2$$

垫块面积上由局部荷载产生的平均压应力σ_0及轴向力设计值N_0：

$$\sigma_0 = \frac{N}{A} = \frac{60}{0.36} = 166.7\text{ kN/m}^2$$

$$N_0 = \sigma_0 A_b = 166.7 \times 0.178 = 29.67\text{kN}$$

$$N_0 + N_l = 29.67 + 100 = 129.67\text{kN}$$

N_0和N_l合力的偏心距e：

N_l合力作用点在$0.4a_0$处，$\sigma_0 / f = 0.1667 / 1.5 \approx 0.1$，由表5-7查得$\delta_1 = 5.55$，由式（5-31）得

$$a_0 = \delta_1\sqrt{\frac{h}{f}} = 5.55\sqrt{\frac{600}{1.5}} = 111\text{mm} < a = 240\text{mm}$$

$$e = \frac{N_l\left(\frac{0.24}{2} - 0.4a_0\right)}{N_0 + N_l} = \frac{100 \times \left(\frac{0.24}{2} - 0.4 \times 0.111\right)}{129.67} = 0.058\text{m}$$

取 $\beta \leqslant 3$，$e/h = 0.058/0.24 = 0.2417$

由式（5-6）得 $\varphi = \frac{1}{1+12\,(e/h)^2} = \frac{1}{1+12\,(0.2417)^2} = 0.5879$

$$\gamma = 1 + 0.35\sqrt{\frac{A_0}{A_b} - 1} = 1 + 0.35\sqrt{\frac{0.294}{0.178} - 1} = 1.283 < 2.0$$

$$\gamma_1 = 0.8\gamma = 0.8 \times 1.283 = 1.026 > 1$$

刚性垫块砌体局部受压承载力：

$\varphi\gamma_1 A_b f = 0.5879 \times 1.026 \times 0.178 \times 1.5 \times 10^3 = 161.1\text{kN} > N_0 + N_l = 129.67\text{kN}$，满足要求。

（3）在梁下设置钢筋混凝土圈梁（垫梁）时，圈梁下砌体局部受压承载力

取垫梁截面尺寸为 $b_b \times h_b = 240\text{mm} \times 180\text{mm}$，混凝土为C20，$E_c = 25.5\ \text{kN/mm}^2$，查表3-3得砌体弹性模量 $E = 1600f = 1600 \times 1.5 = 2400\text{MPa} = 2.4\ \text{kN/mm}^2$。

垫梁的折算高度 $h_0 = 2\sqrt[3]{\frac{E_c I_c}{Eh}} = 2\sqrt[3]{\frac{25.5 \times \frac{0.24 \times 0.18^3}{12}}{2.4 \times 0.24}} = 0.346\text{m}$

上部荷载设计值 $N_0 = \pi b_b h_0 \sigma_0/2 = 3.14 \times 0.24 \times 0.346 \times 166.7/2 = 21.73\text{kN}$

$$N_0 + N_l = 21.73 + 100 = 121.73\text{kN}$$

垫梁下砌体局部受压承载力：

因 N_l 沿墙厚方向分布不均匀，取 $\delta_2 = 0.8$，由式（5-32）得

$2.4\delta_2 f b_b h_0 = 2.4 \times 0.8 \times 1.5 \times 10^3 \times 0.24 \times 0.346 = 239.1\text{kN} > N_0 + N_l = 121.73\text{kN}$

满足要求。

5.4 轴心受拉、受弯和受剪构件承载力计算

5.4.1 轴心受拉构件

轴心受拉构件的承载力应按下式计算：

$$N_t \leqslant f_t A \tag{5-34}$$

式中 N_t——轴心拉力设计值；

A——受拉构件的截面积；

f_t——砌体的轴心抗拉强度设计值。

圆形水池或筒仓在液体或松散物料的侧压力作用下，壁内将产生环向拉力（图5-21），可按轴心受拉考虑其承载力。由于砌体的抗拉强度很低，在工程中很少采用轴心受拉砌体构件。

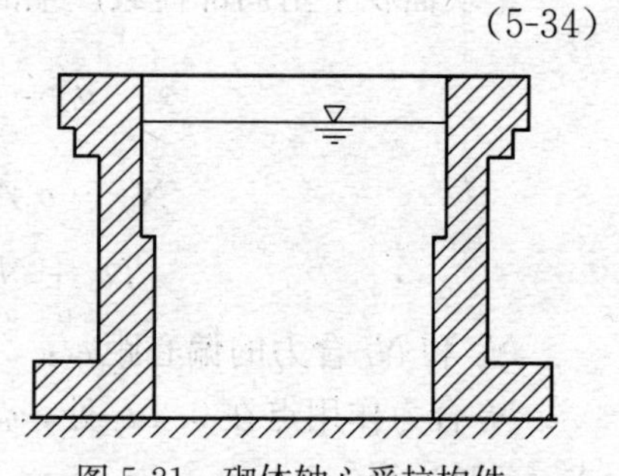

图5-21 砌体轴心受拉构件

5.4.2　受弯构件

在砌体挡土墙（图 5-22）及门窗过梁中，砌体受到弯矩作用，这时，砌体可能沿砖和竖向灰缝截面或沿通缝截面因弯曲受拉而破坏，也可能在支座剪力较大处发生受剪破坏，所以应对受弯构件进行受弯承载力和受剪承载力计算。

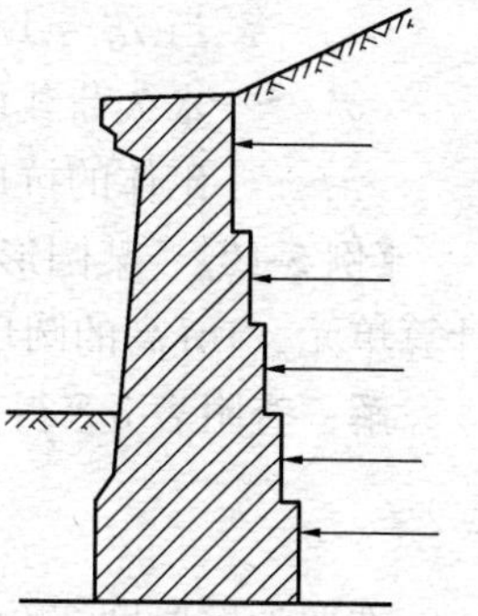

图 5-22　砌体受弯构件

1. 受弯承载力计算

受弯承载力计算公式为：

$$M \leqslant f_{tm} W \tag{5-35}$$

式中　M——弯矩设计值；

f_{tm}——砌体弯曲抗拉强度设计值，在某些情况应考虑强度调整系数 γ_a 的影响；

W——截面抵抗矩，对矩形截面 $W=\frac{bh^2}{6}$。

2. 受弯构件抗剪承载力计算

受弯构件抗剪承载力计算公式为：

$$V \leqslant f_v bZ \tag{5-36}$$

式中　V——剪力设计值；

f_v——砌体的抗剪强度设计值，在某些情况应考虑强度调整系数 γ_a 的影响。

b——截面宽度；

Z——内力臂，$Z=I/S$，I 与 S 分别为截面的惯性矩和面积矩，对于矩形截面，$Z=2/3h$，h 为截面高度。

5.4.3　受剪构件

在无拉杆的拱支座截面处（图 5-23），由于拱的水平推力将使支座受剪，同时上部墙体对支座水平截面产生垂直压力。试验研究表明，当构件水平截面上作用有压应力时，由于灰缝粘结强度和摩擦力的共同作用，砌体抗剪承载力有明显提高。因此《规范》考虑剪压复合作用，给出了当轴压比 $\sigma_0/f=0\sim0.8$ 时，砌体结构沿通缝或沿阶梯形截面破坏时受剪构件的承载力计算公式：

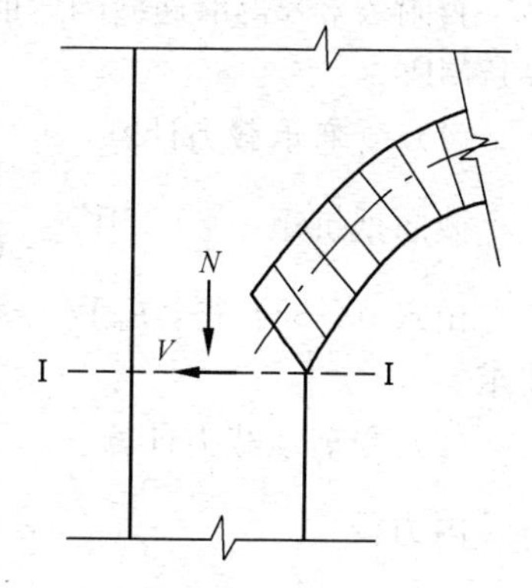

图 5-23　无拉杆的拱支座

$$V \leqslant (f_v + \alpha\mu\sigma_0)A \tag{5-37}$$

式中　V——截面剪力设计值；

A——受剪面水平截面面积，当有孔洞时，取净截面计算，此外，因砌体灰缝抗剪强度很低，可将阶梯形截面近似按水平投影的水平面积计算；

f_v——砌体抗剪强度设计值，对灌孔的混凝土砌块砌体取 f_{vg}；

α——修正系数，当 $\gamma_G=1.2$ 时，砖（含多孔砖）砌体取 0.60，混凝土砌块砌体取 0.64；当 $\gamma_G=1.35$ 时，砖（含多孔砖）砌体取 0.64，混凝土砌体取 0.66；

μ——剪压复合受力影响系数，μ 可按下列公式计算：

当 $\gamma_G=1.2$ 时，$\mu=0.26-0.082\sigma_0/f$；

当 $\gamma_G=1.35$ 时，$\mu=0.23-0.065\sigma_0/f$；

σ_0——永久荷载设计值产生的水平截面平均压应力，其值不应大于 $0.8f$；

f——砌体的抗压强度设计值；

【例 5-10】 某圆形水池，采用 MU10 烧结普通砖及 M10 水泥砂浆砌筑，经计算池壁计算单元（1m 高的圆环）的最大环向拉力设计值为 $N_t=60\text{kN}$，试选择池壁的厚度。

解： 查附表 3-8 得该池壁沿齿缝截面破坏的轴心抗拉强度设计值 $f_t=0.19\text{MPa}$。

$$h=\frac{N}{bf_t}=\frac{60000}{1000\times0.19}=315.8\text{mm}$$

选取池壁厚度 370mm。

【例 5-11】 某矩形浅水池见图 5-24，壁高 $H=1.3\text{m}$，采用 MU15 烧结普通砖和 M10 水泥砂浆砌筑，壁厚 $h=490\text{mm}$，不考虑池壁自重产生的垂直压力，试验算池壁强度。

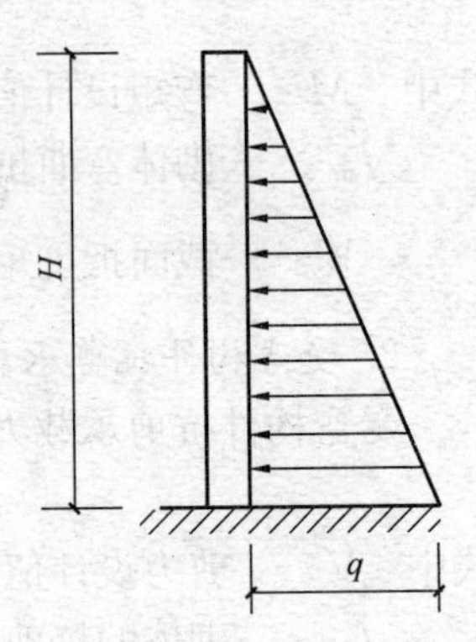

图 5-24　例 5-11

解： 在竖直方向切取单位宽度 $b=1\text{m}$ 的竖向板带作为计算单元，则池壁所受水压力：

$$q_k=\gamma Hb=10\times1.3\times1=13\text{kN/m}$$

池壁所受弯矩设计值：

$$M=\frac{1}{6}\times1.2q_kH^2=\frac{1}{6}\times1.2\times13\times1.3^2=4.39\text{kN}\cdot\text{m}$$

池壁所受剪力设计值：

$$V=\frac{1}{2}\times1.2q_kH=\frac{1}{2}\times1.2\times13\times1.3=10.14\text{kN}$$

查附表 3-8 得沿通缝的弯曲抗拉强度设计值 $f_{tm}=0.17\text{MPa}$，抗剪强度设计值 $f_v=0.17\text{MPa}$。

（1）受弯承载力计算

截面抵抗矩　　$W=\frac{1}{6}bh^2=\frac{1}{6}\times1\times0.49^2=0.04\text{m}^3$

由式（5-35）得，$f_{tm}W=0.17\times10^3\times0.04=6.8\text{kN}\cdot\text{m}>M=4.39\text{kN}\cdot\text{m}$，满足要求。

（2）受剪承载力计算

内力臂　　$Z=\frac{2}{3}h=\frac{2}{3}\times0.49=0.327\text{m}$

由式（5-36）得抗剪承载力：

$f_vbZ=0.17\times10^3\times1\times0.327=55.59\text{kN}>V$

$=10.14\text{kN}$，满足要求。

【例 5-12】 已知砖砌过梁（图 5-25）在拱支座处的水平推力设计值为 16.0kN，受剪截面面积 $A=370\text{mm}\times490\text{mm}$。作用在拱支座水平截面Ⅰ-Ⅰ由永久荷载产生的竖向力设计值（分项系数 $\gamma_G=1.2$）$N=22.5\text{kN}$，墙体采用 MU10 烧结普通砖及 M5 混合砂浆砌筑，试验算拱支座水平截面Ⅰ-Ⅰ的受剪承载力。

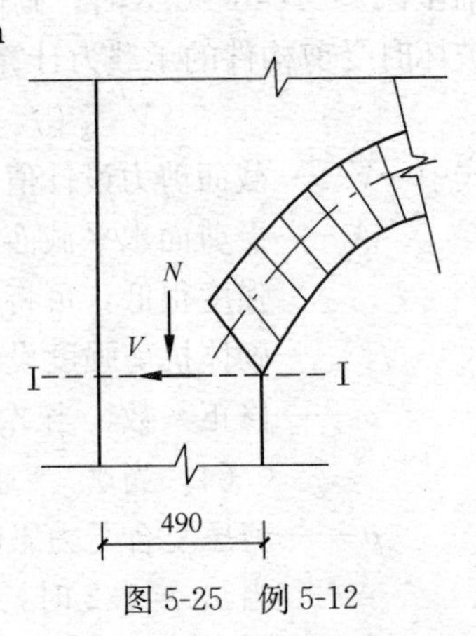

图 5-25　例 5-12

解：查附表 3-8 得砌体抗剪强度设计值 $f_v = 0.11\text{MPa}$，抗压强度设计值 $f = 1.5\text{MPa}$。

$$\sigma_0 = \frac{N}{A} = \frac{22500}{370 \times 490} = 0.124\text{MPa}$$

$$\sigma_0 / f = 0.124 / 1.5 = 0.827$$

$$\gamma_G = 1.2, \mu = 0.26 - 0.082 \times 0.827 = 0.192\text{，则}$$

$$(f_v + \alpha\mu\sigma_0)A = (0.11 + 0.6 \times 0.192 \times 0.124) \times 370 \times 490 = 22.5\text{kN} > V = 16.0\text{kN}$$

满足要求。

思　考　题

［5-1］ 控制墙柱高厚比的目的是什么？

［5-2］ 带壁柱墙与等厚度墙体的高厚比验算有何不同？

［5-3］ 无筋砌体是如何考虑偏心距、高厚比对受压构件承载力的影响？

［5-4］ 为什么要限制单向偏压砌体构件的偏心距？

［5-5］ 局部受压下砌体的抗压强度为什么可以提高？

［5-6］ 梁端支承处砌体局部受压时有效支承长度的含意是什么？为什么需要考虑有效支承长度？其影响因素有哪些？

［5-7］ 梁端支承处砌体局部受压承载力不满足要求时可采取哪些有效措施？

［5-8］ 梁端支承处砌体局部受压计算中，为什么要对上部传来的荷载进行折减？折减值与什么因素有关？

［5-9］ 砌体受剪构件承载力计算时，考虑修正系数 μ 的目的是什么？

习　　题

［5-1］ 某办公楼局部平面布置如图 5-26 所示，采用钢筋混凝土空心楼板面，非承重隔墙厚为 120mm，外墙厚 370mm，其余墙厚均为 240mm。采用 MU10 烧结多孔砖及 M5 混合砂浆砌筑，底层墙高 4.8m，非承重隔墙高 3.9m，试验算纵、横承重墙及非承重隔墙的高厚比。

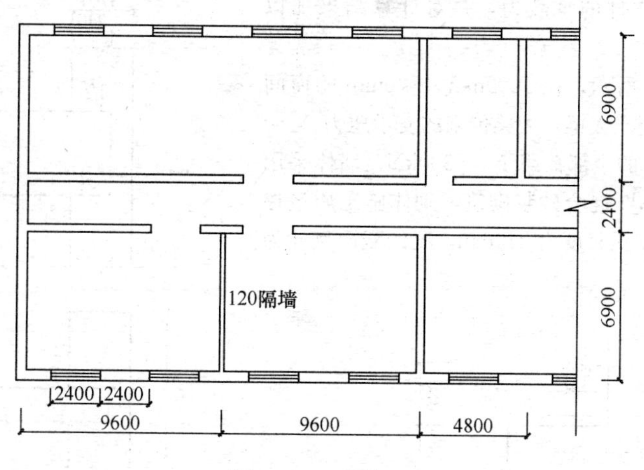

图 5-26　习题 5-1

［5-2］ 某单层砌体房屋长 42m（无内隔墙），采用整体式钢筋混凝土屋盖，纵墙高为 $H = 5.1\text{m}$（算至基础顶面），用 M5 混合砂浆砌筑，窗洞宽度及窗间墙尺寸如图 5-27 所示，试验算纵墙的高厚比。

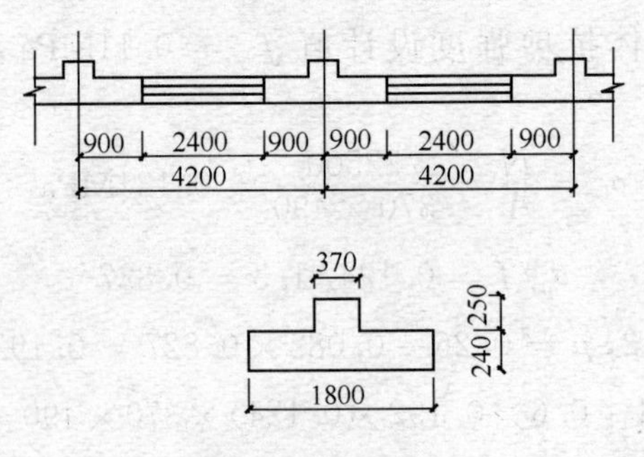

图 5-27　习题 5-2

［5-3］ 某砖柱截面尺寸为 490mm×620mm，计算高度为 4.8m，柱顶承受以永久荷载效应控制组合求得的轴心压力设计值 $N=350\text{kN}$，采用 MU10 烧结多孔砖及 M5 混合砂浆砌筑，砌体重力密度为 19kN/m^3，砌体施工质量控制等级为 B 级。试验算该柱受压承载力。

［5-4］ 某砖柱截面尺寸为 370mm×490mm，计算高度为 3.3m，采用 MU10 烧结多孔砖及 M5 混合砂浆砌筑，截面承受弯矩设计值 $M=8.0\text{kN}\cdot\text{m}$，轴向力设计值 $N=160\text{kN}$，弯矩作用方向为截面长边方向，砌体施工质量控制等级为 B 级。试验算该柱承载力。

［5-5］ 某砌体房屋窗间墙截面如图 5-28 习题 5-5 所示，计算高度为 5.4m，采用 MU10 烧结多孔砖及 M7.5 混合砂浆砌筑，砌体施工质量控制等级为 B 级，截面承受弯矩设计值 $M=20.50\text{kN}\cdot\text{m}$（压力作用点偏向壁柱一侧），轴向力设计值 $N=360\text{kN}$，试验算该截面承载力。

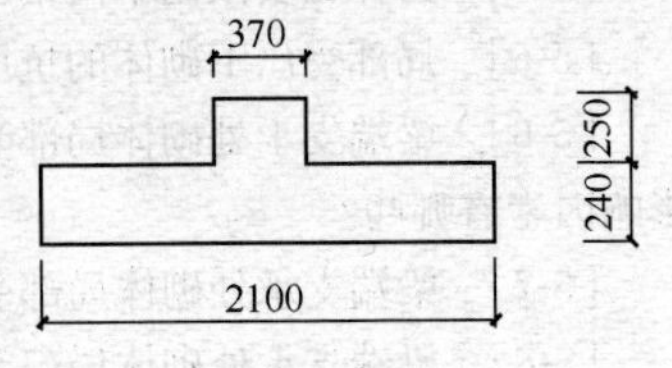

图 5-28　习题 5-5

［5-6］ 已知某窗间墙采用 MU5 单排孔混凝土小型空心砌块和 Mb5.0 砌块砌筑砂浆砌筑，砌块孔洞率 $\delta=30\%$，墙体用 Cb20 混凝土灌孔（$f_c=9.6\text{N/mm}^2$），灌孔率 $\rho=35\%$，壁柱间距为 3.6m，窗间墙宽度为 1.8m，带壁柱墙截面积为 $4.2\times10^5\text{mm}^2$，惯性矩为 $3.243\times10^9\text{mm}^4$，截面形心 O 至翼缘外边缘的距离为 131mm。轴向压力偏心距为 70mm，作用点偏翼缘一侧（$y=131.2\text{mm}$），试求带壁柱墙的极限受压承载力。

［5-7］ 某带壁柱窗间墙，截面如图 5-29 所示，采用 MU10 烧结多孔砖及 M7.5 混合砂浆砌筑，砌体施工质量控制等级为 B 级。计算高度 $H_0=5.1\text{m}$，试验算当轴向压力分别作用在 O 点（该墙截面重心）、A 点及 B 点时构件的承载力，并对计算结果加以分析。

［5-8］ 如图 5-30 所示，在 1600mm×370mm 的窗间墙中部支承一钢筋混凝土大梁，大梁传来的支承压力 $N_l=120\text{kN}$，上层砌体传来的全部荷载 $N_u=300\text{kN}$，墙体采用 MU10 烧结多孔砖及 M5 混合砂浆砌筑，砌体施工质量控制等级为 B 级。梁的支承长度为 240mm，梁的截面尺寸为

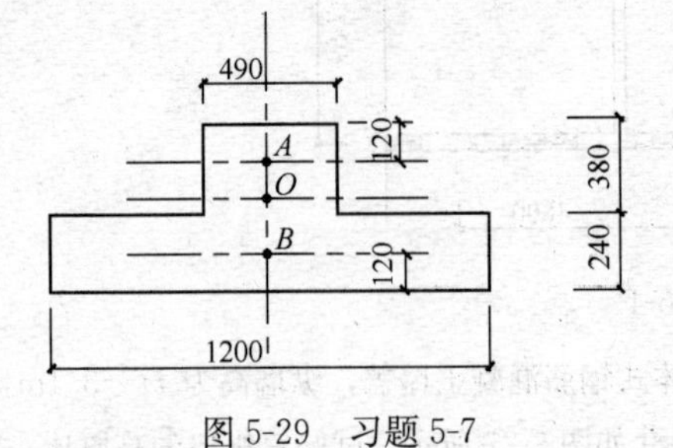

图 5-29　习题 5-7

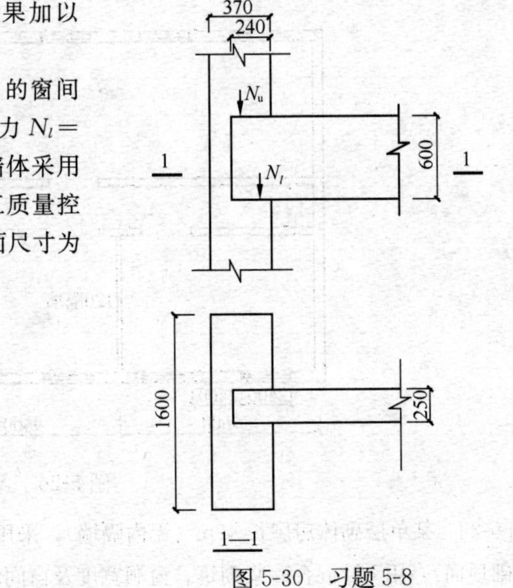

图 5-30　习题 5-8

250mm×600mm，试验算梁端支承处砌体的局部受压承载力（若不满足要求，可加设垫块再进行计算）。

［5-9］　某窗间墙截面尺寸为 1200mm×370mm，采用 MU10 烧结多孔砖及 M5 混合砂浆砌筑，墙上支承截面尺寸为 200mm×600mm 的钢筋混凝土梁，支承长度为 370mm。梁端荷载设计值产生的支承压力 120kN，上部荷载产生的轴向力设计值为 150kN。试验算梁端支承处砌体的局部受压承载力。

第6章　配筋砌体结构构件承载力计算

在砌体结构中，用钢筋加强砌体材料可以提高砌体结构的承载力。配筋砌体是指在砌体中配置钢筋混凝土、钢筋砂浆或钢筋混凝土与砌体组合成的整体构件。根据其配筋的形式不同可以有多种类别，比较常用和正在迅速发展的主要有四种，网状配筋砖砌体、组合砖砌体早已得到应用，是技术很成熟的类型，有其一定的适用性；砖砌体和钢筋混凝土构造柱组合墙近些年在多层砌体结构应用中取得了较好的抗震性能，此外还有配筋砌块砌体剪力墙。

配筋砌体在以下一些情况中经常用到，当有些墙柱由于建筑使用等要求，不宜用增大截面来提高其承载能力，并且改变局部区域的结构形式也不够经济时，采用配筋砌体不但可以提高砌体的承载力，而且可以改善其脆性性质，使砌体结构在地震区有更好的发展前景。

6.1　水平网状配筋砌体

在砌体构件的水平灰缝内设置一定数量和规格的钢筋网以共同工作，称为网状配筋砌体，亦称横向配筋砌体。常用的钢筋网有方格网（图 6-1*a*）。

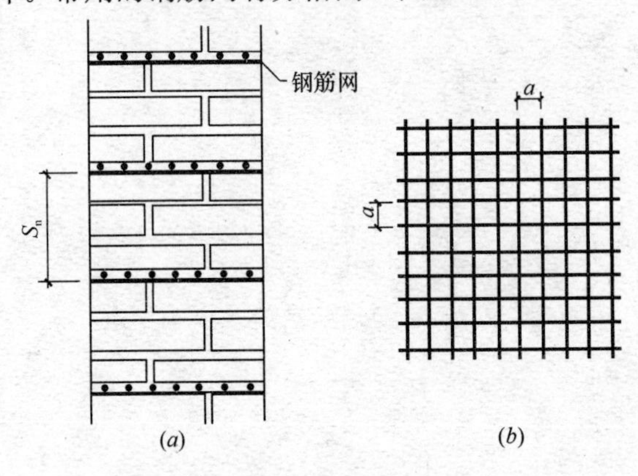

图 6-1　网状配筋砌体

6.1.1　网状配筋砖砌体受压构件的受力特点及其适用范围

当砌体作用有轴向压力时，砖砌体发生纵向压缩，同时也发生横向膨胀。试验研究表明，若能阻止砌体横向变形的发展，则构件承担轴向荷载的能力将大为提高。当砌体配有横向钢筋时，轴向压力作用下，由于摩擦力以及与砂浆间的粘结力，钢筋很好地嵌固在水平灰缝内并与砖砌体共同工作。砌体发生纵向压缩时钢筋横向受拉，由于钢筋的弹性模量大于砌体的弹性模量，故变形小，可阻止砌体横向变形，进而间接提高了砌体的抗压强度。试验表明，在有足够粘结的情况下，砌体和横向钢筋的共同工作可一直维持到砌体完全破坏。

网状配筋砖砌体的受力破坏特征与无筋砌体完全不同。受力之初，两者相似。当加载至相当于破坏荷载的 60%～75%时，在个别砖块内出现裂缝，这与无筋砌体一样；继续加载，裂缝发展很缓慢，并且由于钢筋的约束，很少出现上下贯通的垂直裂缝，尤其在钢筋网处裂缝展开更小；临近破坏时，不像无筋砌体那样发生被竖向裂缝分割成若干 1/2 砖的小柱的失稳破坏，而是个别砖被压碎脱落。

6.1.2　网状配筋砖砌体的抗压强度

由于水平钢筋网的有效约束作用，间接提高了砖砌体的抗压强度，根据试验资料，经统计分析，网状配筋砖砌体的抗压强度设计值计算公式为：

$$f_n = f + 2\left(1 - \frac{2e}{y}\right)\rho f_y \tag{6-1}$$

$$\rho = \frac{V_s}{V} = \frac{(a+b)A_s}{abS_n} \tag{6-2}$$

式中　f_n——网状配筋砖砌体的抗压强度设计值；

f——砖砌体的抗压强度设计值；

e——轴向力的偏心距；

y——截面重心到轴向力所在偏心方向截面边缘的距离；

ρ——体积配筋率；

V_s、V——分别为钢筋和砌体的体积；

f_y——钢筋的抗拉强度设计值，当 f_y 大于 320MPa 时，仍采用 320MPa；

a、b——钢筋网的网格尺寸；

A_s——钢筋的截面面积；

S_n——钢筋网的竖向间距。

6.1.3　承载力计算

对于网状配筋砖砌体受压构件，其承载力可采用如下计算公式：

$$N \leqslant \varphi_n f_n A \tag{6-3}$$

式中　N——轴向力设计值；

A——砖砌体截面面积；

φ_n——高厚比和配筋率以及轴向力的偏心距对网状配筋砖砌体受压构件承载力的影响系数，可按附表 6-1 的规定采用或按式（6-4）计算确定。

网状配筋砖砌体矩形截面单向偏心受压构件承载力的影响系数 φ_n 可按下式计算：

$$\varphi_n = \frac{1}{1 + 12\left[\frac{e}{h} + \sqrt{\frac{1}{12}\left(\frac{1}{\varphi_{0n}} - 1\right)}\right]^2} \tag{6-4}$$

$$\varphi_{0n} = \frac{1}{1 + (0.0015 + 0.45\rho)\beta^2} \tag{6-5}$$

式中 φ_{0n}——网状配筋砖砌体受压构件的稳定系数。

试验表明，当荷载偏心作用时，横向配筋的效果将随偏心距的增大而降低。这是因为在偏心荷载作用下，截面中压应力分布很不均匀，钢筋在压应力较小的区域难以发挥作用；同时，对于高厚比较大的构件，整个构件失稳破坏的可能性愈来愈大，此时横向钢筋的作用也难以发挥。因此，《砌体结构设计规范》GB 50003 对于网状配筋砌体规定如下：

(1) 网状配筋砖砌体主要用于高厚比 $\beta \leqslant 16$ 的轴心受压构件和偏心距未超过截面核心范围的偏心受压构件，对于矩形截面，要求 $e/h \leqslant 0.17$；

(2) 对矩形截面构件，当轴向力偏心方向的截面边长大于另一方向的边长时，除按偏心受压计算外，还应对较小边长方向按轴心受压进行验算；

(3) 当网状配筋砖砌体构件下端与无筋砌体交接时，尚应验算交接处无筋砌体的局部受压承载力。

6.1.4 网状配筋砖砌体的构造规定

网状配筋砖砌体构件的构造应符合下列规定：

(1) 网状配筋砖砌体中的体积配筋率，不应小于 0.1%，并不应大于 1%；

(2) 采用钢筋网时，钢筋的直径宜采用 3～4mm；

(3) 钢筋网中钢筋的间距，不应大于 120mm，并不应小于 30mm；

(4) 钢筋网沿构件竖向的间距，不应大于五皮砖，并不应大于 400mm；

(5) 网状配筋砖砌体所用的砂浆强度等级不应低于 M7.5；钢筋网应设置在砌体的水平灰缝中，灰缝厚度应保证钢筋上下至少各有 2mm 厚的砂浆层。

【例 6-1】 某矩形截面砖柱截面尺寸为 370mm×490mm，其两个方向的计算高度均为 4.5m，用 MU10 烧结多孔砖，M7.5 混合砂浆砌筑，承受轴心压力设计值 $N=400\text{kN}$。试验算该柱的承载力。

解：(1) 先按无筋砌体验算

$$\beta = \frac{H_0}{h} = \frac{4500}{370} = 12.16$$

查表 5-3 得 $\varphi=0.816$，查附表 3-1 得 $f=1.69\text{N/mm}^2$。

由于 $A=0.37\times0.49=0.18\text{m}^2<0.3\text{m}^2$，故应考虑调整系数，$\gamma_a=0.7+0.18=0.88$，调整后的砌体抗压强度为：

$$\gamma_a f = 0.88 \times 1.69 = 1.487\text{N/mm}^2$$

故该柱受压承载力为：

$$N_u = \varphi A f = 0.816 \times 0.18 \times 10^6 \times 1.487 = 218411\text{N} \approx 218\text{kN} < N = 400\text{kN}$$

承载力不满足要求。

(2) 采用网状配筋加强

由于 $e=0$，$\beta=12.16<16$，材料为 MU10 烧结多孔砖，M7.5 混合砂浆，故其符合网状配筋砌体要求。采用冷拔低碳钢丝 $\phi^b 4$，其抗拉强度设计值 $f_y=430\text{MPa}$，方格网间距 a 取为 60mm，网的间距为三皮砖（180mm），则配筋率

$$\rho = \frac{2A_s}{aS_n} \times 100\% = \frac{2\times12.6}{60\times180} \times 100\% = 0.233\% > 0.1\%\text{，且小于 }1\%$$

$$f_y = 430\text{MPa} > 320\text{MPa}，取\ f_y = 320\text{MPa}$$

由于截面面积 $A=0.18\text{m}^2<0.2\text{m}^2$，故应考虑调整系数，$\gamma_a=0.8+0.18=0.98$，调整后的砌体抗压强度为：

$$\gamma_a f = 0.98 \times 1.69 = 1.656\text{N/mm}^2$$

$$f_n = f + \frac{2\rho}{100} f_y = 1.656 + \frac{2 \times 0.233}{100} \times 320 = 3.15\text{N/mm}^2$$

由 β 及 ρ 查附表 6-1 得 $\varphi_n=0.728$

$$\varphi_n A f_n = 0.728 \times 0.18 \times 10^6 \times 3.15 = 412776\text{N} \approx 413\text{kN} > N = 400\text{kN}，满足要求。$$

【例 6-2】 已知条件同例 6-1，但承受轴向压力设计值 $N=200\text{kN}$，在柱长边方向荷载设计值产生的偏心距为 $e=60\text{mm}$，采用例 6-1 的网状配筋方案。试验算该柱的承载力。

解：(1) 沿长边方向按偏心受压进行验算

$$e = 60\text{mm} < 0.17h = 0.17 \times 490 = 83.3\text{mm}$$

$$\frac{e}{h} = \frac{60}{490} = 0.122$$

$$f_n = f + 2\left(1 - \frac{2e}{y}\right)\frac{\rho}{100} f_y = 1.656 + 2\left(1 - \frac{2 \times 0.06}{0.245}\right) \times \frac{0.233}{100} \times 320$$
$$= 2.147\text{N/mm}^2$$

$$\beta = \frac{H_0}{h} = \frac{4500}{490} = 9.18$$

查附表 6-1 求 φ_n 需多次线性内插，不妨直接按式 (6-5) 和式 (6-4) 计算。

$$\varphi_{0n} = \frac{1}{1+(0.0015+0.45\rho)\beta^2} = \frac{1}{1+(0.0015+0.45 \times 0.00233) \times 9.18^2} = 0.823$$

$$\varphi_n = \frac{1}{1+12\left[\frac{e}{h}+\sqrt{\frac{1}{12}\left(\frac{1}{\varphi_{0n}}-1\right)}\right]^2} = \frac{1}{1+12\left[0.122+\sqrt{\frac{1}{12}\left(\frac{1}{0.823}-1\right)}\right]^2} = 0.56$$

$$\varphi_n A f_n = 0.56 \times 0.18 \times 10^6 \times 2.417 = 243634\text{N} \approx 244\text{kN} > N = 200\text{kN}，安全。$$

(2) 沿短边方向按轴心受压进行验算

$$\beta = \frac{H_0}{h} = \frac{4500}{370} = 12.16$$

$$\varphi_n = \varphi_{0n} = \frac{1}{1+(0.0015+0.45\rho)\beta^2} = \frac{1}{1+(0.0015+0.45 \times 0.00233) \times 12.16^2}$$
$$= 0.726$$

$$f_n = f + \frac{2\rho}{100} f_y = 1.656 + \frac{2 \times 0.233}{100} \times 320 = 3.15\text{N/mm}^2$$

$$\varphi_n A f_n = 0.726 \times 0.18 \times 10^6 \times 3.15 = 411642\text{N} \approx 412\text{kN} > N = 200\text{kN}，安全。$$

6.2 钢筋混凝土面层或钢筋砂浆面层和砖砌体的组合砌体构件

在砖砌体内配置纵向钢筋，或设置部分钢筋混凝土或钢筋砂浆以共同工作都是组合砌体（图 6-2）。其具有和钢筋混凝土相近的性能，不但可提高砌体的抗压承载力，而且可显著提高砌体的抗弯能力和延性。《规范》规定，当轴向力的偏心距超过无筋砌体偏压构件规定的限值时，宜采用组合砖砌体。

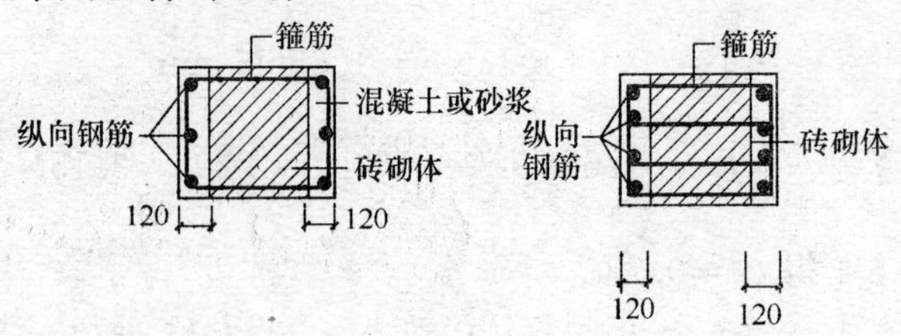

图 6-2　组合砖砌体

6.2.1　组合砖砌体受压构件的承载力

1. 组合砖砌体轴心受压构件的承载力

组合砖砌体由砖砌体、钢筋、混凝土或砂浆三种材料组成。在轴心受压的情况下，三者共同变形，但每种材料应力—应变关系中相应于极限强度时的压应变并不相同，钢筋的应变最小（$\varepsilon_y=0.0011\sim0.0016$），混凝土其次（$\varepsilon_c=0.0015\sim0.002$），砖砌体最大（$\varepsilon_c=0.002\sim0.004$）。所以，组合砖砌体在轴心压力下，钢筋首先屈服，然后面层混凝土达到抗压强度，此时砖砌体尚未达到其抗压强度。

组合砖砌体构件的稳定系数 φ_{com} 理应介于无筋砌体构件的稳定系数 φ_0 与钢筋混凝土构件的稳定系数 φ_{rc} 之间，四川省建筑科研所的组合柱试验表明，φ_{com} 主要与高厚比 β 和配筋率 ρ 有关，可根据公式（6-6）计算

$$\varphi_{com}=\varphi_0+100\rho(\varphi_{rc}-\varphi_0)\leqslant\varphi_{rc} \tag{6-6}$$

《规范》根据公式（6-6）编制成稳定系数 φ_{com} 表可直接查用，见表 6-1。

组合砖砌体构件的稳定系数 φ_{com}　　表 6-1

高厚比 β	配筋率 ρ（%）					
	0	0.2	0.4	0.6	0.8	≥1.0
8	0.91	0.93	0.95	0.97	0.99	1.00
10	0.87	0.90	0.92	0.94	0.96	0.98
12	0.82	0.85	0.88	0.91	0.93	0.95
14	0.77	0.80	0.83	0.86	0.89	0.92
16	0.72	0.75	0.78	0.81	0.84	0.87
18	0.67	0.70	0.73	0.76	0.79	0.81
20	0.62	0.65	0.68	0.71	0.73	0.75
22	0.58	0.61	0.64	0.66	0.68	0.70
24	0.54	0.57	0.59	0.61	0.63	0.65
26	0.50	0.52	0.54	0.56	0.58	0.60
28	0.46	0.48	0.50	0.52	0.54	0.56

注：组合砖砌体构件截面的配筋率 $\rho=A'_s/bh$。

组合砖砌体轴心受压构件的承载力可按下式计算：

$$N \leqslant \varphi_{com}(fA + f_c A_c + \eta_s f'_y A'_s) \tag{6-7}$$

式中　N——轴向力设计值；

φ_{com}——组合砖砌体构件的稳定系数，可按表 6-1 取值；

A——砖砌体的截面面积；

f_c——混凝土或面层水泥砂浆的轴心抗压强度设计值，砂浆的轴心抗压强度设计值可取为同强度等级混凝土的轴心抗压强度设计值的 70%，当砂浆为 M15 时，取 5.0MPa；当砂浆为 M10 时，取 3.4MPa；当砂浆为 M7.5 时，取 2.5MPa；

A_c——混凝土或砂浆面层的截面面积；

η_s——受压钢筋的强度系数，当为混凝土面层时可取 1.0；当为砂浆面层时可取 0.9；

f'_y——钢筋的抗压强度设计值；

A'_s——受压钢筋的截面面积。

2. 组合砖砌体偏心受压构件的承载力

组合砖砌体构件偏心受压时，其承载力和变形性能与钢筋混凝土构件相近。偏心受压组合砖柱破坏可分为大、小偏心受压两种破坏形态。小偏压时（图 6-3*a*），当达到极限荷载时，受压较大一侧的混凝土或砂浆面层可达到混凝土或砂浆的抗压强度，受压区混凝土或砂浆面层及部分受压砌体受压破坏；大偏压时（图 6-3*b*），受拉区钢筋首先屈服，然后受压区破坏。破坏形态与钢筋混凝土柱相似。

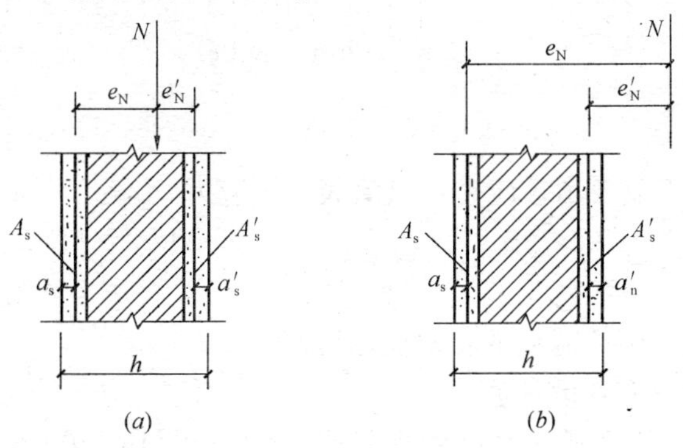

图 6-3　组合砖砌体偏心受压构件

（*a*）小偏心受压；（*b*）大偏心受压

组合砖砌体构件偏心受压及压弯时，可按下式计算：

$$N \leqslant fA' + f_c A'_c + \eta_s f'_y A'_s - \sigma_s A_s \tag{6-8}$$

或

$$Ne_N \leqslant fS_s + f_c S_{c,s} + \eta_s f'_y A'_s (h_0 - a'_s) \tag{6-9}$$

此时受压区高度 x 可按下列公式确定：

$$fS_N + f_c S_{c,N} + \eta_s f'_y A'_s e'_N - \sigma_s A_s e_N = 0 \tag{6-10}$$

式中　σ_s——钢筋 A_s 的应力；

A_s——距轴向力 N 较远一侧钢筋的截面面积；

A'——砖砌体受压部分的面积；

A'_c——混凝土或砂浆面层受压部分的面积；

S_s——砖砌体受压部分的面积对钢筋 A_s 重心的面积矩；

$S_{c,s}$——混凝土或砂浆面层受压部分的面积对钢筋 A_s 重心的面积矩；

S_N——砖砌体受压部分的面积对轴向力 N 作用点的面积矩；

$S_{c,N}$——混凝土或砂浆面层受压部分的面积对轴向力 N 作用点的面积矩；

e_N、e'_N——分别为钢筋 A_s 和 A'_s 重心至轴向力 N 作用点的距离（图 6-3），分别按式（6-11）、式（6-12）确定；

$$e_N = e + e_a + \left(\frac{h}{2} - a_s\right) \tag{6-11}$$

$$e'_N = e + e_a - \left(\frac{h}{2} - a'_s\right) \tag{6-12}$$

式中 e——轴向力的初始偏心距，按荷载设计值计算，当 e 小于 $0.05h$ 时，应取 e 等于 $0.05h$；

e_a——组合砖砌体构件在轴向力作用下的附加偏心距，按式（6-13）确定；

$$e_a = \frac{\beta^2 h_0}{2200}(1 - 0.022\beta) \tag{6-13}$$

式中 h_0——组合砖砌体构件截面的有效高度，取 $h_0 = h - a_s$；

a_s、a'_s——分别为钢筋 A_s 和 A'_s 重心至截面较近边的距离。

组合砖砌体钢筋 A_s 的应力 σ_s 应按下列规定计算：

（1）小偏心受压时，即 $\xi > \xi_b$

$$\sigma_s = 650 - 800\xi \tag{6-14}$$

$$-f'_y \leqslant \sigma_s \leqslant f_y \tag{6-15}$$

σ_s 单位为 MPa，正值表示拉应力，负值表示压应力。

（2）大偏心受压时，即 $\xi \leqslant \xi_b$

$$\sigma_s = f_y \tag{6-16}$$

式中 ξ——组合砖砌体构件截面的相对受压区高度；

f_y——钢筋的抗拉强度设计值。

组合砖砌体构件受压区相对高度的界限值 ξ_b，对于 HRB400 级钢筋，应取 0.36；对于 HRB335 级钢筋，应取 0.44；对于 HPB300 级钢筋，应取 0.47。

6.2.2 组合砖砌体构件的构造规定

组合砖砌体构件的构造应符合下列规定：

（1）面层混凝土强度等级宜采用 C20。面层水泥砂浆强度等级不宜低于 M10。砌筑砂浆的强度等级不宜低于 M7.5；

（2）砂浆面层的厚度，可采用 30～45mm。当面层厚度大于 45mm 时，其面层宜采用混凝土面层。

（3）竖向受力钢筋宜采用 HPB300 级钢筋，对于混凝土面层，亦可采用 HRB335 级钢筋。受压钢筋一侧的配筋率，对砂浆面层，不宜小于 0.1%，对混凝土面层，不宜小于 0.2%。受拉钢筋的配筋率，不应小于 0.1%。竖向受力钢筋的直径，不应小于 8mm，钢筋的净间距，不应小于 30mm；

（4）箍筋的直径，不宜小于 4mm 及 0.2 倍的受压钢筋直径，并不宜大于 6mm。箍筋的间距，不应大于 20 倍受压钢筋的直径及 500mm，并不应小于 120mm；

（5）当组合砖砌体构件一侧的竖向受力钢筋多于 4 根时，应设置附加箍筋或拉结钢筋；

（6）对于截面长短边相差较大的构件如墙体等，应采用穿通墙体的拉结钢筋作为箍筋，同时设置水平分布钢筋。水平分布钢筋的竖向间距及拉结钢筋的水平间距，均不应大于 500mm（图 6-4）；

（7）组合砖砌体构件的顶部及底部，以及牛腿部位，必须设置钢筋混凝土垫块。竖向受力钢筋伸入垫块的长度，必须满足锚固要求。

【例 6-3】 一刚性方案无吊车房屋的柱为组合砖砌体，截面尺寸为 490mm×620mm（见图 6-5），柱高 6.3m，承受轴向压力设计值 N=420kN，并在长边方向作用弯矩设计值 M=200kN·m。采用 MU10 烧结多孔砖，M7.5 混合砂浆砌筑，面层混凝土采用 C20，钢筋用 HRB335 级钢筋，采用对称配筋。试求 A_s 及 A'_s。

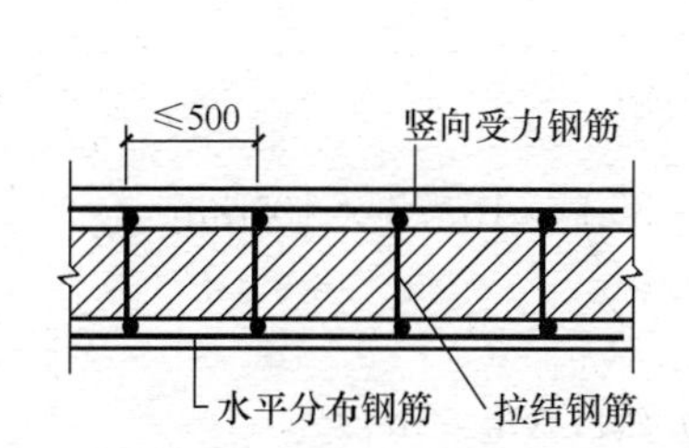

图 6-4　混凝土或砂浆面层组合墙

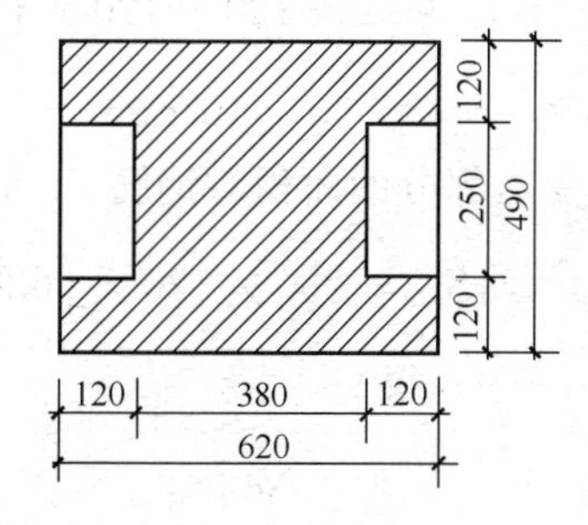

图 6-5　例 6-3

解：（1）先求 A、A_c、f、f_c、f'_y、η_s

砖砌体截面面积 $A = 490 \times 620 - 2 \times (250 \times 120) = 243800\text{mm}^2$

混凝土截面面积 $A_c = 2 \times (250 \times 120) = 60000\text{mm}^2$

砖砌体抗压强度设计值，查附表 3-1 可得 f=1.69MPa

混凝土轴心抗压强度设计值 f_c=9.6MPa

HRB335 级钢筋 $f_y = f'_y$=300MPa，混凝土面层 η_s=1.0

（2）判别大、小偏心受压情况

因为偏心距 $e = \dfrac{M}{N} = \dfrac{200 \times 10^3}{420} = 476.2\text{mm}$，较大，故可先按大偏心受压计算，受压钢筋和受拉钢筋均可达到屈服。

对称配筋时，计算公式（6-8）可写为

$$N = fA' + f_c A'_c$$

$$420 \times 10^3 = 1.69[490(x - 120) + 2 \times 120 \times 120] + 9.6 \times 250 \times 120$$

解得

$$x = 220.6\text{mm}$$

$$\xi = \frac{x}{h_0} = \frac{220.6}{620-35} = 0.377 < \xi_b = 0.425$$

说明构件确为大偏心受压。

(3) 求配筋 A_s、A'_s

查表 5-1 知计算高度 $H_0 = H = 6300\text{mm}$

高厚比：$\beta = \frac{H_0}{h} = \frac{6300}{620} = 10.16$

附加偏心距：$e_a = \frac{\beta^2 h}{2200}(1-0.022\beta) = \frac{10.16^2 \times 620}{2200}(1-0.022\times 10.16) = 22.6\text{mm}$

轴向力 N 作用点离钢筋 A_s 重心处的距离：

$$e_N = e + e_a + \left(\frac{h}{2} - a_s\right) = 476.2 + 22.6 + \left(\frac{620}{2} - 35\right) = 773.8\text{mm}$$

砖砌体受压部分的面积对钢筋 A_s 重心的面积矩：

$$\begin{aligned} S_s &= 490 \times (220.6-120) \times \left(380 + 120 - \frac{220.6-120}{2} - 35\right) \\ &\quad + 2 \times 120 \times 120 \times \left(620 - \frac{120}{2} - 35\right) \\ &= 35.56 \times 10^6 \text{mm}^3 \end{aligned}$$

混凝土受压部分的面积对钢筋 A_s 重心的面积矩：

$$S_{cs} = 250 \times 120 \times \left(620 - \frac{120}{2} - 35\right) = 15.75 \times 10^6 \text{mm}^3$$

由公式 (6-9) 得

$$Ne_N \leqslant fS_s + f_c S_{c,s} + \eta_s f'_y A'_s (h_0 - a'_s)$$

$$\begin{aligned} 420 \times 10^3 \times 773.8 &= 1.69 \times 35.56 \times 10^6 + 9.6 \times 15.75 \times 10^6 \\ &\quad + 1.0 \times 300 \times A'_s \times (620 - 35 - 35) \end{aligned}$$

解得 $A'_s = 689.08\text{mm}^2$

每侧采用 3ϕ18 钢筋，实际配筋面积 $A_s = A'_s = 763\text{mm}^2$

$\rho = \rho' = \frac{A'_s}{bh} \times 100\% = \frac{763}{490 \times 620} \times 100\% = 0.25\% > 0.2\%$，符合构造要求。

再按构造要求，选取箍筋 ϕ6@240（即间隔四皮砖）。

对截面较小边的轴心受压计算从略。

6.3 砖砌体和钢筋混凝土构造柱组合墙

砌体结构中，由于抗震构造上的要求，在多层砖房中设置构造柱，其设置目的主要是为了加强墙体的整体性，增强墙体抗侧延性，并在一定程度上利用其抵抗侧向地震作用的能力。实际结构中，可采用砖砌体和钢筋混凝土构造柱组成的组合砖墙。构造柱不但可承受一定荷载，而且与圈梁形成“构造框架”对墙体有一定约束作用；此外，混凝土构造柱提高了墙体的受压稳定性。

砖砌体和钢筋混凝土构造柱组合墙的形式见图 6-6。设置构造柱砖墙与组合砖砌体构件有类似之处，规范 GB 50003 采用了与组合砖砌体轴心受压构件承载力相同的计算模式，但引入强度系数来反映两者的差别。

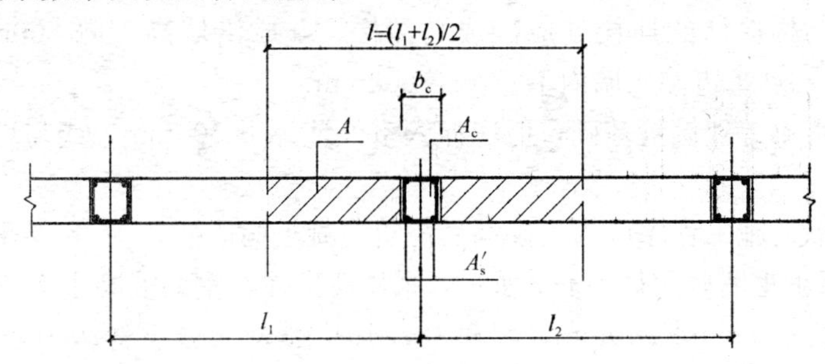

图 6-6　砖砌体和构造柱组合墙截面

6.3.1　组合砖墙轴心受压承载力计算公式

组合砖墙（图 6-6）的轴心受压承载力应按下列公式计算：

$$N \leqslant \varphi_{com}[fA + \eta(f_c A_c + f'_y A'_s)] \tag{6-17}$$

$$\eta = \left[\frac{1}{\dfrac{l}{b_c} - 3}\right]^{\frac{1}{4}} \tag{6-18}$$

式中　φ_{com}——组合砖墙的稳定系数，可按表 6-1 采用；

η——强度系数，当 l/b_c 小于 4 时，取 l/b_c 等于 4；

l——沿墙长方向构造柱的间距；

b_c——沿墙长方向构造柱的宽度；

A——扣除孔洞和构造柱的砖砌体截面面积；

A_c——构造柱的截面面积。

6.3.2　组合砖墙的材料和构造

组合砖墙的材料和构造应符合下列规定：

（1）砂浆的强度等级不应低于 M5，构造柱的混凝土强度等级不宜低于 C20；

（2）构造柱的截面尺寸不宜小于 240mm×240mm，其厚度不应小于墙厚，边柱、角柱的截面宽度宜适当加大。柱内竖向受力钢筋，对于中柱，钢筋数量不宜少于 4 根、直径不宜小于 12mm；对于边柱、角柱，钢筋数量不宜少于 4 根、直径不宜小于 14mm。构造柱的竖向受力钢筋的直径也不宜大于 16mm。其箍筋，一般部位宜采用直径 6mm、间距 200mm，楼层上下 500mm 范围内宜采用直径 6mm、间距 100mm。构造柱的竖向受力钢筋应在基础梁和楼层圈梁中锚固，并应符合受拉钢筋的锚固要求；

（3）组合砖墙砌体结构房屋，应在纵横墙交接处、墙端部和较大洞口的洞边设置构造柱，其间距不宜大于 4m。各层洞口宜设置在相应位置，并宜上下对齐；

（4）组合砖墙砌体结构房屋应在基础顶面、有组合墙的楼层处设置现浇钢筋混凝土圈梁。圈梁的截面高度不宜小于 240mm；纵向钢筋根数不宜少于 4 根、直径不宜小于 12mm，纵向钢筋应伸入构造柱内，并应符合受拉钢筋的锚固要求；圈梁的箍筋直径宜采用 6mm、间距 200mm；

（5）砖砌体与构造柱的连接处应砌成马牙槎，并应沿墙高每隔 500mm 设 2 根直径 6mm 的拉结钢筋，且每边伸入墙内不宜小于 600mm；

（6）构造柱可不单独设置基础，但应伸入室外地坪下 500mm，或与埋深小于 500mm 的基础梁相连；

（7）组合砖墙的施工程序应为先砌墙后浇筑混凝土构造柱。

【例 6-4】 某承重墙截面如图 6-7 所示，采用砖砌体与钢筋混凝土构造柱组合墙形式。构造柱截面尺寸为 240mm×240mm，间距为 2.4m，混凝土强度等级为 C20，柱内配有 4 根直径 12mm 的 HRB335 级纵筋，用 MU10 烧结多孔砖，M7.5 混合砂浆砌筑，墙的计算高度为 $H_0=3300$mm，承受轴心压力设计值 $q=400$kN/m。试验算该墙承载力。

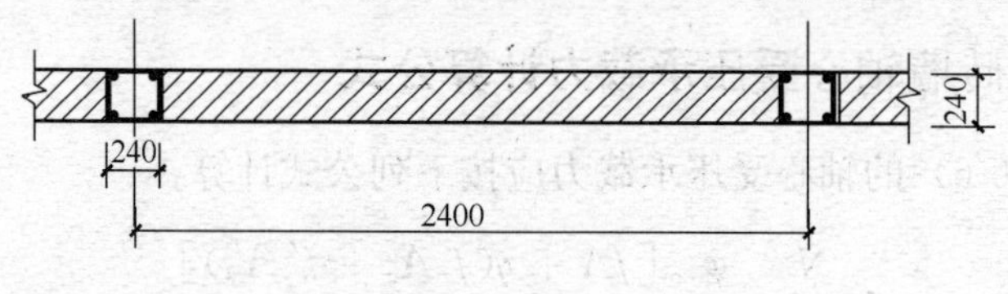

图 6-7　例 6-4

解： 取构造柱两侧各 1/2 间距墙段按轴心受压组合墙计算。

构造柱截面面积 $A_c = 240 \times 240 = 57600\text{mm}^2$

砖砌体截面面积 $A = 240 \times (2400 - 240) = 518400\text{mm}^2$

查附表 3-1 得 $f = 1.69\text{MPa}, f_c = 9.6\text{MPa}, f'_y = 300\text{MPa}, A'_s = 452\text{mm}^2$

配筋率

$$\rho = \frac{A'_s}{bh} \times 100\% = \frac{452}{2400 \times 240} \times 100\% = 0.078\%$$

墙体高厚比

$$\beta = \frac{H_0}{b_c} = \frac{3300}{240} = 13.75$$

查表 6-1 得 $\varphi_{com}=0.788$

由 $\dfrac{l}{b_c} = \dfrac{2400}{240} = 10 > 4$ 得

$$\eta = \left[\frac{1}{\frac{l}{b_c} - 3}\right]^{\frac{1}{4}} = \left[\frac{1}{10-3}\right]^{\frac{1}{4}} = 0.615$$

$$\varphi_{com}[fA + \eta(f_c A_c + f'_y A'_s)]$$

$$= 0.788[1.69 \times 518400 + 0.615(9.6 \times 57600 + 300 \times 452)]$$

$$= 1024.1\text{kN} > N = 400 \times 2.4 = 960\text{kN}$$

因此该墙承载力满足要求。

6.4　配筋砌块砌体剪力墙

为改善砌体结构脆性破坏性能、增强其抗拉和抗剪能力及增大其变形能力，采用配筋的方法是极为有效的途径。利用混凝土小型空心砌块的竖向孔洞，配置竖向钢筋和水平钢筋，再灌注芯柱混凝土形成配筋砌块砌体在抗震设防地区的中高层房屋中已得以应用。配筋砌块砌体的构造形式如图 6-8 所示，其具有较高的抗拉和抗压强度，良好的延性和抗震需要的阻尼特性，抗震性能优良。

配筋砌块砌体剪力墙结构的内力与位移，可按弹性方法计算。应根据结构分析所得的内力，分别按轴心受压、偏心受压或偏心受拉构件进行正截面承载力和斜截面承载力计算，并应根据结构分析所得的位移进行变形验算。配筋砌块砌体剪力墙宜采用全部灌芯砌体。

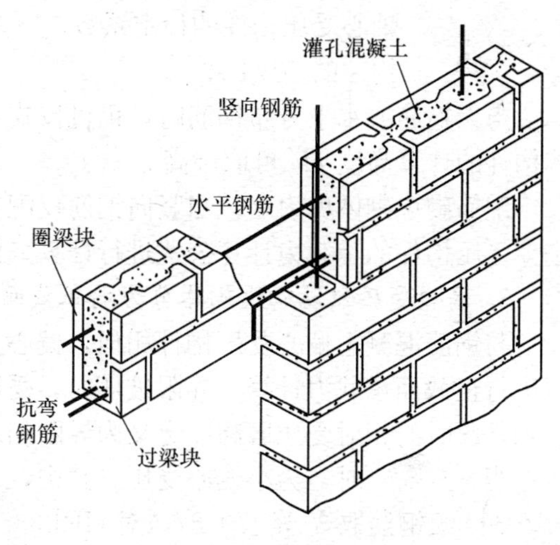

图 6-8　配筋砌块砌体

6.4.1　正截面受压承载力计算

通过试验发现，配筋砌块砌体的力学性能与钢筋混凝土的性能非常相近。在正截面承载力设计中，配筋砌块砌体构件采用与钢筋混凝土相应构件一致的基本假定和计算模式。

1. 计算假定

配筋砌块砌体构件正截面承载力应按下列基本假定进行计算：

（1）截面应变分布保持平面；

（2）竖向钢筋与其毗邻的砌体、灌孔混凝土的应变相同；

（3）不考虑砌体、灌孔混凝土的抗拉强度；

（4）根据材料选择砌体、灌孔混凝土的极限压应变，当轴心受压时不应大于 0.002，偏心受压时的极限压应变不应大于 0.003；

（5）根据材料选择钢筋的极限拉应变，且不应大于 0.01；

（6）纵向受拉钢筋屈服与受压区砌体破坏同时发生时的相对界限受压区高度，应按下式计算：

$$\xi_b = \frac{0.8}{1 + \frac{f_y}{0.003E_s}} \tag{6-19}$$

（7）大偏心受压时，受拉钢筋考虑在 $h_0 - 1.5x$ 范围内屈服并参与工作。

2. 轴心受压配筋砌块砌体剪力墙承载力计算

轴心受压配筋砌块砌体剪力墙，当配有箍筋或水平分布钢筋时，其正截面受压承载力应按下列公式计算：

$$N \leqslant \varphi_{0g}(f_g A + 0.8 f'_y A'_s) \tag{6-20}$$

$$\varphi_{0g} = \frac{1}{1 + 0.001\beta^2} \tag{6-21}$$

式中 N——轴向力设计值；

f_g——灌孔砌体的抗压强度设计值，应按式（3-2）计算；

f'_y——钢筋的抗压强度设计值；

A——构件的毛截面面积；

A'_s——全部竖向钢筋的截面面积；

φ_{0g}——轴心受压构件的稳定系数；

β——构件的高厚比。

当无箍筋或水平分布钢筋时，仍可按式（6-20）计算，但应使 $f'_y A'_s = 0$。配筋砌块砌体构件的计算高度 H_0 可取层高。

配筋砌块砌体剪力墙，当竖向钢筋仅配在中间时，其平面外偏心受压承载力可按无筋砌体受压构件的承载力计算公式进行计算，但应采用灌孔砌体的抗压强度设计值。

3. 偏心受压配筋砌块砌体剪力墙正截面承载力计算

与钢筋混凝土偏心受压构件相似，偏心受压配筋砌块砌体剪力墙也分为大、小偏心受压进行正截面承载力计算。界限破坏时，受压侧砌块的极限压应变与受拉钢筋的屈服同时达到。此时的相对受压区高度定义为界限相对受压区高度 ξ_b。当 $x \leqslant \xi_b h_0$ 时，为大偏心受压；当 $x > \xi_b h_0$ 时，为小偏心受压。其中，x 为截面受压区高度，h_0 为截面有效高度。对 HPB300 级钢筋取 ξ_b 等于 0.57，对 HRB335 级钢筋取 ξ_b 等于 0.55，对 HRB400 级钢筋取 ξ_b 等于 0.52。

（1）矩形截面大偏心受压配筋砌块砌体剪力墙正截面承载力计算

如图 6-9（a）所示为大偏心受压构件在承载力极限状态下的截面应力分布。由静力平衡条件得正截面承载力计算公式如下：

$$N \leqslant f_g bx + f'_y A'_s - f_y A_s - \Sigma f_{si} A_{si} \tag{6-22}$$

$$Ne_N \leqslant f_g bx\left(h_0 - \frac{x}{2}\right) + f'_y A'_s (h_0 - a'_s) - \Sigma f_{si} S_{si} \tag{6-23}$$

式中 N——轴向力设计值；

f_g——灌孔砌体的抗压强度设计值；

f'_y、f_y——竖向受拉、受压主筋的强度设计值；

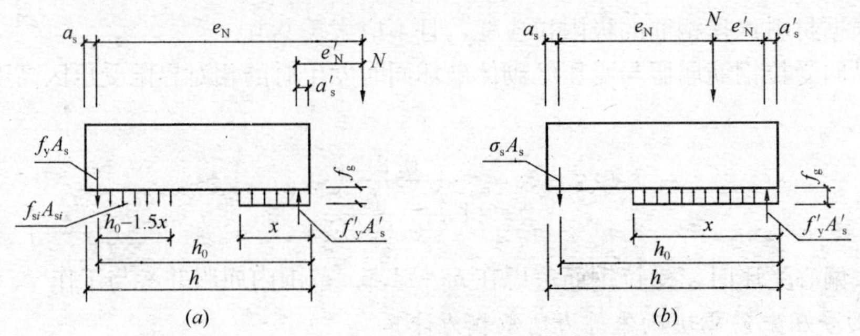

图 6-9 矩形截面大偏心受压正截面承载力计算简图

（a）大偏心受压；（b）小偏心受压

b——截面宽度；

f_{si}——竖向分布钢筋的抗拉强度设计值；

A_s、A'_s——竖向受拉、受压主筋的截面面积；

A_{si}——单根竖向分布钢筋的截面面积；

S_{si}——第 i 根竖向分布钢筋对竖向受拉主筋的面积矩；

e_N——轴向力作用点到竖向受拉主筋合力点之间的距离，可按式（6-11）计算。

a'_s——受压区纵向钢筋合力点至截面受压边缘的距离，对T形、L形、工字形截面，当翼缘受压时取100mm，其他情况取300mm；

a_s——受拉区纵向钢筋合力点至截面受压边缘的距离，对T形、L形、工字形截面，当翼缘受压时取300mm，其他情况取100mm。

当受压区高度 $x \leqslant 2a'_s$ 时，其正截面承载力可按下式计算：

$$Ne'_N \leqslant f_y A_s (h_0 - a'_s) \tag{6-24}$$

式中，e'_N 为轴向力作用点至竖向受压主筋合力点之间的距离，可按式（6-12）计算。

（2）矩形截面小偏心受压配筋砌块砌体剪力墙正截面承载力计算

如图6-9（b）所示为小偏心受压构件在承载力极限状态下的截面应力分布。此处未考虑竖向分布钢筋的作用。由静力平衡条件得正截面承载力计算公式如下：

$$N \leqslant f_g bx + f'_y A'_s - \sigma_s A_s \tag{6-25}$$

$$Ne_N \leqslant f_g bx\left(h_0 - \frac{x}{2}\right) + f'_y A'_s (h_0 - a'_s) \tag{6-26}$$

$$\sigma_s = \frac{f_y}{\xi_b - 0.8}\left(\frac{x}{h_0} - 0.8\right) \tag{6-27}$$

当受压区竖向受压主筋无箍筋或无水平钢筋约束时，可不考虑竖向受压主筋的作用，即取 $f'_y A'_s = 0$。

对称配筋时，矩形截面砌块砌体剪力墙小偏心受压也可近似按下式计算钢筋截面面积：

$$A_s = A'_s = \frac{Ne_N - \xi(1 - 0.5\xi) f_g b h_0^2}{f'_y (h_0 - a'_s)} \tag{6-28}$$

式中，相对受压区高度 ξ 可按下式计算：

$$\xi = \frac{x}{h_0} = \frac{N - \xi_b f_g b h_0}{\dfrac{Ne_N - 0.43 f_g b h_0^2}{(0.8 - \xi_b)(h_0 - a'_s)} + f_g b h_0} + \xi_b \tag{6-29}$$

T形、L形、工字形截面偏心受压构件，当翼缘和腹板的相交处采用错缝搭接砌筑和同时设置中距不大于1.2m的水平配筋带（截面高度大于等于60mm，钢筋不少于2ϕ12）时，可考虑翼缘的共同工作，翼缘的计算宽度应按表6-2中的最小值采用，其正截面受压承载力应按下列规定计算：

当受压区高度 x 小于等于 h'_f 时，应按宽度为 b'_f 的矩形截面计算；

当受压区高度 x 大于 h'_f 时，则应考虑腹板的受压作用，应按下列公式计算：

当为大偏心受压时

$$N \leqslant f_g[bx + (b'_f - b)h'_f] + f'_y A'_s - f_y A_s - \Sigma f_{si} A_{si} \quad (6\text{-}30)$$

$$Ne_N \leqslant f_g\left[bx\left(h_0 - \frac{x}{2}\right) + (b'_f - b)h'_f\left(h_0 - \frac{h'_f}{2}\right)\right] + f'_s A'_s(h_0 - a'_s) - \Sigma f_{si} S_{si} \quad (6\text{-}31)$$

当为小偏心受压时

$$N \leqslant f_g[bx + (b'_f - b)h'_f] + f'_y A'_s - \sigma_s A_s \quad (6\text{-}32)$$

$$Ne_N \leqslant f_g\left[bx\left(h_0 - \frac{x}{2}\right) + (b'_f - b)h'_f\left(h_0 - \frac{h'_f}{2}\right)\right] + f'_s A'_s(h_0 - a'_s) \quad (6\text{-}33)$$

b'_f——T形、L形、工字形截面受压区的翼缘计算宽度；

h'_f——T形、L形、工字形截面受压区的翼缘厚度；

T形、L形、工字形截面偏心受压构件翼缘计算宽度 b'_f **表 6-2**

考 虑 情 况	T形、工字形截面	L形截面
按构件计算高度 H_0 考虑	$H_0/3$	$H_0/6$
按腹板间距 L 考虑	L	$L/2$
按翼缘厚度 h'_f 考虑	$b+12h'_f$	$b+6h'_f$
按翼缘的实际宽度 b'_f 考虑	b'_f	b'_f

6.4.2 斜截面受剪承载力计算

1. 偏心受力配筋砌块砌体剪力墙斜截面受剪承载力

偏心受压和偏心受拉配筋砌块砌体剪力墙，其斜截面受剪承载力应根据下列情况进行计算：

(1) 剪力墙的截面限制

剪力墙的截面应满足下列要求：

$$V \leqslant 0.25 f_g b h_0 \quad (6\text{-}34)$$

式中 V——剪力墙的剪力设计值；

b——剪力墙截面宽度或T形、倒L形截面腹板宽度；

h_0——剪力墙截面的有效高度。

(2) 偏心受压时的斜截面受剪承载力

剪力墙在偏心受压时的斜截面受剪承载力应按下列公式计算：

$$V \leqslant \frac{1}{\lambda - 0.5}\left(0.6 f_{vg} b h_0 + 0.12 N \frac{A_w}{A}\right) + 0.9 f_{yh} \frac{A_{sh}}{s} h_0 \quad (6\text{-}35)$$

$$\lambda = \frac{M}{Vh_0} \quad (6\text{-}36)$$

式中 f_{vg}——灌孔砌体的抗剪强度设计值，应按式 (3-3) 计算；

M、N、V——计算截面的弯矩、轴力和剪力设计值，当 $N > 0.25 f_g bh$ 时，取 $N = 0.25 f_g bh$；

A——剪力墙的截面面积；

A_W——T形或倒L形截面腹板的截面面积，对矩形截面取 A_W 等于 A；

λ——计算截面的剪跨比，当 $\lambda < 1.5$ 时，取 1.5，当 $\lambda \geqslant 2.2$ 时，取 2.2；

h_0——剪力墙截面的有效高度；

A_{sh}——配置在同一截面内的水平分布钢筋的全部截面面积；

S——水平分布钢筋的竖向间距；

f_{yh}——水平钢筋的抗拉强度设计值。

（3）偏心受拉时的斜截面受剪承载力

剪力墙在偏心受拉时的斜截面受剪承载力应按下列公式计算：

$$V \leqslant \frac{1}{\lambda - 0.5}\left(0.6 f_{vg} b h_0 - 0.22 N \frac{A_w}{A}\right) + 0.9 f_{yh} \frac{A_{sh}}{S} h_0 \tag{6-37}$$

2. 配筋砌块砌体剪力墙连梁的斜截面受剪承载力

配筋砌块砌体剪力墙连梁的斜截面受剪承载力，按如下情况进行计算：

（1）连梁采用钢筋混凝土时，连梁的承载力应按现行国家标准《混凝土结构设计规范》GB 50010 的有关规定进行计算；

（2）当连梁采用配筋砌块砌体时，应符合下列规定：

连梁的截面应符合下列要求：

$$V_b \leqslant 0.25 f_g b h_0 \tag{6-38}$$

连梁的斜截面受剪承载力应按下式计算：

$$V_b \leqslant 0.8 f_{vg} b h_0 + f_{yv} \frac{A_{sv}}{S} h_0 \tag{6-39}$$

式中　V_b——连梁的剪力设计值；

b——连梁的截面宽度；

h_0——连梁的截面有效高度；

A_{sv}——配置在同一截面内箍筋各肢的全部截面面积；

f_{yv}——箍筋的抗拉强度设计值；

S——沿构件长度方向箍筋的间距。

配筋砌块砌体剪力墙、连梁的构造规定应符合下列要求：

（1）砌块不应低于 MU10；砌筑砂浆不应低于 Mb7.5，灌孔混凝土不应低于 Cb20。对于安全等级为一级或设计使用年限大于 50 年的配筋砌块砌体房屋，所用材料的最低强度等级应至少提高一级。

（2）配筋砌块砌体剪力墙厚度、连梁截面宽度不应小于 190mm。

（3）配筋砌块砌体剪力墙应在墙的转角、端部和孔洞两侧配置竖向连续的钢筋，钢筋直径不应小于 12mm；应在洞口顶部和底部设置不小于 2ϕ10 的水平钢筋，其伸入墙内的长度不应小于 40d 和 600mm，应在楼屋盖的所有纵横墙处设置现浇的钢筋混凝土圈梁，圈梁的宽度和高度应等于墙厚和块高，圈梁主筋不应少于 4ϕ10，圈梁的混凝土强度等级不应低于同层混凝土块体强度等级的 2 倍，或该层灌孔混凝土的强度等级，也不应低于 C20；剪力墙其他部位的竖向和水平钢筋的间距不应大于墙长、墙高的 1/3，也不应大于 900mm，剪力墙沿竖向和水平方向的构造钢筋配筋率均不应小于 0.07%。

（4）配筋砌块砌体剪力墙，应按下列情况设置边缘构件：

当利用剪力墙端部砌体受力时，应在一字墙端部至少 3 倍墙厚范围内的孔中设置不小于 ϕ12 通长竖向钢筋；应在 L、T 或十字形墙交接处 3 或 4 个孔中设置不小于 ϕ12 通长竖向钢筋；当剪力墙轴压比大于 $0.6 f_g$ 时，除按上述规定设置竖向钢筋外，尚应设置间距不大于 200mm、直径不小于 6mm 的钢箍。当在剪力墙墙端部设置混凝土柱作为边缘构件时，应符合相关规定。

（5）配筋砌块砌体剪力墙中当连梁采用钢筋混凝土时，连梁混凝土的强度等级不宜低于同层墙体块体强度等级的 2 倍，或同层墙体灌孔混凝土的强度等级，也不应低于 C20；其他构造上应符合《混凝土结构设计规范》GB 50010 的有关规定。配筋砌块砌体剪力墙中当连梁采用配筋砌块砌体时，连梁尚应符合《砌体结构设计规范》GB 50003 的相关规定。

（6）配筋砌块砌体柱截面边长不宜小于 400mm，柱高度与截面短边之比不宜大于 30，柱竖向受力钢筋的直径不宜小于 12mm，数量不应少于 4 根，全部竖向受力钢筋的配筋率不宜小于 0.2%。柱中箍筋尚应符合《砌体结构设计规范》GB 50003 的相关规定。

（7）配筋砌块砌体剪力墙中钢筋的选择、设置、锚固和搭接长度应按《砌体结构设计规范》GB 50003 的相关规定布置。

思 考 题

[6-1] 什么是配筋砌体？配筋砌体有哪些主要形式？

[6-2] 简述网状配筋砖砌体与无筋砌体计算公式的异同点。

[6-3] 网状配筋砖砌体受压构件承载力影响系数 φ_n 主要考虑了哪些因素的影响？

[6-4] 什么是组合砖砌体？偏心受压组合砖砌体的计算与钢筋混凝土偏压构件的计算有何不同？

[6-5] 配筋砌块砌体正截面受压承载力计算时有哪些基本假定？

习 题

[6-1] 某砖柱截面尺寸为 490mm×620mm，其两个方向的计算高度均为 4.5m。用 MU10 烧结多孔砖，M10 混合砂浆砌筑，承受轴向压力设计值 N=180kN，并在长边方向作用弯矩设计值 M=18kN·m。试按网状配筋砖砌体设计此柱。

[6-2] 截面尺寸为 370mm×490mm 组合砖柱，柱高 6.0m，两端为不动铰支承，承受轴心压力设计值 N=800kN。采用 MU10 烧结多孔砖，M7.5 混合砂浆砌筑，面层混凝土采用 C20，钢筋用 HPB300 级钢筋，配 4ϕ14。试验算其承载力。

[6-3] 某承重墙厚 240mm，采用砖砌体与钢筋混凝土构造柱组合墙形式。构造柱截面尺寸为 240mm×240mm，沿墙长方向每 1.2m 设置，混凝土强度等级为 C20，用 HPB300 级钢筋，柱内配有 4ϕ12 纵筋。采用 MU10 烧结多孔砖，M7.5 混合砂浆砌筑，墙的计算高度为 H_0=3600mm，承受轴向荷载。试求每米横墙所能承受的轴向压力设计值。

网状配筋砖砌体轴向力影响系数 φ_n 表 6-3

ρ (%)	β \ e/h	0	0.05	0.10	0.15	0.17
0.1	4	0.97	0.89	0.78	0.67	0.63
	6	0.93	0.84	0.73	0.62	0.58
	8	0.89	0.78	0.67	0.57	0.53
	10	0.84	0.72	0.62	0.52	0.48
	12	0.78	0.67	0.56	0.48	0.44
	14	0.72	0.61	0.52	0.44	0.41
	16	0.67	0.56	0.47	0.40	0.37

续表

ρ (%)	e/h β	0	0.05	0.10	0.15	0.17
0.3	4	0.96	0.87	0.76	0.65	0.61
	6	0.91	0.80	0.69	0.59	0.55
	8	0.84	0.74	0.62	0.53	0.49
	10	0.78	0.67	0.56	0.47	0.44
	12	0.71	0.60	0.51	0.43	0.40
	14	0.64	0.54	0.46	0.38	0.36
	16	0.58	0.49	0.41	0.35	0.32
0.5	4	0.94	0.85	0.74	0.63	0.59
	6	0.88	0.77	0.66	0.56	0.52
	8	0.81	0.69	0.59	0.50	0.46
	10	0.73	0.62	0.52	0.44	0.41
	12	0.65	0.55	0.46	0.39	0.36
	14	0.58	0.49	0.41	0.35	0.32
	16	0.51	0.43	0.36	0.31	0.29
0.7	4	0.93	0.83	0.72	0.61	0.57
	6	0.86	0.75	0.63	0.53	0.50
	8	0.77	0.66	0.56	0.47	0.43
	10	0.68	0.58	0.49	0.41	0.38
	12	0.60	0.50	0.42	0.36	0.33
	14	0.52	0.44	0.37	0.31	0.30
	16	0.46	0.38	0.33	0.28	0.26
0.9	4	0.92	0.82	0.71	0.60	0.56
	6	0.83	0.72	0.61	0.52	0.48
	8	0.73	0.63	0.53	0.45	0.42
	10	0.64	0.54	0.46	0.38	0.36
	12	0.55	0.47	0.39	0.33	0.31
	14	0.48	0.40	0.34	0.29	0.27
	16	0.41	0.35	0.30	0.25	0.24
1.0	4	0.91	0.81	0.70	0.59	0.55
	6	0.82	0.71	0.60	0.51	0.47
	8	0.72	0.61	0.52	0.43	0.41
	10	0.62	0.53	0.44	0.37	0.35
	12	0.54	0.45	0.38	0.32	0.30
	14	0.46	0.39	0.33	0.28	0.26
	16	0.39	0.34	0.28	0.24	0.23

第7章 挑梁、过梁、墙梁和圈梁

挑梁、过梁、墙梁和圈梁是混合结构房屋中常用的构件，由于受力性质独特，都需要特殊设计。

7.1 挑 梁

混合结构房屋的墙体中，往往将钢筋混凝土的梁悬挑在墙外用以支承屋面挑阳台、雨篷以及悬挑外廊等。这种一端嵌固在砌体墙内的悬挑式钢筋混凝土梁称为挑梁。挑梁在结构中是与砌体一起工作的，因而挑梁的设计在过去相当长的时间内采用经验方法进行设计，自《砌体结构设计规范》GBJ 3—88 修订开始，挑梁规范组采用弹性地基梁法和有限元方法对挑梁进行了理论分析，提出了简便且较符合实际的挑梁计算模型以及设计方法。

7.1.1 挑梁的受力特性

挑梁在荷载作用下，钢筋混凝土梁与砌体共同工作，是一种组合构件。根据有限元分析表明，在竖向荷载作用下挑梁和周围的砌体墙体相互作用导致的应力分布如图 7-1 所示，实线表示的是主拉应力轨迹线，虚线表示的是主压应力轨迹线。挑梁和砌体墙体界面处的应力分布见图 7-2，在墙体边缘处墙体下部受压，上部受拉，在挑梁末端墙体上部受压，下部受拉。在外荷载 F 作用下界面应力产生这种分布是和挑梁的变形相协调的，挑梁的变形为在墙体边缘向下，而在挑梁的末端向上。

挑梁试验表明，在挑梁自身受弯和受剪承载力保证的前提下，随着竖向集中荷载 F 的增加，挑梁系统受力将经历三个阶段：弹性阶段、界面水平裂缝发展和破坏阶段。在弹性阶段挑梁界面应力分布见图 7-2。随着 F 的不断增加，埋入段外端（A 部位）下砌体压缩变形增加，应力呈凹抛物线分布，上部砌体界面产生竖向拉应力，当拉应力超过砌体沿通缝截面的弯曲抗拉强度时，首先在 A 处表面形成水平裂缝①而与上部砌体脱开（图 7-3）。继续增加荷载，挑梁埋入段尾部的下方产生水平裂缝②，并且随着荷载的增大，裂

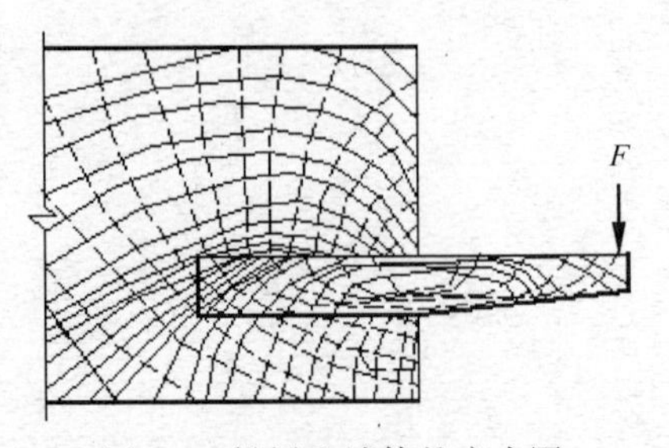

图 7-1 挑梁和墙体的应力图

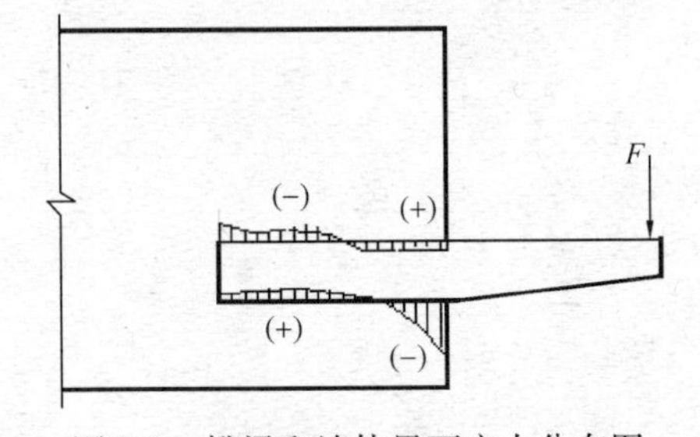

图 7-2 挑梁和墙体界面应力分布图

缝②逐步向墙边发展；挑梁埋入端有上翘的趋势，砌体出现塑性变形，挑梁如同杠杆围绕支承面发生转动，当砌体的主拉应力大于砌体沿齿缝截面的抗拉强度而产生阶梯形的斜裂缝③，当斜裂缝③继续发展难以抑制时，挑梁即产生倾覆破坏。挑梁的水平裂缝①、②进一步发展时，挑梁下砌体受压区不断减小，应力集中现象更加明显，有时会导致挑梁埋入段前部（A 部位）下方的砌体局部压碎，产生裂缝④，引起挑梁下砌体的局部受压破坏。

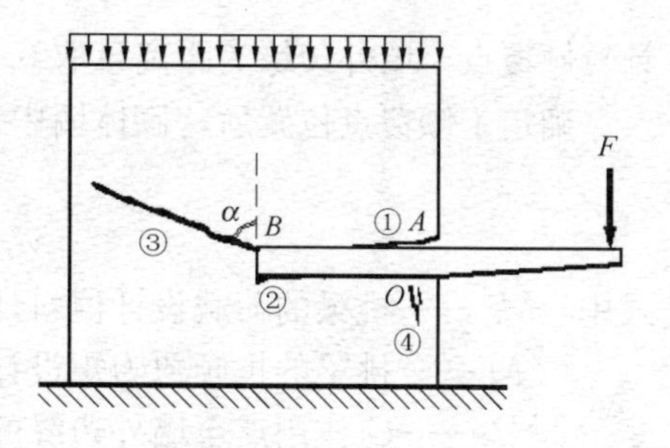

图 7-3　挑梁破坏形态图

以上分析和试验总结可知挑梁可能发生的破坏形态有：围绕倾覆点 O 产生转动发生倾覆破坏，挑梁下砌体的局部受压破坏和挑梁自身由于承载力不足而发生正截面受弯破坏或斜截面受剪破坏。

为了防止挑梁发生倾覆破坏和挑梁下砌体的局部受压破坏，设计时应对挑梁进行抗倾覆验算和挑梁下砌体的局部受压承载力验算。同时挑梁本身应按《混凝土结构设计规范》GB 50010 进行受弯和受剪承载力计算。

7.1.2　挑梁的抗倾覆验算

试验中观察到挑梁是沿一个局部的支承面转动而发生倾覆破坏，从试验观测（图 7-4），挑梁的倾覆点 O 并不在墙体的端部。实际分析时，根据挑梁的刚度大小确定转动点 O 的位置。当挑梁埋入墙体的长度较短，刚度较大时，挑梁绕倾覆点 O 发生转动，挑梁埋入墙体末端有相应的变形见图 7-4（a），此类挑梁称为刚性挑梁；当挑梁埋入墙体的长度较长，刚度较小时，挑梁绕倾覆点 O 发生弯曲变形，挑梁埋入端末端的竖向变形较小，梁和墙上、下界面受压接触面积较大，如图 7-4（b）所示，此类挑梁称为弹性挑梁。假定将挑梁视做以砌体为地基的弹性地基梁，在砌体房屋常用强度等级范围内，根据试验和弹性力学分析结果，挑梁的计算倾覆点位置至墙外边缘的距离 x_0 按以下方法确定：

（1）当挑梁埋入砌体的长度 $l_1 \geqslant 2.2h_b$ 时（弹性挑梁），h_b 为混凝土挑梁的截面高度（l_1 为挑梁埋入墙体中的长度），计算倾覆点至墙外边缘的距离 x_0 为：$x_0 = 0.3h_b$，并且 $x_0 \leqslant 0.13l_1$。

（2）当 $l_1 < 2.2h_b$ 时（刚性挑梁），计算倾覆点至墙外边缘的距离为：$x_0 = 0.13l_1$。

（3）当挑梁下设有构造柱或垫梁时，

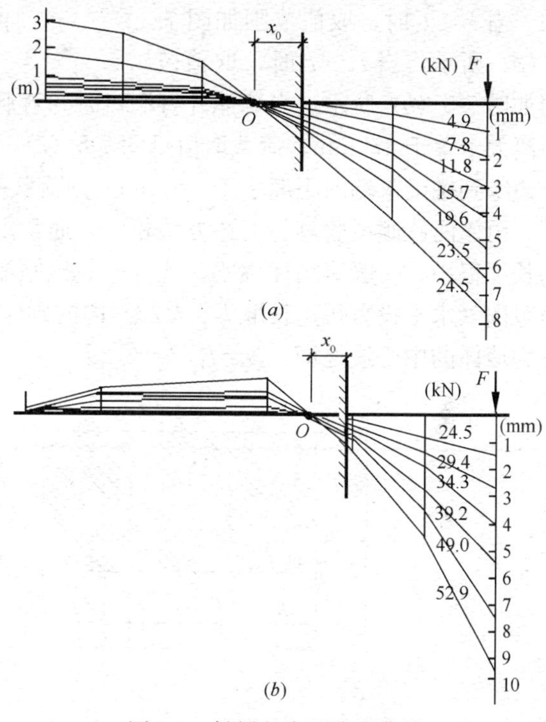

图 7-4　挑梁的实测挠度曲线

计算倾覆点至墙外边缘的距离可取 $0.5x_0$。

确定了倾覆点位置后，砌体墙中钢筋混凝土挑梁的抗倾覆验算应按公式（7-1）计算：

$$M_r \geqslant M_{ov} \tag{7-1}$$

$$M_r = 0.8G_r(l_2 - x_0) \tag{7-2}$$

式中 M_{ov}——挑梁的荷载设计值对计算倾覆点产生的倾覆力矩。

M_r——挑梁的抗倾覆力矩设计值，按公式（7-2）计算。

l_2——G_r作用点至墙外边缘的距离；

G_r——挑梁的抗倾覆荷载。

挑梁抗倾覆荷载 G_r，取起有利作用永久荷载分项系数 0.8，永久荷载的取值范围根据试验研究，挑梁倾覆时，埋入端角部阶梯形斜裂缝以上的砌体及作用在上面的楼（屋）盖荷载均可抗倾覆。斜裂缝与竖轴的夹角根据试验结果，挑梁的平均夹角在 57°～75°范围内，为偏于安全，规范规定的有效荷载范围如图 7-5 所示。当墙体无洞口时，荷载范围为挑梁末端沿着 45°角斜向上扩展的阴影范围内本层的砌体以及楼面恒荷载的标准值之和。当 $l_3 \leqslant l_1$时，取值范围如图 7-5（*a*）所示，当 $l_3 > l_1$时，取值范围如图 7-5（*b*）所示。当墙体开有洞口时，若洞口在 l_1范围内，且洞口边缘到挑梁末端的距离大于等于 370mm，荷载取值见图 7-5（*c*），若洞口在 l_1范围外或虽在 l_1范围内，但洞口边缘到挑梁末端的距离小于 370mm，则荷载范围取值见图 7-5（*d*）。

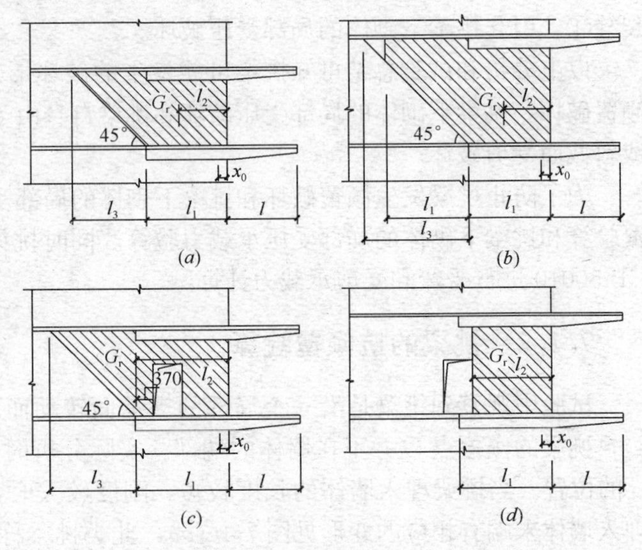

图 7-5 挑梁的抗倾覆荷载取值范围

雨篷的抗倾覆验算与上述方法相同。通常雨篷梁的宽度与墙厚相等，其埋入砌体墙中的长度很小，一般属刚性挑梁。此外，其抗倾覆荷载 G_r，为雨篷梁外端向上倾斜 45°扩散角范围（水平投影每边长取 $l_3 = l_n/2$）内的砌体与楼面恒载（图 7-6）。合力 G_r的作用点位置为墙体的中心线处即：$l_2 = l_1/2 = h/2$。

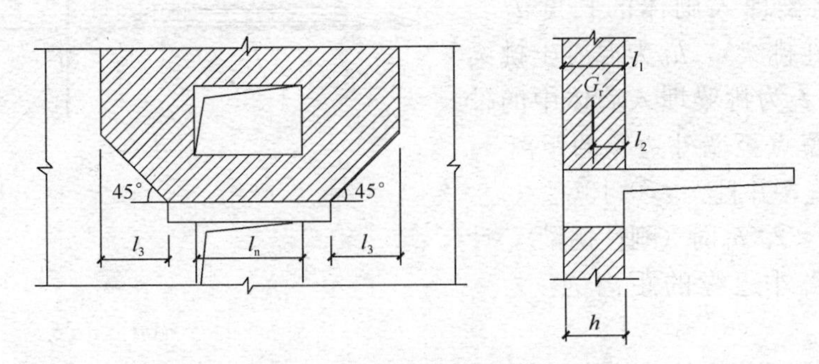

图 7-6 雨篷的抗倾覆荷载

7.1.3　挑梁下砌体局部受压承载力验算

通过对挑梁的受力分析可知，倾覆荷载和抗倾覆荷载在挑梁下端的支承处产生很大的局部压应力，因此应对挑梁按式（7-3）进行局部受压承载力验算。

$$N_l \leqslant \eta\gamma f A_l \tag{7-3}$$

式中　N_l——挑梁下支承压力，可取 $N_l=2R$ 其中 R 为挑梁的倾覆荷载设计值；

η——挑梁端部底面压应力图形的完整系数，可取 $\eta=0.7$；

γ——砌体局部受压强度提高系数；对矩形截面一字状墙段（图 7-7a），$\gamma=1.25$；对 T 形截面丁字状墙段（图 7-7b），$\gamma=1.5$；

A_l——挑梁下砌体局部受压面积，可取 $A_l=1.2bh_b$，b 为挑梁截面宽度，h_b为挑梁的截面高度。

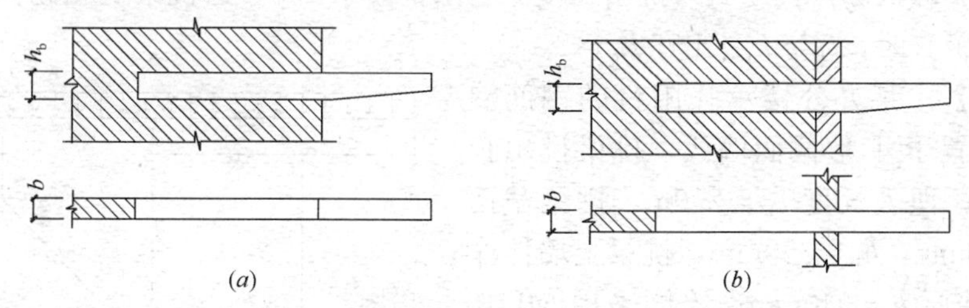

图 7-7　挑梁下砌体局部受压

如果式（7-3）不能满足要求，则应在挑梁下与墙体相交处设置刚性垫块或采取其他措施提高挑梁下砌体局部受压承载力。

7.1.4　挑梁的承载力计算

挑梁本身的承载力计算与一般钢筋混凝土梁完全相同，首先需要确定挑梁的最不利内力。试验和分析表明，挑梁的最大弯矩 M_{max} 并不在墙体边缘而是在倾覆点 O 处出现，由荷载设计值对倾覆点取矩可得到最大弯矩（图 7-8），剪力最大的位置却是在墙体的边缘（图 7-8）。因此挑梁各截面最大内力为：

$$M_{max}=M_{0v} \tag{7-4}$$

$$V_{max}=V_0 \tag{7-5}$$

式中　M_0——挑梁的荷载设计值对计算倾覆点截面产生的弯矩；

V_0——挑梁的荷载设计值在挑梁的墙外边缘处截面产生的剪力。

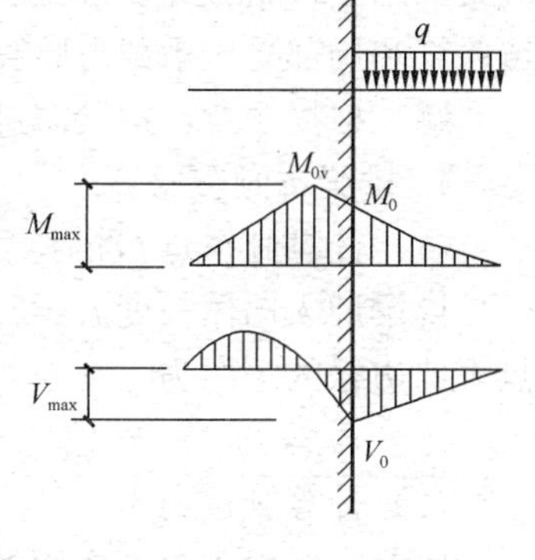

图 7-8　挑梁内力图

7.1.5　构造规定

挑梁设计除了应符合《混凝土结构设计规范》GB 50010 的有关规定外，尚应满足下列构造要求：

（1）按弹性地基梁对挑梁进行分析，挑梁在埋入 $l_1/2$ 处的弯矩仍较大，因此挑梁中纵向受力钢筋至少应有 1/2 的钢筋面积伸入梁尾端，且不少于 2ϕ12，为了锚固更可靠，其余钢筋伸入支座的长度不应小于 $2l_1/3$（图 7-9）。

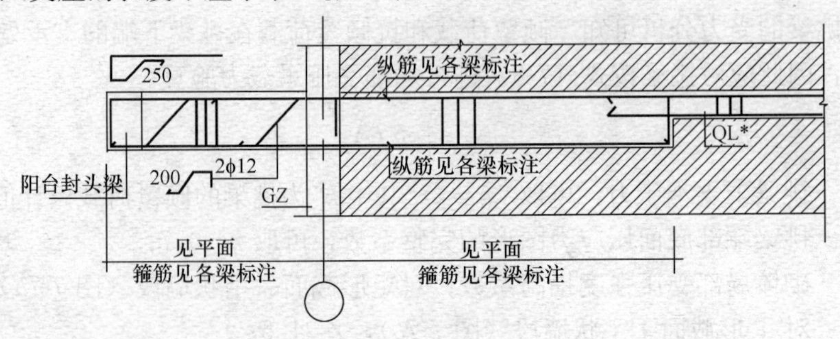

图 7-9 挑梁详图

（2）挑梁埋入砌体长度 l_1 与挑出长度 l 之比宜大于 1.2；当挑梁上无砌体（如全靠楼盖自重抗倾覆）时，l_1 与 l 之比宜大于 2。

【例 7-1】 某办公楼承托阳台的钢筋混凝土挑梁埋置于 T 形截面墙段，挑梁挑出长度 $l=1.5$m，埋入长度 $l_1=2.0$m，挑梁截面尺寸 $b=240$mm，$h_b=350$mm，挑梁上墙体净高 3.0m，墙厚 $h=240$mm；墙体采用 MU10 烧结多空砖、M5 混合砂浆砌筑，双面粉刷，墙体自重标准值为 4.95kN/m²，挑梁末端承受的集中荷载标准值：$F_k=6$kN，挑梁承受的阳台和本层楼板传来的均布恒载标准值为：$g_{1k}=g_{2k}=17.75$kN/m，挑梁承受的均布活载标准值为 $q_{1k}=8.25$kN/m，$q_{2k}=5.95$kN/m。挑梁采用 C20 混凝土，纵筋为 HRB335，挑梁自重标准值为 2.31kN/m。进行挑梁的抗倾覆验算和局部受压承载力验算。

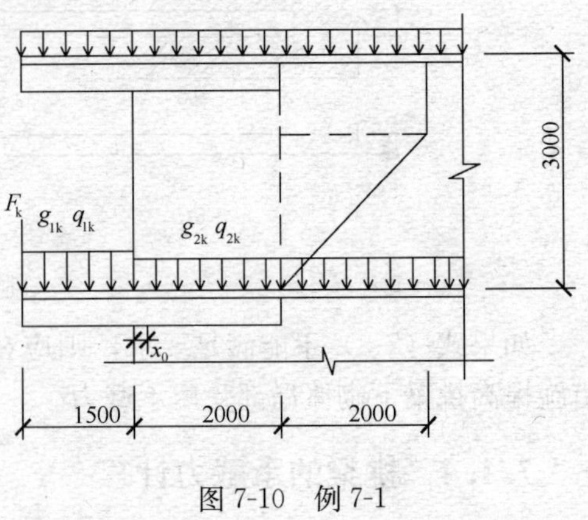

图 7-10 例 7-1

解：根据题意，挑梁需进行以下验算：

1. 挑梁抗倾覆验算

（1）计算倾覆点 O 的位置

挑梁埋入墙体长度 $l_1=2.0$m，$l_1=2000>2.2h_b=2.2\times350=770$mm，由此知倾覆点至墙边缘的距离为

$$x_0=0.3h_b=0.3\times350=105\text{mm}<0.13l_1=0.13\times2000=260\text{mm}$$

（2）计算倾覆力矩

倾覆力矩由阳台上作用的 F_k，q_{1k}，g_{1k} 产生

$$\begin{aligned}M_{ov1}&=1.2\times[6\times(1.5+0.105)+(17.75+2.31)\times(1.5+0.105)^2/2]\\&\quad+1.4\times[8.25\times(1.5+0.105)^2/2]\\&=57.45\text{kN}\cdot\text{m}\end{aligned}$$

$$M_{ov2}=1.35\times[6\times(1.5+0.105)+(17.75+2.31)\times(1.5+0.105)^2/2]$$

$$+1.4\times0.7\times[8.25\times(1.5+0.105)^2/2]$$

$$=58.29\text{kN}\cdot\text{m}$$

(3) 计算抗倾覆力矩

抗倾覆力矩由挑梁埋入段自重以及挑梁上部有效范围内墙体的自重共同作用：

$$M_r=0.8\times\Big[17.75\times(2-0.105)^2/2+4.95\times2.0\times3.0\times(1.0-0.105)$$

$$+1.0\times2.0\times4.95\times(2.0+1.0-0.105)+\frac{1}{2}\times2.0\times2.0$$

$$\times4.95\times\left(\frac{2.0}{3}+2.0-0.105\right)\Big]$$

$$=0.8\times[31.87+26.58+28.66+25.36]=89.98\text{kN}\cdot\text{m}$$

(4) 抗倾覆验算

由上述计算结果，比较倾覆力矩和抗倾覆力矩有：

$$M_r=89.98\text{kN}\cdot\text{m}>M_{ov}=58.29\text{kN}\cdot\text{m}$$

抗倾覆承载力满足要求

2. 挑梁下砌体的局部受压承载力验算：

(1) 挑梁下的支承压力

$$N_l=2R=2\times\{1.2\times[6+(17.75+2.31)\times(1.5+0.105)]+1.4\times8.25\times(1.5+0.105)\}$$

$$=2\times(41.39+18.54)$$

$$=128.8\text{kN}$$

(按永久荷载分项系数为 1.35，可变荷载分项系数为 1.4 × 0.7，可知 $N_l=129.08\text{kN}$)

(2) 挑梁局部受压承载力计算：

$$\eta=0.7,\ \gamma=1.5,\ f=1.5\text{MPa}$$

$$A_l=1.2bh_b=1.2\times240\times350=10080\text{mm}^2$$

$$\eta\gamma fA_l=0.7\times1.5\times1.5\times10080=158.76\text{kN}$$

$$N_l=129.08\text{kN}<158.76\text{kN}$$

所以挑梁局部受压承载力满足要求。

3. 挑梁设计

挑梁承受的最大弯矩为：

$$M_{max}=M_{ov}=58.29\text{kN}$$

挑梁承受的最大剪力为：

$$V_{01}=1.2\times[6+(17.75+2.31)\times1.5]+1.4\times[8.25\times1.5]$$

$$=43.31+17.33=60.64\text{kN}$$

$$V_{02}=1.35\times[6+(17.75+2.31)\times1.5]+1.4\times0.7\times[8.25\times1.5]$$

$$=60.85\text{kN}$$

$$V_{\max}=60.85\text{kN}$$

挑梁的最大弯矩和剪力得到后，即可按钢筋混凝土受弯构件进行挑梁的抗弯、抗剪承载力计算，此处省略。

7.2 过 梁

砌体结构房屋中，在门、窗洞口上设梁，用以承担门、窗洞口以上墙体自重，有时还需承担上层楼面梁、板传来的均布荷载或集中荷载，这种梁称为过梁。

常用的过梁有砖砌过梁和钢筋混凝土过梁两类。其中砖砌过梁又分为砖砌平拱、砖砌弧拱和钢筋砖过梁三种。砖砌平拱过梁的高度一般为 240mm 和 370mm，厚度与墙厚相同，将砖侧立砌筑而成，其净跨度 l_n不应超过 1.2m（图 7-11*a*）。钢筋砖过梁是在其底部水平灰缝内配置纵向受力钢筋，梁的净跨度 l_n不应超过 1.5m（图 7-11*b*）。砖砌弧拱过梁如图 7-11（*c*）所示，由于较平拱过梁受力合理，跨度可略大于平拱过梁，但由于其施工较复杂，目前较少采用。

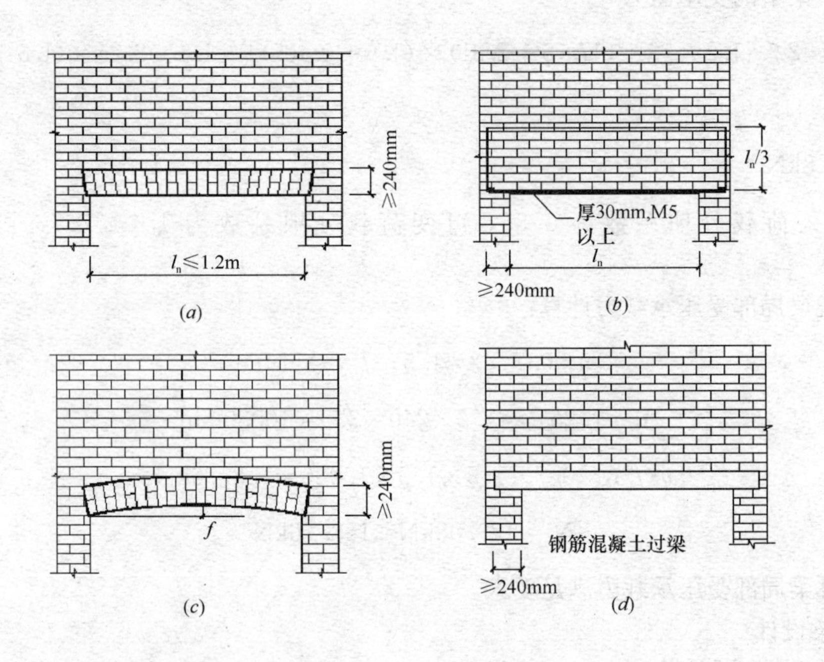

图 7-11 过梁的种类

砖砌过梁被广泛用于洞口净宽不大的墙中，但其整体性差，抵抗地基不均匀沉降和振动荷载的能力亦较差。当房屋有较大振动荷载作用或可能产生不均匀沉降时应采用钢筋混凝土过梁。钢筋混凝土过梁应保证端部支承长度不小于 240mm（图 7-11*d*）。

7.2.1 过梁的受力特性

由于砖砌过梁的破坏过程具有代表性，分析其受力特点可确定过梁的设计方法。砖砌过梁受竖向荷载作用后，过梁的受力性能同受弯构件，过梁上部受压、下部受拉。随着荷载的增大，当跨中拉应力或支座斜截面主拉应力大于砌体抗拉强度时，将在跨中出现竖向裂缝，支座出现阶梯形斜裂缝。对砖砌平拱过梁，过梁下部的拉力将由两端砌体提供的推力来平衡如图 7-12（*a*）所示，此时，过梁的工作状态如同一个三角拱。对于钢筋砖过梁，过梁下部的拉力由钢筋承担。

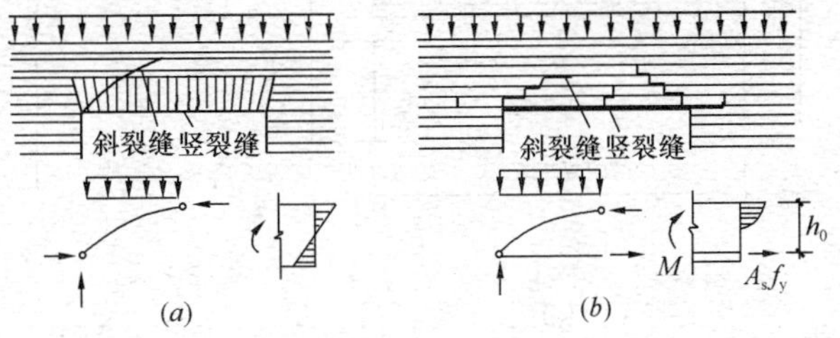

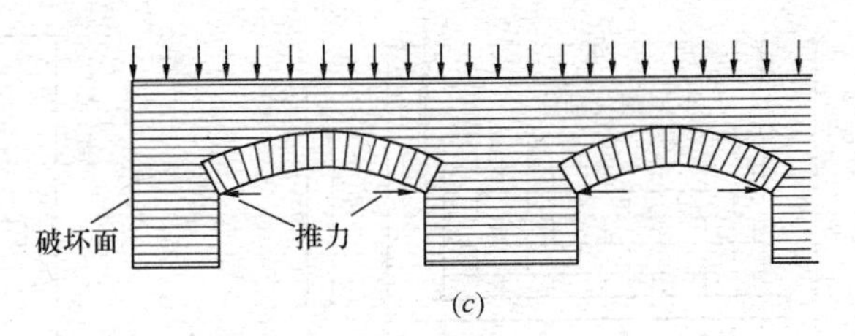

图 7-12 过梁的破坏形态

过梁可能出现的三种破坏形式分别是：①跨中截面受弯破坏（竖向裂缝出现在跨中，见 7-12*a*，*b*）②支座附近受剪破坏（阶梯形斜裂缝见图 7-12*a*，*b*）③过梁支座滑动破坏（砖砌平拱或砖砌弧拱过梁在墙端部门窗洞口上方的支撑墙体可能产生水平裂缝，见图 7-12*c*）。

7.2.2 作用在过梁上的荷载

过梁上的荷载是指作用于过梁上的墙体自重和过梁计算高度范围内梁、板荷载。

试验表明，过梁在墙体自重作用下，墙体内存在内拱效应。对于砖砌过梁，当过梁上砌体的高度超过 $l_n/3$ 后（l_n为梁的净跨），增加砌筑高度对跨中的挠度影响不大，这是由于随着砌筑时间的增长，参与工作的砌体截面高度不断增大。同时部分墙体自重将直接传递到过梁支座（如两端的窗间墙）上。正是由于砌体与过梁的组合作用，作用在过梁上的砌体当量荷载仅约为高度等于 1/3 跨度墙体的自重。同理，当外荷载作用在过梁上方 $0.8l_n$高度处时，过梁挠度几乎没有变化。

为简化计算，规范规定砌体墙体荷载和上层梁、板荷载的取值按图 7-13 所示的荷载范围取值。

1. 墙体荷载

对砖砌体，当过梁上的墙体高度 $h_w<l_n/3$ 时，墙体荷载应按墙体的均布自重采用，如图 7-13（*a*）所示；当墙体高度 $h_w\geqslant l_n/3$ 时，应按高度为 $l_n/3$ 墙体的均布自重采用，如图 7-13（*b*）所示。

对砌块砌体，当过梁上的墙体高度 $h_w<l_n/2$ 时，墙体荷载应按墙体的均布自重采用；当墙体高度 $h_w\geqslant l_n/2$ 时，应按高度为 $l_n/2$ 墙体的均布自重采用，如图 7-13（*c*）所示。

2. 梁、板荷载

对砖和砌块砌体，当梁、板下的墙体高度 $h_w<l_n$时（l_n为过梁的净跨），应计入梁、

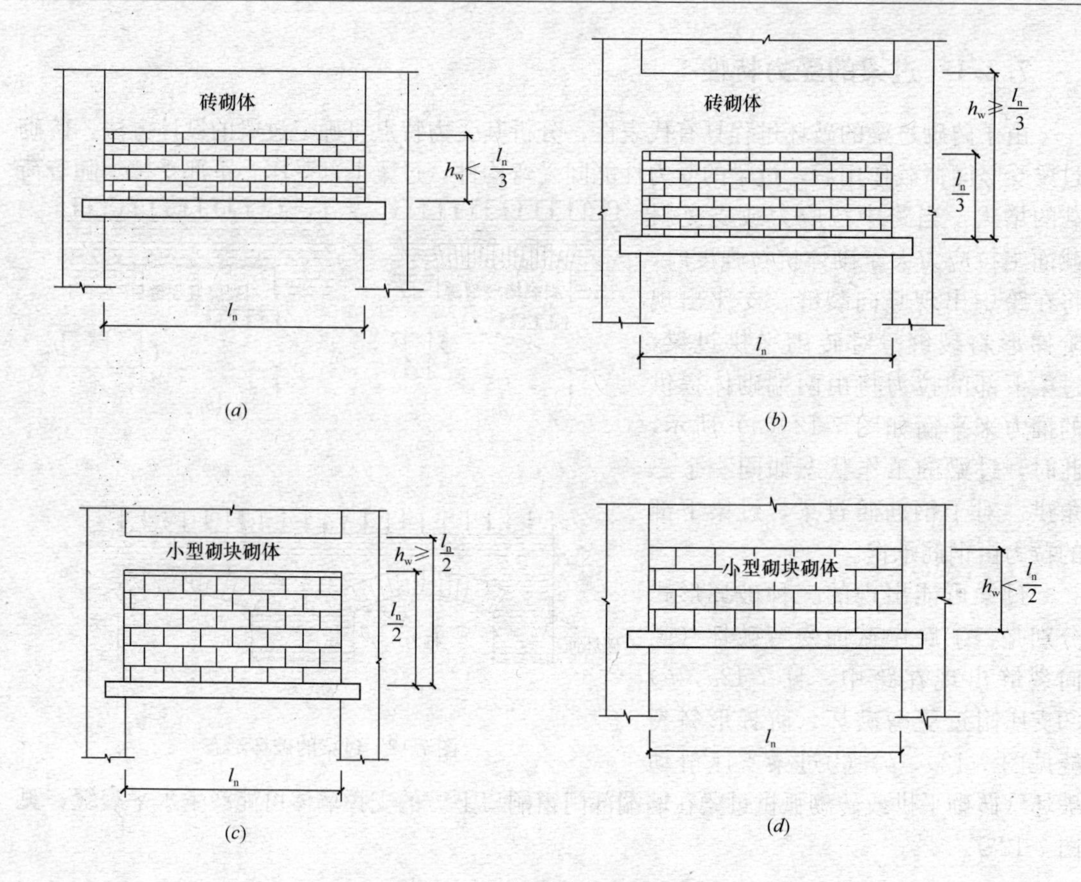

图 7-13 过梁墙体荷载的取值

板传来的荷载；

当梁、板下的墙体高度 $h_w \geqslant l_n$ 时，可不考虑梁、板荷载如图 7-14 所示。

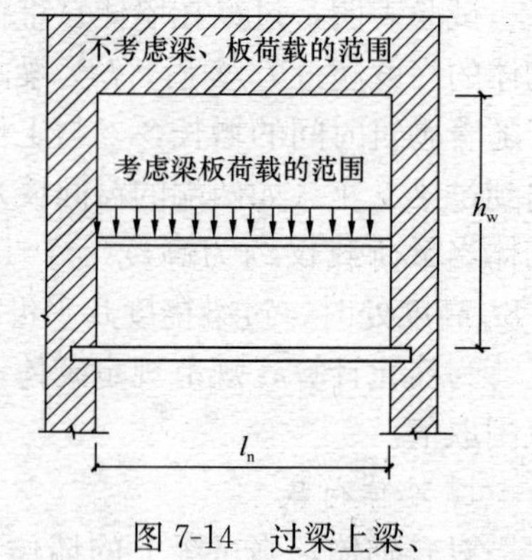

图 7-14 过梁上梁、板荷载的取值

7.2.3 过梁的设计

1. *砖砌平拱过梁*

为了防止出现正截面受弯破坏，砖砌平拱过梁可按式（5-35）进行跨中正截面受弯承载力验算，过梁截面计算高度取 $h_0 = l_n/3$，由于支座水平推力可延缓过梁正截面的破坏，从而提高了砌体沿通缝截面的弯曲抗拉强度，因此砌体的弯曲抗拉强度可取沿齿缝截面的强度值 f_{tm}。

砖砌平拱过梁的抗弯承载力计算公式：

$$M \leqslant f_{tm} W \tag{7-6}$$

砖砌平拱过梁的抗剪承载力计算公式：

$$V \leqslant f_v bz \tag{7-7}$$

在均布荷载 p 作用下，过梁截面计算高度 $h_0 = l_n/3$，按简支梁计算的跨中弯矩为

$M = p_M l_n^2/8$、支座剪力 $V = p_V l_n/2$。将矩形截面抵抗矩 $W = bh_0^2/6 = bl_n^2/54$，b 为墙体厚度内力臂 $z = 2h_0/3 = 2l_n/9$ 分别代入抗弯承载力验算公式（7-6）和抗剪承载力计算公式（7-7），可反算出过梁可承受的均布荷载最大值分别为：$p_M = 4f_{tm}b/27$。$p_v = 4f_v b/9$，f_v为砌体抗剪强度设计值。

根据砌体弯曲抗拉强度和抗剪强度的相互关系，对于常用砂浆强度等级 M10、M7.5 和 M5 时，比较 p_M和 p_v的大小，结果总是 $p_M < p_v$，所以可以得出结论：砖砌平拱过梁的承载力由受弯承载能力确定。

2. 钢筋砖过梁

钢筋砖过梁的承载力计算与砖砌过梁类似，对于支座斜截面受剪承载力计算，为偏于安全，不考虑钢筋在支座处的有利作用，故与砖砌平拱过梁的抗剪计算完全相同；钢筋砖过梁的正截面受弯承载力计算，由于梁底有钢筋，所以拉力完全由钢筋承担，对压力合力作用点取矩可得钢筋砖过梁的抗弯承载力计算公式：

$$M = f_y A_s (h_0 - d) \tag{7-8}$$

式中　M——按简支梁计算的过梁跨中弯矩设计值；

A_s——受拉钢筋的截面面积；

f_y——受拉钢筋的强度设计值；

h_0——过梁截面的有效高度，$h_0 = h - a_s$；

a_s——受拉钢筋重心至截面下边缘的距离；

h——过梁的截面计算高度，取过梁底面以上墙体的高度，但不大于 $l_n/3$；当考虑梁、板传来的荷载时，则按梁、板下墙体的高度采用；

d——过梁受压区合力点到过梁上边缘的距离，对于 M5 到 M10 强度等级的砂浆，d 值约为（0.10～0.15）h_0，为安全考虑，d 取其下限 $0.15h_0$，故内力臂高度（$h_0 - d$）$\leqslant 0.85h_0$，钢筋砖过梁抗弯承载力计算公式（7-8）可简化为：

$$M \leqslant 0.85 f_y A_s h_0 \tag{7-9}$$

3. 钢筋混凝土过梁的计算

钢筋混凝土过梁考虑到混凝土梁和其上部砌体的组合作用，过梁上的荷载作用按图 7-13 和图 7-14 规定取值，然后进行梁的正截面受弯和斜截面受剪承载力计算。同时尚应验算过梁端支承处砌体的局部受压。鉴于过梁与上部墙体的共同工作且梁端变形极小，因此，过梁端支承处砌体的局压验算时可不考虑上部荷载的影响，梁端底面压应力图形完整系数取 $\eta = 1$。砌体局部抗压强度提高系数 $\gamma = 1.25$，过梁梁端有效支承长度可取实际支承长度，但不应大于墙厚。

钢筋混凝土过梁若考虑其与墙体的组合作用则与墙梁无明确的界限，因此当混凝土过梁跨度较大或承受较大的梁板荷载时，且支承长度较长，可考虑墙、梁组合作用，建议按下述墙梁进行设计。

7.2.4　过梁的构造要求

砖砌过梁应满足下列构造要求：

（1）砖砌过梁截面计算高度内的砂浆不宜低于 M5；

（2）砖砌平拱用竖砖砌筑部分的高度不应小于 240mm；

（3）钢筋砖过梁底面砂浆层处的钢筋，其直径不应小于 5mm，间距不宜大于 120mm，钢筋伸入支座砌体内的长度不宜小于 240mm，砂浆层的厚度不宜小于 30mm。

【例 7-2】 已知钢筋砖过梁净跨 $l_n=1500mm$，过梁宽度与墙体厚度相同 $b=240mm$，采用 MU10 黏土砖、M5 混合砂浆砌筑而成。在离窗口 600mm 高度处，存在由楼板传来的均布竖向荷载，其中恒荷载为 3.5kN/m、活荷载 3kN/m，砖墙自重 5.24kN/m²，试设计该钢筋砖过梁。

解：（1）荷载计算

由于楼板位于小于跨度的范围内（$h_w<l_n$），故在荷载 p 的计算中，需计入墙体自重和由梁、板传来的均布荷载：

$$p_1=1.35\times(5.24\times1.5/3+3.5)+1.4\times0.7\times3=1.35\times6.12+0.98\times3=11.20kN/m$$

$$p_2=1.2\times(5.24\times1.5/3+3.5)+1.4\times3=1.2\times6.12+1.4\times3=11.54kN/m$$

（2）钢筋砖过梁受弯承载力计算

过梁计算高度，因考虑梁、板传来的荷载，故 $h=h_w=600mm$

则 $h_0=600-15=585mm$，采用 HPB300 级钢筋 $f_y=270N/mm^2$

由 $M=pl_n^2/8=11.54\times1.5^2/8=3.25kN\cdot m$

得 $A_s=M/(0.85h_0f_y)=3.25\times10^6/(0.85\times585\times270)=24.2mm^2$

选用 2ϕ6（56.6mm²）作为抗弯钢筋。

（3）过梁受剪承载力计算

据附表 3-8，$f_v=0.11N/mm^2$。钢筋砖过梁所能承担的均布荷载允许值 $p_v=4f_vb/9=4\times0.11\times240/9=11.73kN/m$；

故 $p_v>p$，钢筋砖过梁受剪承载力满足要求。

【例 7-3】 已知钢筋混凝土过梁净跨 $l_n=2100mm$，过梁上墙体高度 1600mm，砖墙厚度 $b=240mm$，采用 MU10 黏土砖、M5 混合砂浆砌筑而成。在窗口上方 500mm 处，由楼板传来的均布竖向荷载中恒载标准值为 12kN/m、活载标准值为 6kN/m，砖墙自重取 5.24kN/m²，混凝土重度取 25kN/m³，试设计该钢筋混凝土过梁。

解：根据题意，考虑过梁跨度及荷载等情况，过梁截面取 $b\times h=240mm\times300mm$。

（1）荷载计算

由于楼板位于小于过梁跨度的范围内（$h_w<l_n$），故荷载计算时要考虑由梁、板传来的均布荷载；因过梁上墙体高度 1600mm 大于 $l_n/3=700mm$，所以应考虑 700mm 高的墙体自重：

$$\begin{aligned}p_1&=1.35\times(25\times0.24\times0.3+5.24\times2.1/3+12)+1.4\times0.7\times6\\&=1.35\times17.47+0.98\times6\\&=29.46kN/m\end{aligned}$$

$$\begin{aligned}p_2&=1.2\times(25\times0.24\times0.3+5.24\times2.1/3+12)+1.4\times6\\&=1.2\times17.47+1.4\times6\\&=29.36kN/m\end{aligned}$$

（2）钢筋混凝土过梁的计算

搁置在砖墙上的混凝土过梁计算跨度 $l_0=1.05l_n=1.05\times2100=2205mm$

$$M = pl_0^2/8 = 29.46 \times 2.205^2/8 = 17.9\text{kN} \cdot \text{m}$$

$$V = pl_n/2 = 29.46 \times 2.10/2 = 30.93\text{kN}$$

取 C20 混凝土，经计算（略），得纵筋 $A_s=238\text{mm}^2$。纵筋选用 $2\phi14$，箍筋通长采用 $\phi6@250$。

(3) 过梁梁端支承处局部抗压承载力验算

参数取值：$\eta=1.0$，$\psi=0$，$\gamma=1.25$

取 $f=1.5\text{N/mm}^2$，

$$a_0 = 10\sqrt{\frac{h_c}{f}} = 10\sqrt{\frac{300}{1.5}} = 141.4\text{mm}$$

$$A_l=a_0 \times b=141.42 \times 240=33941.1\text{mm}^2$$

$$A_0=(a+b) \times b=(240+240) \times 240=115200\text{mm}^2$$

由 $N_l=pl_0/2=29.46 \times 2.205/2=32.48\text{kN}$ 得

$$\psi N_0+N_l=N_l=32.48\text{kN}<\eta\gamma A_l f=1.0 \times 1.25 \times 33941.1 \times 1.5=63.6\text{kN}$$

故钢筋混凝土过梁支座处砌体局部受压安全。

7.3　墙　　梁

墙梁是由钢筋混凝土梁（此处称为托梁）及其以上计算高度范围内的砌体墙体所形成的组合构件。墙梁用于工业与民用建筑中，如商场、住宅、旅馆建筑以及工业厂房的围护墙等。根据支承情况不同，墙梁可分为简支墙梁、连续墙梁以及框支墙梁，如图 7-15 所示。

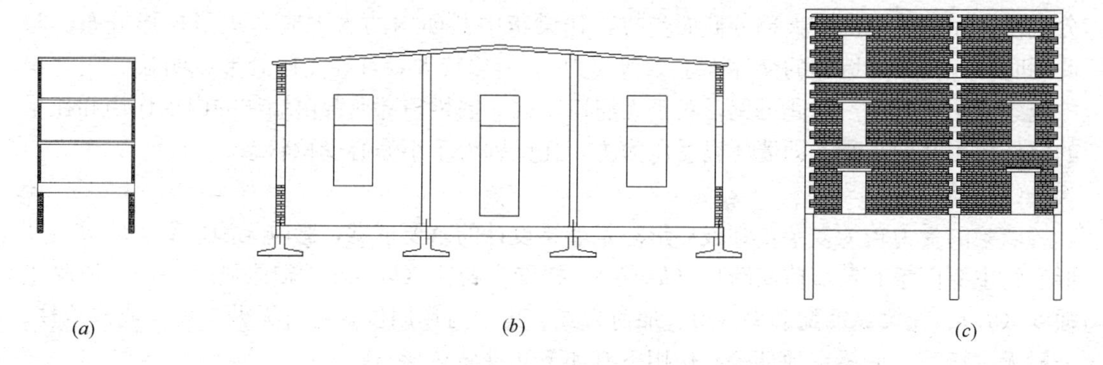

图 7-15　墙梁的种类

根据墙梁是否承受梁、板荷载，墙梁可分为承重墙梁和自承重墙梁，仅仅承受托梁自重和托梁顶面以上墙体自重的墙梁，称为自承重墙梁，如工业厂房中的基础连梁见图 7-15 (*b*)。有些砌体房屋为了满足建筑使用功能的要求，底层常需要一些大开间的房屋，而二层以上为住宅或旅馆、公寓等，通常采用承重墙梁见图 7-15 (*a*)、(*c*)。根据墙上是否开洞，墙梁又可分为无洞口墙梁和有洞口墙梁。

7.3.1　墙梁的受力特性

墙梁中的墙体不仅作为荷载作用于钢筋混凝土托梁上，而且与托梁共同受力形成组合构件。因此，墙梁的受力性能与支承情况、托梁和墙体的材料、高跨比、墙体上是否开洞、洞口的大小与位置等因素有关。

1. 无洞口简支墙梁

(1) 受力分析

试验研究及有限元分析表明，无洞口简支墙梁的受力性能类似于钢筋混凝土深梁。墙梁在竖向均布荷载作用下的截面应力分布与托梁和墙体的刚度有关。托梁的刚度愈大，作用于托梁跨中的竖向应力 σ_y 也愈大，当托梁的刚度无限大时，作用于托梁上的竖向应力 σ_y 则呈均匀分布。当托梁的刚度不大时，由于墙体内存在的拱作用，墙梁顶面的均布荷载主要沿主压应力轨迹线逐渐向支座传递，愈靠近托梁，水平截面上的竖向应力 σ_y 由均匀分布变成向两端集中的非均匀分布（图 7-16*a*），托梁承受的弯矩将减小。墙梁竖向截面内水平应力 σ_x 的分布见图 7-16（*a*），墙梁上部墙体大部分受压，托梁的全部或大部分截面受拉，托梁跨中截面内的水平应力 σ_x 呈梯形分布。与此同时，在托梁与墙体的交界面上，剪应力 τ_{xy} 变化较大，且在支座处形成明显的应力集中现象（图 7-16*c*）。由此可见，对于无洞口墙梁，墙梁顶部荷载由墙体的内拱作用和托梁的拉杆作用共同承受，即墙体以受压为主，托梁则处于小偏心受拉状态。

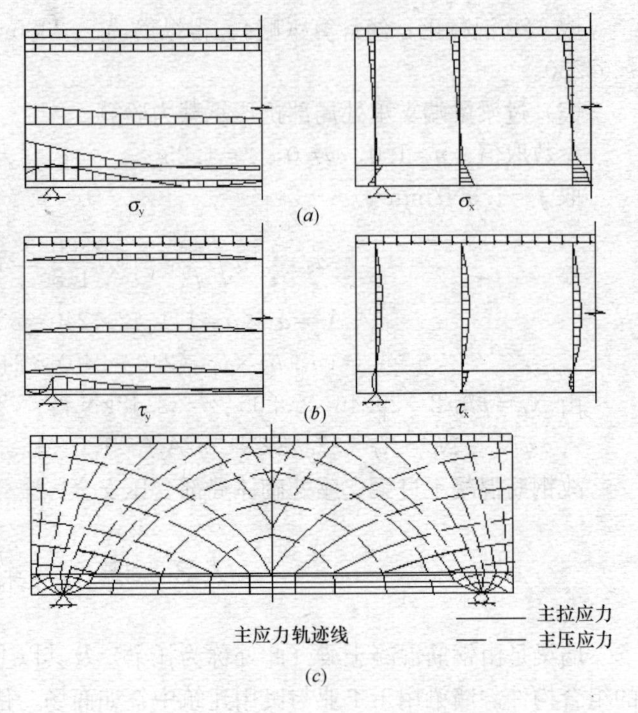

图 7-16 无洞口简支墙梁的应力分布

(2) 破坏形态

墙梁的受力较为复杂，其破坏形态是墙梁设计的重要依据，影响无洞口简支墙梁破坏形态的主要因素有：墙体高跨比（h_w/l_0）、托梁高跨比（h_b/l_0）、砌体强度（f）、混凝土强度（f_c）、托梁纵筋配筋率（ρ）、加荷方式、集中力作用位置和有无纵向翼墙或构造柱。一般无洞口简支墙梁在顶部荷载作用下有如下几种破坏形态。

1) 弯曲破坏

当托梁中的配筋较少而砌体强度较高、墙体高跨比 h_w/l_0 较小时，一般首先在跨中形成垂直裂缝，随着荷载增加，垂直裂缝不断向上延伸并穿过界面进入墙体。托梁内的纵向钢筋屈服后，裂缝则迅速扩展并在墙体内延伸，产生正截面弯曲破坏，如图 7-17（*a*）所示。受压区砌体即使墙体高跨比小、受压区高度很小时亦未出现压碎现象。

2) 剪切破坏

当托梁中的配筋较多而砌体强度较低时，引起墙体的剪切破坏。基于斜裂缝形成的原因不同，剪切破坏主要有两种破坏形态。

斜拉破坏：当墙体高跨比较小（$h_w/l_0<0.40$）或集中荷载作用下的剪跨比较大时，

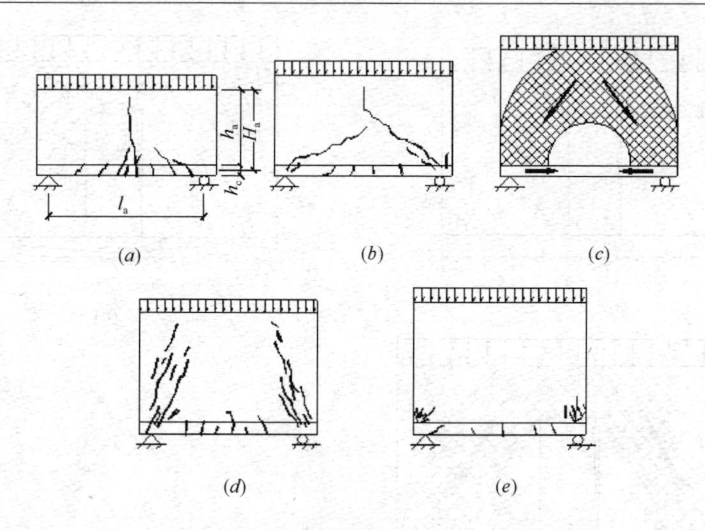

图 7-17　简支墙梁的破坏（试验结果）

墙体中部因主拉应力大于砌体沿齿缝截面的抗拉强度而产生斜拉（剪拉）破坏，且斜裂缝一直延伸至支座，如图 7-17（b）所示。

斜压破坏：当墙体高跨比 h_w/l_0 处于 0.35～0.80 或集中荷载作用下的剪跨比较小时，墙体中部因主压应力大于砌体的斜向抗压强度而形成较陡的斜裂缝，形成斜压破坏，如图 7-17（d）所示。

无论斜压破坏还是斜拉破坏，均属脆性破坏。

托梁因其顶面的竖向应力 σ_y 在支座处高度集中且梁顶面又有水平剪应力 τ_{xy} 的作用，因此具有很高的受剪承载力而不易发生剪切破坏。试验中仅当混凝土强度等级过低或无腹筋时，才出现托梁的剪切破坏。

3）局部受压破坏

当托梁配筋较多、砌体强度低，且墙梁的墙体高跨比较大（$h_w/l_0>0.75$～0.80）时，支座上方砌体因集中压应力大于砌体的局部抗压强度而在托梁端部较小范围的砌体内形成微小裂缝，产生局部受压破坏，如图 7-17（e）所示。

墙梁两端设置翼墙或构造柱可减小应力集中，改善墙体的局部受压性能，从而可提高托梁上砌体的局部受压承载力，尤其以构造柱的作用更加明显。此外，当托梁中纵向受力钢筋伸入支座的锚固长度不够，支座垫板刚度较小时也易使托梁支座上部砌体形成局部受压破坏。

2. 有洞口简支墙梁

（1）洞口居中墙梁

对于有洞口墙梁，洞口位置对墙梁的应力分布和破坏形态影响较大。当洞口居中布置时，洞口附近 σ_x 分布与无洞口墙梁相比变化较大（图 7-18a）。但由于洞口处于低应力区，并不影响墙梁的受力拱作用，主应力轨迹线变化不大（图 7-18b），因此其受力性能类似于无洞口墙梁，为拉杆拱组合受力机构如图 7-18（c）所示，其破坏形态如图 7-19 所示也与无洞口墙梁相似。

（2）偏开洞墙梁

1）受力分析

当洞口靠近支座时形成偏开洞墙梁，洞口附近应力分布较无洞口墙梁有较大变化，主

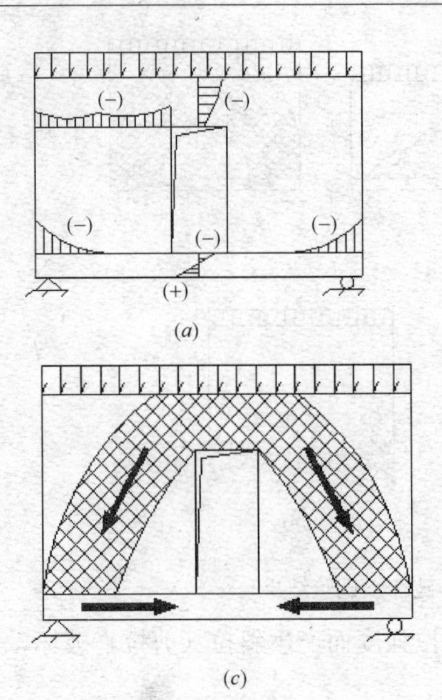

(a)

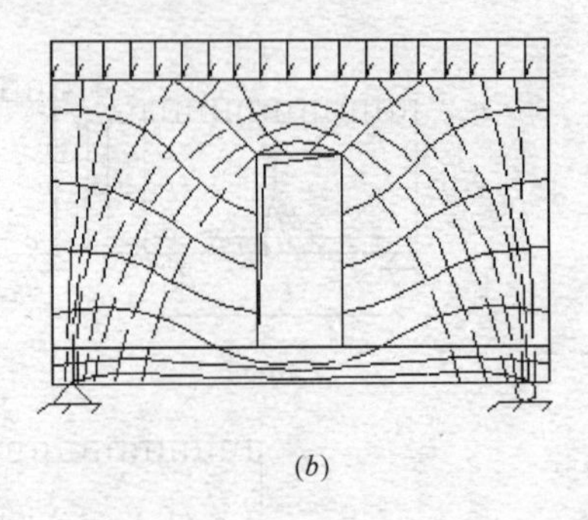

(b)

(c)

图 7-18 跨中开洞简支墙梁的弹性计算结果

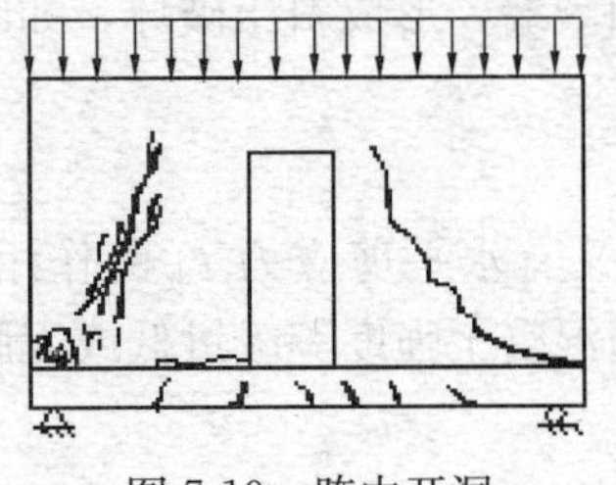

图 7-19 跨中开洞墙梁破坏形态

应力轨迹线在洞口附近较复杂，形成大拱套小拱的组合拱受力体系（图 7-20），此时托梁既作为拉杆又作为小拱的弹性支座而承受较大的弯矩，托梁处于大偏心受拉状态。洞口的存在导致墙体刚度和整体性的削弱，因此有洞口墙梁的变形较无洞口墙梁的变形大，但由于墙梁的组合作用其变形仍小于一般钢筋混凝土梁的变形。

2）破坏形态

对偏开洞墙梁，试验中可能出现 5 种裂缝：当荷载约为破坏荷载的 30％～60％时，首先在洞口外侧沿界面产生水平裂缝①；随即在洞口内侧上角产生阶梯形斜裂缝②；随着荷载的增加，在洞口侧墙的外侧产生水平裂缝③；当荷载约为破坏荷载的 60％～80％时，托梁在洞口内侧截面产生竖向裂缝④；一般也同时在界面产生水平裂缝⑤（图 7-21）。

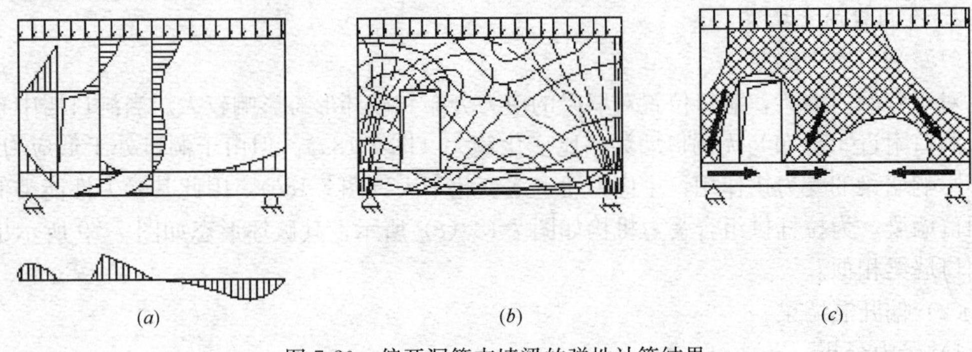

(a) (b) (c)

图 7-20 偏开洞简支墙梁的弹性计算结果

(a) 截面应力图；(b) 主应力轨迹线；(c) 组合拱受力体系

根据墙梁最终产生破坏的原因不同，偏开洞墙梁可能呈现下列几种破坏形态：

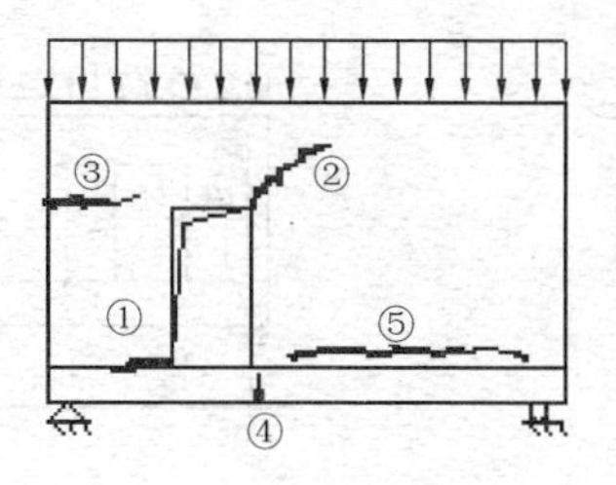

图 7-21　偏开洞简支墙梁的裂缝产生

弯曲破坏：托梁受弯矩和拉力共同作用，其破坏形态与洞口边至墙梁最近支座中心的距离 a_{0i} 有关，当 $a_{0i}/l_{0i}<1/4$ 时，墙梁的最终破坏是由于裂缝④的不断发展从而引起该截面托梁底部纵向受拉钢筋屈服、上部纵向钢筋受压屈服，托梁呈大偏心受拉破坏；当 $a_{0i}/l_{0i}>1/4$ 时，裂缝④处托梁全截面受拉，一旦纵向钢筋屈服，托梁即破坏，呈小偏心受拉破坏状态，见图 7-22（a）。

剪切破坏：由于裂缝①和③的不断发展容易导致洞口外侧较窄墙体发生剪切破坏，一般斜裂缝较陡，裂缝既穿过灰缝亦穿过块体，门洞上方砌体被推出。墙体出现剪切破坏，具有斜压破坏的特征见图 7-22（b）。当托梁上部墙体强度较高或支座上方存在构造柱时，托梁在偏心拉力和剪力共同作用下，托梁在洞口至支座部位易发生剪切破坏见图 7-22（c）。

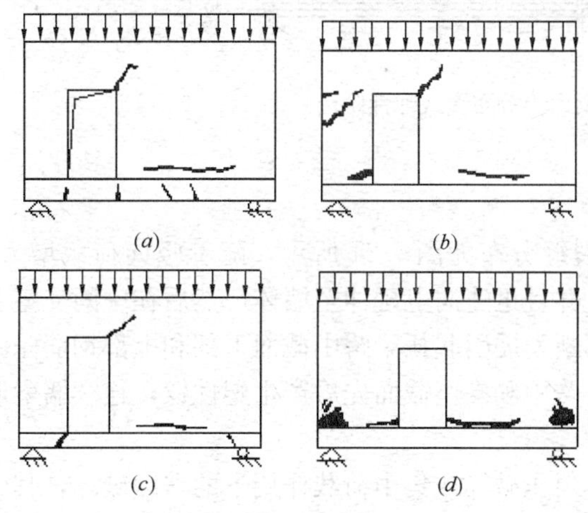

图 7-22　偏开洞墙梁破坏形态

（a）墙梁弯曲破坏；（b）墙体剪切破坏；（c）托梁剪切破坏；（d）墙体局部受压破坏

局部受压破坏：托梁支座上方砌体存在竖向压应力集中现象，一般当支座上方不设构造柱且砌体抗压强度较低时，当集中压应力大于砌体的局部抗压强度时，引起墙体角部和过梁接触处砌体的局部受压破坏见图 7-22（d）。

3. 连续墙梁

（1）受力分析

连续墙梁是由钢筋混凝土连续托梁和支承于连续托梁上的计算高度范围内的墙体组成的组合构件。按构造要求，墙梁顶面处应设置圈梁，并宜在墙梁上拉通从而形成连续墙梁的顶梁。由托梁、墙体和顶梁组合的连续墙梁，其受力性能类似于组合构件，与一般混凝土梁相比，对于无洞连续墙梁，托梁跨中弯矩、第一内支座弯矩、边支座剪力等控制截面内力都有不同程度的降低。但对于开洞连续墙梁，随着洞口的位置向支座靠近，托梁内力有较大程度地增大，当超过表 7-1 墙梁的一般规定时，托梁某些截面内力甚至可能会超过普通连续梁相应截面的内力。同时连续托梁跨中会出现较大的轴拉力（图 7-23），故托梁跨中截面可按偏心受拉构件进行承载力计算，托梁中间支座附近小部分区段处于偏心受压状态。

墙梁的一般规定　　**表 7-1**

墙梁类别	墙体总高度（m）	跨度（m）	墙高 h_w/l_{0i}	托梁高 h_b/l_{0i}	洞宽 b_h/l_{0i}	洞高 h_h
承重墙梁	≤18	≤9	≥0.4	≥1/10	≤0.3	$\leqslant 5h_w/6$ 且 $h_w-h_h\geqslant 0.4$m
自承重墙梁	≤18	≤12	≥1/3	≥1/15	≤0.8	—

注：1. 墙体总高度指托梁顶面到檐口的高度，带阁楼的坡屋面应算到山尖墙 1/2 高度处；

2. h_w—墙体计算高度；h_b—托梁截面高度；l_{0i}—墙梁计算跨度；

b_h—洞口宽度；h_h—洞口高度，对窗洞取洞顶至托梁顶面距离。

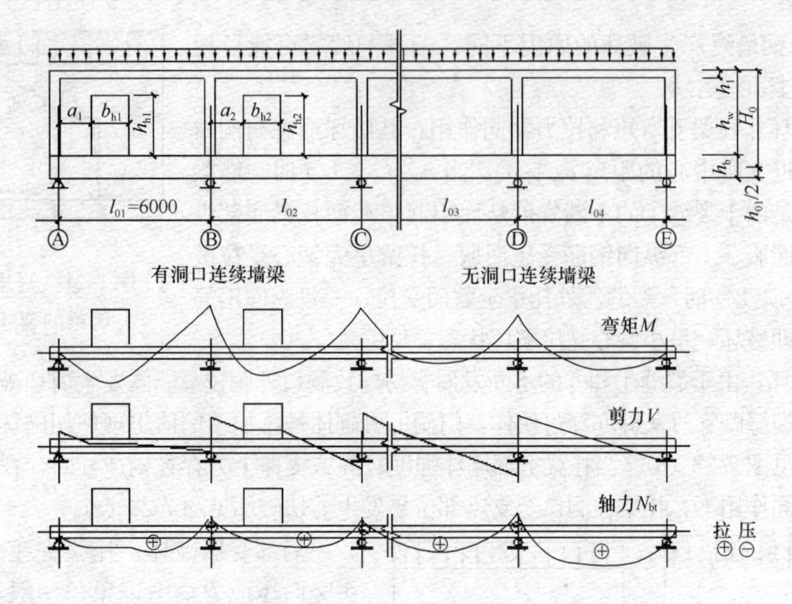

图 7-23　连续墙梁托梁内力分布图（弹性阶段）

（2）破坏形态

连续墙梁的破坏形态主要有以下 3 种：

弯曲破坏：根据试验结果，连续墙梁裂缝分布如图 7-24 所示，随着竖向荷载增大，首先在连续托梁跨中区段产生多条竖向裂缝并且迅速向上延伸至墙体，然后在中间支座上方顶梁产生贯通的竖向裂缝，由于裂缝的不断发展引起托梁跨中截面下部和上部钢筋先后屈服，然后支座截面顶梁钢筋受拉屈服，在跨中和支座截面先后产生塑性铰，连续墙梁形成弯曲破坏机构。

剪切破坏：支座处裂缝的发展引起墙体斜压破坏或集中荷载作用下的劈裂破坏，其破坏与简支墙梁的相似，不同的是由于中间支座处托梁承担的剪力比简支托梁的大，中间支座处托梁比简支墙梁的托梁更易发生剪切破坏。

局部受压破坏：连续墙梁支座上方部位同样存在较大的竖向应力集中现象，且中间支座的局部压应力比边支座的大，因而中间支座更易发生局部受压破坏。最后由于中间支座托梁上方砌体内形成的向斜上方辐射状斜裂缝导致砌体局部压坏。

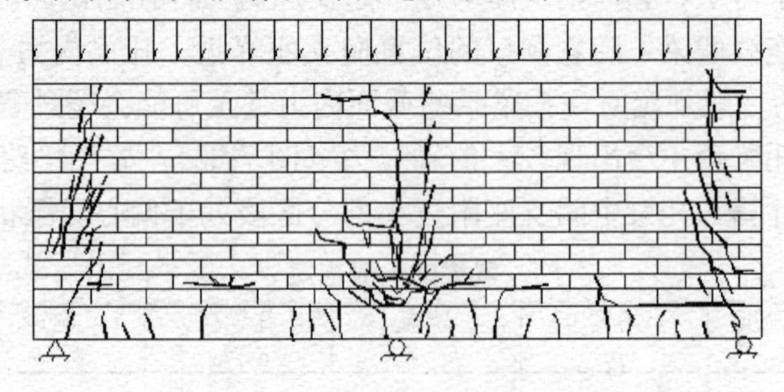

图 7-24　连续墙梁破坏形态图

4. 框支墙梁

框支墙梁是由钢筋混凝土框架和砌筑在框架上的计算高度范围内的墙体组成的组合构件。试验研究表明，作用于框支墙梁顶面的竖向荷载达到破坏荷载的 40%左右时，竖向裂缝首先在托梁跨中截面形成，并迅速向上延伸进入墙体中。当荷载增大至破坏荷载的70%～80%时，斜裂缝将在墙体或托梁端部形成，并向托梁或墙体延伸发展。接近破坏时，水平裂缝可能在托梁与墙体界面形成，框架柱中产生竖向或水平裂缝。在竖向荷载作用下，框支墙梁逐渐成为框架-拱组合受力体系。

根据破坏特征的不同，框支墙梁有以下几种破坏形态：

（1）弯曲破坏

当墙体跨高比和混凝土构件纵筋配筋率较小时，由于梁、柱纵筋屈服使结构形成弯曲破坏机构。首先底层框架梁跨中竖向裂缝出现并向上发展从而导致托梁底部纵向钢筋屈服形成拉弯塑性铰，此为结构出现的第一个塑性铰。随后由于塑性铰出现的部位不同，而形成了两种弯曲破坏模式，由于框架梁支座截面上部纵筋屈服而形成第二个塑性铰，塑性铰均在梁上出现称为框架梁弯曲破坏机构（图7-25*a*）。若结构的第二个塑性铰是由于底层框架柱上端截面外侧纵向钢筋屈服而形成压弯性质的塑性铰，此破坏模式则为框架梁跨中—框架柱顶弯曲破坏机构（图7-25*b*所示）。

（2）弯剪破坏

弯剪破坏是介于弯曲破坏和剪切破坏之间的界限破坏，发生于托梁配筋率和砌体强度均较适当，托梁抗弯承载力和墙体抗剪承载力接近时。其特征是托梁跨中竖向裂缝贯穿托梁整个高度并向墙体中延伸很长，导致纵向钢筋屈服。同时，墙体斜裂缝发展引起斜压破坏，最后，托梁梁端上部钢筋或者框架柱上部截面外侧边钢筋亦可能屈服（图7-25*c*）。

（3）剪切破坏

与简支墙梁和连续墙梁相似，当托梁或柱的截面较大且配筋较多而上部砌体强度较低，因托梁端部或墙体中斜裂缝的发展导致剪切破坏。此时，托梁跨中、支座截面和柱上截面的纵筋均未屈服，墙体的剪切破坏根据裂缝形成的原因不同可分斜拉破坏（图7-25*d*）和斜压破坏（图7-25*e*）两种形态。

（4）局部受压破坏

与简支墙梁类似，当框支墙梁墙体跨高比较大时，由于支座上方的集中力超过砌体的局部抗压强度而发生框架柱上方砌体的局部受压破坏（图7-25*f*）。

7.3.2 墙梁设计的一般规定

为了保证墙梁的组合工作特性，避免某些承载能力很低的破坏形态发生，《规范》规定对于采用烧结普通砖、烧结多孔砖、混凝土砌块砌体和配筋砌体的墙梁，在设计时应符合表7-1的规定和以下要求：

1. 根据工程实践经验，墙梁的墙体总高度和跨度不宜过大，应控制在表7-1范围内。试验表明，墙体高跨比h_w/l_{oi}对墙梁的受力性能影响也较大，当墙体高跨比$h_w/l_{oi}<0.35\sim0.40$时，易发生承载力较低的斜拉破坏，为此墙体高跨比h_w/l_{oi}对于承重墙梁不应小于0.4，对于自承重墙梁不应小于1/3。

托梁是墙梁的关键受力构件，应具有足够的承载力和刚度。托梁刚度愈大，对改善墙体的抗剪性能和托梁支座上部砌体的局部受压性能愈有利，因此托梁的高跨比h_b/l_{oi}不应小于1/10（承重墙梁）或1/15（自承重墙梁）。另一方面，托梁的高跨比h_b/l_{oi}也不宜过大，因随着h_b/l_{oi}的增大，竖向荷载不是向支座集聚而是向跨中分布，墙体与托梁的组合

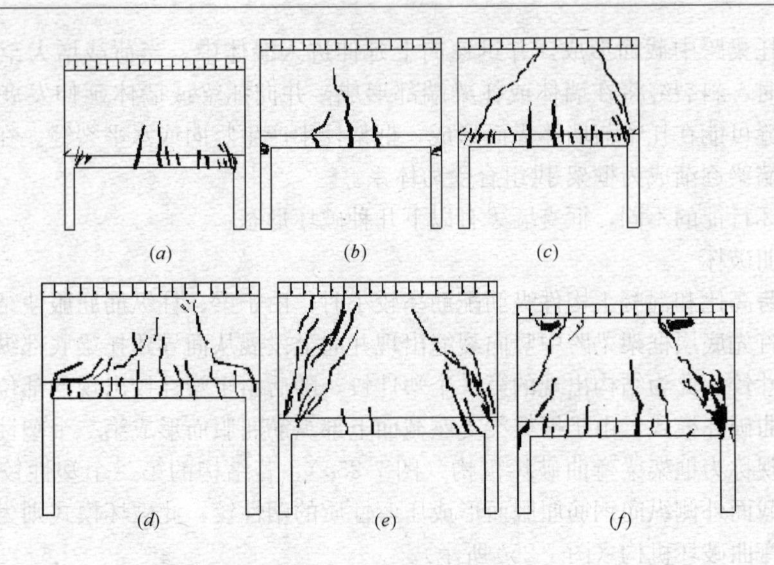

图 7-25 单跨无洞口框支墙梁破坏形态图

作用将受到削弱。

2. 墙上设置洞口，尤其是设置偏开洞口，对墙梁组合作用的发挥十分不利，墙梁的刚度和承载能力均受到不同程度的影响，墙梁将由无洞时的拉杆拱组合受力机构变成梁—拱组合受力机构。当洞口过宽（过大）时，将明显降低墙梁的组合作用，因此，洞的宽跨比 b_h/l_{0i} 和洞高 h_h 均应满足表 7-1 的规定。

洞口边至支座中心的距离 a_i 对墙梁的受力性能影响也较大，随着洞距 a_i 减小，托梁在洞口内侧截面上的弯矩和剪力将增大。此外，当洞口外墙肢过小时，墙肢非常容易发生剪切破坏甚至被推出。因此，洞口边至支座中心的距离 a_i，对于承重墙梁边支座不应小于 $0.15l_{0i}$，中支座不应小于 $0.07l_{0i}$。自承重墙梁所受的荷载比承重墙梁小，因而其适用条件也就规定得较宽些，对于自承重墙梁，洞口至边支座中心的距离不应小于 $0.1l_{0i}$；门窗洞上口至墙顶的距离不应小于 0.5m。

墙梁计算高度范围内每跨允许设置一个洞口。对多层房屋的墙梁，各层洞口宜设置在相同位置，并应上、下对齐。

7.3.3 墙梁设计

1. 计算简图取值

墙梁的墙体总高度往往大于墙梁的跨度，此时跨中截面的内力臂与墙体总高度无关，约为墙梁跨度的 0.60～0.70 倍。对有多层墙体的墙梁，其底层应力最大，但略小于相同荷载条件下单层墙梁的应力，破坏仍发生在底层。研究结果表明，当墙体总高度 $h_w>l_0$（l_0 墙梁的跨度）时，主要是 $h_w \leqslant l_0$ 范围内的墙体与托梁共同工作。为安全起见，并与试验结果相吻合，墙梁计算参数按下列规定采用（图 7-26）。

(1) 墙梁计算跨度 l_0（l_{0i}）

墙梁作为组合深梁，其支座反力的分布较均匀，因此墙梁的计算跨度 l_0（l_{0i}），对简支墙梁和连续墙梁取 $1.1l_n$（l_{ni}）或 l_c（l_{ci}）两者的较小值，其中 l_n（l_{ni}）为净跨，l_c（l_{ci}）为支座中心线距离。对框支墙梁，取框架柱轴线间的距离 l_c。

(2) 墙体计算高度 h_w

墙体计算高度 h_w 取托梁顶面上一层墙体（包括顶梁）高度。当 $h_w > l_0$ 时，取 $h_w = l_0$，对于连续墙梁和多跨框支墙梁，l_0 取各跨的平均值。

(3) 墙梁跨中截面计算高度 H_0 取 $H_0 = h_w + 0.5h_b$，h_b 为托梁截面高度。

(4) 翼墙计算宽度 b_f

基于试验结果和弹性理论分析且偏于安全，b_f 取窗间墙宽度或横墙间距的 2/3，且每边不大于 3.5h（h 为墙体厚度）和 $l_0/6$。

(5) 框架柱计算高度 H_c

取 $H_c = H_{cn} + 0.5h_b$，其中，H_{cn} 为框架柱的净高，即取基础顶面至托梁底面的距离。

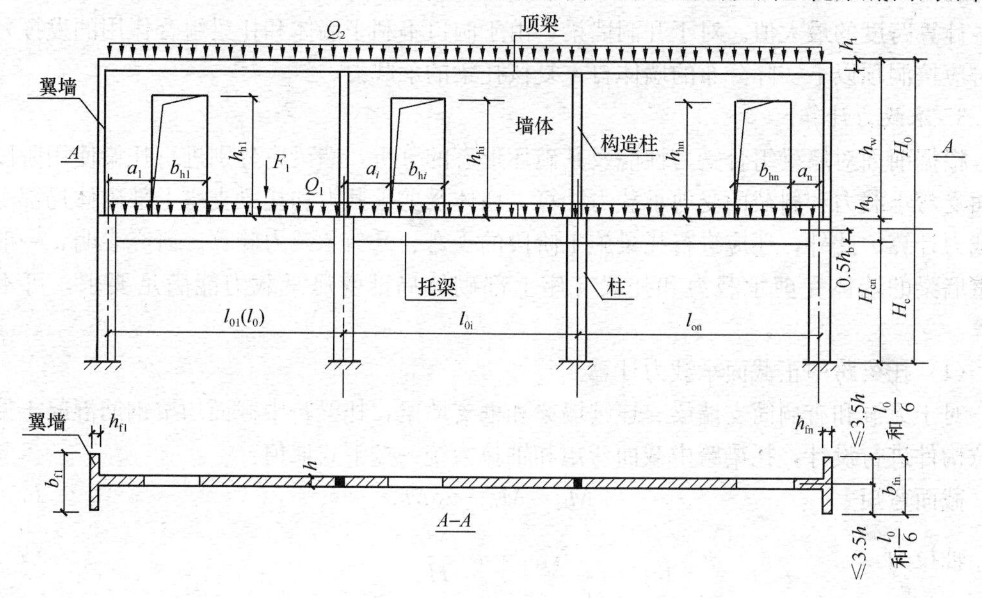

图 7-26　墙梁计算简图

2. 墙梁的计算荷载

墙梁中墙体和托梁的组合作用需在结构材料达到强度后才能充分发挥，所以墙梁设计时其上作用的荷载应根据使用阶段和施工阶段取用不同的荷载，应分别按下列方法确定。

(1) 使用阶段墙梁上的荷载

使用阶段墙梁上的荷载包括作用于托梁顶面的荷载和作用于墙梁顶面的荷载。在托梁顶面的竖向荷载作用下，界面上存在较大的竖向拉应力，为了安全起见，不考虑上部墙体的组合作用，直接作用于托梁顶面的荷载由托梁单独承担。具体计算规定如下：

1) 承重墙梁

托梁顶面的荷载 Q_1、F_1，取托梁自重及本层楼盖的恒荷载和活荷载。

墙梁顶面的荷载 Q_2，取托梁以上各层墙体自重，以及墙梁顶面以上各层楼（屋）盖的恒荷载和活荷载；由于墙梁刚度较大，上部集中荷载在墙体中可向下扩散而趋于均匀，因此，当集中荷载数值不超过其所作用跨度总荷载的 30%时，可沿此跨度近似化为均布荷载。

2) 自承重墙梁

仅考虑荷载 Q_2 作用于墙梁顶面，取托梁自重及托梁以上墙体自重。

（2）施工阶段托梁上的荷载

施工阶段，由于材料强度尚未达到设计要求，墙梁组合作用无法形成，所以托梁按普通混凝土梁进行承载力验算。作用于托梁上的荷载包括：

托梁自重及本层楼盖的恒荷载；

本层楼盖的施工荷载；

墙体自重。墙梁墙体在砌筑过程中，托梁挠度和钢筋应力随墙体高度的增加而增大。实测结果表明：当墙体砌筑高度大于墙梁跨度的 1/2.5 时，由于墙体和托梁共同工作，托梁挠度和钢筋应力趋于稳定。因此，墙体自重可取 $l_{0\max}/3$ 高度范围内的墙体，其中 $l_{0\max}$ 为各计算跨度的最大值。对于开洞墙梁，由于洞口不利于墙体和托梁组合作用的发挥，故此时应按洞顶以下实际分布的墙体自重复核托梁的承载力。

3. *承载力计算*

根据前面对墙梁组合受力性能及其破坏形态的分析，墙梁应分别进行托梁使用阶段正截面受弯承载力和斜截面受剪承载力计算、墙体受剪承载力和托梁支座上部砌体局部受压承载力计算。此外，还应进行托梁施工阶段的受弯、受剪承载力验算。研究表明，一般自承重墙梁的墙体受剪承载力和托梁支座上部砌体局部受压承载力能满足要求，可不必验算。

（1）托梁跨中正截面承载力计算

对于无洞和有洞简支墙梁、连续墙梁和框支墙梁，托梁跨中截面均按钢筋混凝土偏心受拉构件进行设计，托梁跨中截面弯矩和轴拉力统一按下式取值：

截面弯矩
$$M_{bi}=M_{1i}+\alpha_M M_{2i} \tag{7-10}$$

轴拉力
$$N_{bti}=\eta_N\frac{M_{2i}}{H_0} \tag{7-11}$$

其中，对简支墙梁：

$$\alpha_M=\psi_M\left(1.7\frac{h_b}{l_0}-0.03\right) \tag{7-12a}$$

$$\psi_M=4.5-10\frac{a}{l_0} \tag{7-12b}$$

$$\eta_N=0.44+2.1\frac{h_w}{l_0} \tag{7-12c}$$

对连续墙梁和框支墙梁：

$$\alpha_M=\psi_M\left(2.7\frac{h_b}{l_{0i}}-0.08\right) \tag{7-13a}$$

$$\psi_M=3.8-8\frac{a_i}{l_{0i}} \tag{7-13b}$$

$$\eta_N=0.8+2.6\frac{h_w}{l_{0i}} \tag{7-13c}$$

式中 M_{1i}——在荷载设计值 Q_1、F_1 作用下的简支梁跨中弯矩按连续梁、框架结构分析的托梁第 i 跨跨中最大弯矩；

M_{2i}——在荷载设计值 Q_2 作用下的简支梁跨中弯矩或按连续梁、框架结构分析的托

梁第 i 跨跨中弯矩中最大值；

α_M——考虑墙梁组合作用的托梁跨中弯矩系数，对自承重简支墙梁在公式(7-12a)计算值的基础上可乘以 0.8 调整系数；

在公式（7-12a）中，当 $h_b/l_0>1/6$ 时，取 $h_b/l_0=1/6$；当公式（7-13a）中的 $h_b/l_{0i}>1/7$ 时，取 $h_b/l_{0i}=1/7$；当 α_M 大于 1.0 时，取 $\alpha_M=1.0$；

η_N——考虑墙梁组合作用的托梁跨中轴力系数，按公式（7-12c）和公式（7-13c）计算；对自承重简支墙梁在公式（7-12c）计算值的基础上应乘以 0.8 的调整系数；当公式（7-12c）和公式（7-13c）中 $h_w/l_{0i}>1$ 时，取 $h_w/l_{0i}=1$；

ψ_M——洞口对托梁弯矩的影响系数，对无洞口墙梁取 1.0；对有洞口墙梁按公式（7-12b）和公式（7-13b）计算。

a_i——洞口边缘至墙梁最近支座中心的距离，当 $a_i>0.35l_{0i}$时，取 $a_i=0.35l_{0i}$。

（2）托梁支座正截面承载力计算

有限元分析表明，连续墙梁和框支墙梁的托梁支座截面处于大偏心受压状态。但为了简化计算并偏于安全，忽略轴向压力的影响，支座截面按受弯构件计算，其截面弯矩按式（7-14）取值：

$$M_{bj}=M_{1j}+\alpha_M M_{2j} \tag{7-14}$$

$$\alpha_M=0.75-\frac{a_i}{l_{0i}} \tag{7-15}$$

式中　M_{1j}——在荷载设计值 Q_1、F_1 作用下按连续梁或框架结构分析的托梁支座截面的弯矩设计值；

M_{2j}——在荷载设计值 Q_2 作用下按连续梁或框架结构分析的托梁支座弯矩设计值；

α_M——考虑墙梁组合作用的托梁支座弯矩系数；对无洞口墙梁取 0.4，有洞口墙梁按公式（7-15）计算，当支座两边均有洞口时，a_i 取较小值。

（3）托梁斜截面受剪承载力计算

试验研究表明，墙梁发生剪切破坏时，通常墙体先于托梁剪坏。但当托梁采用的混凝土强度相对较低、箍筋配置较少时，或墙体采用构造柱与圈梁约束砌体的情况下，托梁也可能先剪坏。因此，为了保证墙梁的斜截面抗剪能力，应对托梁和墙体分别进行受剪承载力计算。托梁的斜截面受剪承载力应按钢筋混凝土受弯构件计算。考虑墙梁的组合作用，托梁的各支座剪力 V_{bj}可按公式（7-16）计算：

$$V_{bj}=V_{1j}+\beta_v V_{2j} \tag{7-16}$$

式中　V_{1j}——在荷载设计值 Q_1、F_1 作用下按简支梁、连续梁或框架结构分析的托梁支座边缘截面剪力设计值；

V_{2j}——在荷载设计值 Q_2 作用下按简支梁、连续梁或框架结构分析的托梁支座边缘截面剪力设计值；

β_v——考虑墙梁组合作用的托梁支座边缘剪力系数，对无洞口墙梁边支座截面取 0.6，中支座截面取 0.7；对有洞口墙梁边支座截面取 0.7，中支座取 0.8。对自承重简支墙梁，无洞口时取 0.45，有洞口时取 0.5。

（4）墙梁的墙体受剪承载力计算

前面已指出，墙梁设计时只要满足表 7-1 的规定，墙梁的墙体就可避免发生抗剪能力很低的斜拉破坏，因此考虑复合受力状态下砌体的抗剪强度和顶梁作用，墙体受剪承载力根据试验资料的统计回归，得出墙体的抗剪承载力验算公式为：

$$V_2 \leqslant \xi_1 \xi_2 \left(0.2 + \frac{h_b}{l_{0i}} + \frac{h_t}{l_{0i}}\right) f h h_w \tag{7-17}$$

式中 V_2——在荷载设计值 Q_2 作用下墙梁支座边缘截面剪力的最大值；

ξ_1——翼墙影响系数，对单层墙梁取 1.0，对多层墙梁，当 $b_f/h=3$ 时取 1.3；当 $b_f/h=7$ 时取 1.5；当 $3<b_f/h<7$ 时，按线性插入法取值；

ξ_2——洞口影响系数，无洞口墙梁取 1.0，多层有洞口墙梁取 0.9，单层有洞口墙梁取 0.6；

h_t——墙梁顶面圈梁截面高度。

h——墙体厚度。

影响墙体受剪承载力的因素较多，主要包括砌体抗压强度 f、墙体厚度 h 和高度 h_w、墙梁是否开洞、是否设置翼墙或构造柱及圈梁。其中，墙体上的门洞将削弱墙体的刚度和整体性、不利于墙体抗剪，所以洞口影响系数 ξ_2 在有洞口时其值小于 1。翼墙将分担墙梁顶面楼面荷载的 30%～50%，从而改善墙梁墙体的受剪性能。有限元分析表明，墙梁支座处设置落地混凝土构造柱可以分担墙梁顶面楼面荷载的 35%～65%，对提高墙体抗剪效果更加明显。墙梁顶面设置的圈梁（称为顶梁），亦能将部分楼面荷载传至托梁支座，并和托梁一起约束墙体的横向变形，延缓和阻滞斜裂缝的开展，亦可提高墙体受剪承载力。

当墙梁支座处墙体中设置上、下贯通的落地混凝土构造柱，且其截面不小于 240mm×240mm 时，可不验算墙梁的墙体受剪承载力。

（5）托梁支座上部砌体局部受压承载力计算

试验表明，当墙梁的墙体高跨比 $h_w/l_0>0.75\sim0.80$，无翼墙且砌体强度又较低时，托梁支座上方因竖向正应力集中容易引起砌体局部受压破坏。为此要求托梁支座上部砌体的最大竖向压应力满足下列条件：

$$Q_2 \leqslant \zeta f h \tag{7-18}$$

$$\zeta = 0.25 + 0.08\,\frac{b_f}{h} \tag{7-19}$$

式中 ζ——局压系数。

墙梁支座处设置落地构造柱可大大减轻应力集中现象，对改善砌体局部受压的作用更加明显。当墙梁端部翼墙 $b_f/h\geqslant5$ 时，或墙梁支座处设置上、下贯通的截面尺寸不小于 240mm×240mm 落地构造柱时，可不验算墙体局部受压承载力。

（6）框支柱的轴力取值

对于多跨框支墙梁，由于边柱与边柱之间存在大拱效应，使边柱轴力增大，中间柱轴力降低。因此，对在墙梁顶面荷载 Q_2 作用下多跨框支墙梁的框支柱，当边柱的轴向压力增大对承载力不利时，应乘以修正系数 1.2。

（7）施工阶段托梁的承载力验算

施工阶段由于砌体强度未达到设计要求，故不能考虑墙梁组合作用，首先确定施工阶段作用于托梁上的荷载，对托梁按普通混凝土受弯构件进行正截面受弯、斜截面受剪承载力验算。

7.3.4　墙梁的构造要求

为了保证托梁与其上部砌体墙体组合作用的正常发挥，墙梁不仅需满足表 7-1 的一般规定和《混凝土结构设计规范》GB 50010 的有关构造规定，而且应符合下列构造要求。

1. 材料

(1) 托梁和框支柱的混凝土强度等级不应低于 C30。

(2) 承重墙梁的块体强度等级不应低于 MU10，计算高度范围内墙体的砂浆强度等级不应低于 M10(Mb10)。

2. 墙体

(1) 框支墙梁的上部砌体房屋，以及设有承重的简支墙梁或连续墙梁的房屋，应满足刚性方案房屋的要求。

(2) 墙梁的计算高度范围内的墙体厚度，对砖砌体不应小于 240mm，对混凝土砌块砌体不应小于 190mm。

(3) 墙梁洞口上方应设置混凝土过梁，其支承长度不应小于 240mm；洞口范围内不应施加集中荷载。

(4) 承重墙梁的支座处应设置落地翼墙，翼墙厚度对砖砌体不应小于 240mm，对混凝土砌块砌体不应小于 190mm。翼墙宽度不应小于墙梁墙体厚度的 3 倍，并应与墙梁墙体同时砌筑。当不能设置翼墙时，应设置落地且上、下贯通的构造柱。

(5) 当墙梁墙体在靠近支座 1/3 跨度范围内开洞时，支座处应设置落地且上、下贯通的构造柱，并应与每层圈梁连接。

(6) 墙梁计算高度范围内的墙体，每天砌筑高度不应超过 1.5m，否则，应加设临时支撑。

3. 托梁

(1) 托梁两侧各两个开间的楼盖应采用现浇混凝土楼盖，楼板厚度不宜小于 120mm，当楼板厚度大于 150mm 时，应采用双层双向钢筋网，楼板上应少开洞，洞口尺寸大于 800mm 时应设洞口边梁。

(2) 托梁每跨底部的纵向受力钢筋应通长设置，不应在跨中段弯起或截断。钢筋连接应采用机械连接或焊接。

(3) 为了防止墙梁的托梁发生突然的脆性破坏，托梁跨中截面纵向受力钢筋总配筋率不应小于 0.6%。

(4) 由于托梁端部截面存在剪应力和一定的负弯矩，如果梁端上部钢筋配置过少，在负弯矩和剪力的共同作用下，将出现自上而下的弯剪斜裂缝。因此，托梁上部纵向钢筋面积不应小于跨中下部纵向钢筋面积的 0.4，连续墙梁或多跨框支墙梁的托梁中支座上部附加纵向钢筋从支座边算起每边延伸不少于 $l_0/4$。

(5) 承重墙梁的托梁在砌体墙、柱上的支承长度不应小于 350mm。纵向受力钢筋伸入支座应符合受拉钢筋的锚固要求。

(6) 当托梁高度 $h_b \geqslant 500$mm 时，应沿梁高设置通长水平腰筋，直径不应小于 12mm，间距不应大于 200mm。

(7) 对于洞口偏置的墙梁，其托梁的箍筋加密区范围应延伸到洞口外，距洞边的距离大于等于托梁截面高度 h_b，箍筋直径不应小于 8mm，间距不应大于 100mm。

【例 7-4】 某单层仓库如图 7-27 所示，开间为 6m，其纵向外墙采用 7 跨自承重连续墙梁，等跨墙梁支承在 400mm×400mm 的基础上，托梁顶面至纵墙顶梁顶面的高度为 5000mm。纵墙每开间跨中开有一个窗洞，洞口尺寸为 $b_h \times h_h$=1800mm×1800mm。托梁截面为 $b_b \times h_b$=250mm×450mm，采用混凝土等级为 C30，托梁上砖墙厚 240mm，采用 MU10 烧结普通砖和 M10 混合砂浆砌筑。混凝土重度为 25kN/m^3，砖墙（双面 20mm）其重度标准值为 18kN/m^3，请设计此连续墙梁。

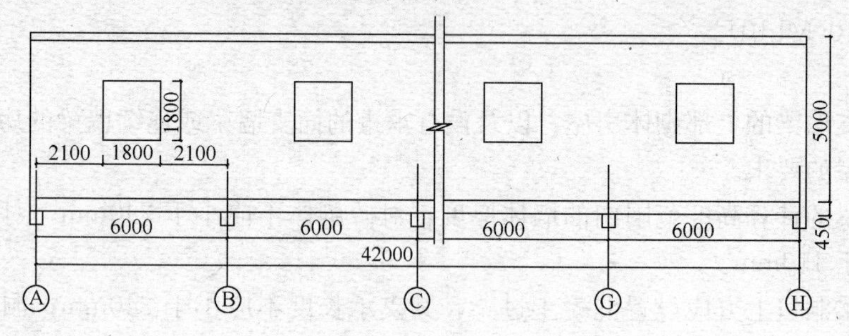

图 7-27 例 7-4

解：(1) 荷载计算

对自承重墙梁，竖向荷载仅考虑托梁自重和砖墙自重 Q_2 作用在墙梁顶面：

$$Q_2 = 1.35 \times [25 \times 0.25 \times 0.45 + 18 \times (0.24 + 0.02 \times 2) \times 5.0] = 37.82\text{kN/m}$$

(2) 连续梁内力计算

连续梁跨数为 7 跨，超过 5 跨，按 5 跨连续梁计算 Q_2 作用下托梁的跨中和支座最大弯矩，托梁采用全长相同配筋，故只要计算最大的内力。

边跨跨中弯矩

$$M_{21} = 0.078\, Q_2 l_0{}^2 = 0.078 \times 37.82 \times 6.0^2 = 106.2\text{kN}\cdot\text{m}$$

第一内支座 B 弯矩

$$M_{2B} = -0.105\, Q_2 l_0{}^2 = -0.105 \times 37.82 \times 6.0^2 = -143.0\text{kN}\cdot\text{m}$$

边支座剪力

$$V_{2A} = 0.394\, Q_2 l_n = 0.394 \times 37.82 \times 5.6 = 83.45\text{kN}\cdot\text{m}$$

第一内支座 B 剪力

$$V_{2B} = -0.606\, Q_2 l_n = -0.606 \times 37.82 \times 5.6 = -128.35\text{kN}\cdot\text{m}$$

(3) 考虑墙梁组合作用计算托梁各截面内力并设计截面

由于托梁上墙体高度为 5.0m$<l_0$，故取 h_w=5.0m

$$a_i = (6-1.8)/2 = 2.1\text{m}$$

墙梁跨中截面计算高度：$H_0=0.5h_b+h_w=0.5\times0.45+5.0=5.225\text{m}$

1) 托梁跨中截面

$$\psi_M = 3.8 - 8\frac{a_i}{l_{0i}} = 3.8 - 8 \times (2.1/6) = 1.0$$

$$\alpha_M = \psi_M\left(2.7\frac{h_b}{l_{0i}} - 0.08\right) = 1.0\left(2.7 \times \frac{0.45}{6.0} - 0.08\right) = 0.123$$

$$\eta_N = 0.8 + 2.6\frac{h_w}{l_{0i}} = 0.8 + 2.6 \times \frac{5.0}{6.0} = 2.97$$

$$M_{b1} = M_{11} + \alpha_M M_{21} = 0 + 0.123 \times 106.2 = 13.06\text{kN} \cdot \text{m}$$

$$N_{b1} = \eta_N \frac{M_{21}}{H_0} = 2.97 \times \frac{106.2}{5.225} = 60.37\text{kN}$$

$$e_0 = \frac{M_{b1}}{N_{b1}} = \frac{13.06}{60.37} = 0.216\text{m} > 0.5h_b - a_s = 0.5 \times 0.45 - 0.035 = 0.19\text{m}$$

故此托梁跨中截面为大偏心受拉构件，采用对称配筋，经计算（略），$A_s = 225\text{mm}^2$

2）托梁支座截面

由于第一内支座截面弯矩最大，故连续托梁的支座均按此弯矩进行纵筋的配置。

考虑组合作用，连续托梁支座弯矩系数和剪力系数分别取：

$$\alpha_M = 0.75 - \frac{a_i}{l_{0i}} = 0.75 - 2.1/6.0 = 0.4$$

$$\beta_v = 0.8$$

$$M_{bB} = M_{1B} + \alpha_M M_{2B} = 0 + 0.4 \times 143 = 57.2\text{kN} \cdot \text{m}$$

$$V_{bB} = V_{1B} + \beta_v V_{2B} = 0 - 0.8 \times 128.35 = -102.7\text{kN}$$

C30混凝土托梁截面配筋计算略，$A_s = 467\text{mm}^2$纵筋取2ϕ18　箍筋取ϕ6@200

由于第一内支座截面剪力最大，故连续托梁的箍筋均按此剪力进行配置。

（4）墙体抗剪计算

对于单层多跨开洞墙梁、翼墙或构造柱影响系数：$\xi_1 = 1.0$，$\xi_2 = 0.6$，

取$f = 1.89\text{N/mm}^2$，$h_w = 5000\text{mm}$，根据公式（7-17），墙梁支座边缘最大承载力为：

$$\begin{aligned} V &= \xi_1 \xi_2 \left(0.2 + \frac{h_b}{l_{0i}} + \frac{h_t}{l_{0i}}\right) f h h_w \\ &= 1.0 \times 0.6 \times \left(0.2 + \frac{0.45}{6.0} + \frac{0.24}{6.0}\right) \times 1.89 \times 240 \times 5000 \\ &= 428.7\text{kN} \end{aligned}$$

$$V_{2B} = 128.35\text{kN} < \text{V}$$

墙体抗剪满足要求。

（5）托梁支座上部砌体局部受压承载力验算

由于纵墙上未设构造柱，支座处局压系数

$$\zeta = 0.25 + 0.08\frac{b_f}{h} = 0.25 + 0.08 \times \frac{240}{240} = 0.33$$

由于$Q_2 = 37.82\text{kN/m} < \zeta f h = 0.33 \times 1.89 \times 240 = 149.7\text{kN/m}$

故托梁支座上部砌体局部受压安全。

【例7-5】 单跨五层商店—住宅，局部平面、剖面如图7-28所示，钢筋混凝土墙梁截面为250mm×900mm，楼板厚度为120mm，墙体采用MU15砖和二层采用M10混合砂浆，其余层采用M5混合砂浆，横墙承重，开间为3.4m，窗间墙宽1900mm，墙厚为240mm。恒载标准值：楼面2.5kN/m²，屋面3.5kN/m²，活载标准值：楼面2.0kN/m²，屋面0.5kN/m²，楼面活载分布宽度按开间宽度考虑，双面抹灰墙体自重标准值5.24kN/m²，托梁（包括抹灰）自重标准值6.38kN/m，二层以上活载按楼层折减系数0.85考虑。计

算托梁的弯矩设计值和剪力设计值。

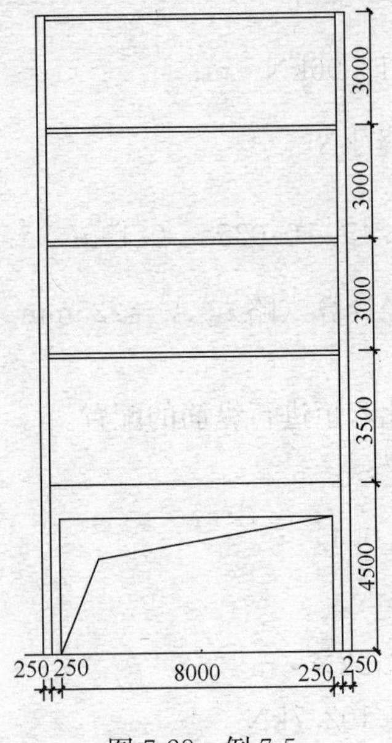

图 7-28 例 7-5

解：(1) 基本参数取值

l_0：净跨 $l_n=8.5-0.5=8m$，$1.05l_n=1.05\times8=8.4m$

支座中心距 $l_c=8.5m$

取两者尺寸较小者，$l_0=8.4m$

h_w：二层楼层高 3500mm，楼板厚 120mm，

$h_w=3500-120=3380mm<l_0=8.4m$

H_0：$H_0=0.5h_b+h_w=0.5\times0.9+3.38=3.83m$

b_f：$7h=7\times240=1680mm$

窗间墙宽 1900mm

$\frac{1}{3}l_0=8400/3=2800mm$

取上述最小值 $b_f=1680mm$。

跨度 $l=8.5m<9m$

墙体总高度 $H=3.5+3\times3=12.5m<15m$

墙体计算高度与跨度比

$$h_w/l_0=3380/8400=1/2.49>1/2.5$$

托梁高跨比 $h_b/l_0=900/8400=1/9.33>1/12$

该墙梁符合墙梁的一般规定。

(2) 托梁顶面的荷载设计值 Q_1，F_1

托梁自重以及本层楼盖的恒荷载和活荷载：

$$Q_1=1.2\times6.38+1.2\times(2.5\times3.4)+1.4\times(2.0\times3.4)=27.38kN/m$$

托梁顶面的荷载设计值 Q_2

托梁以上墙重 g_w

$$g_w=1.2\times5.24\times(3.38+2.88\times3)=75.58kN/m$$

墙梁顶面及以上各层楼盖的恒载和活载 Q_i

$$Q_i=1.2\times(2.5\times3.4\times3+3.5\times3.4)+1.4\times(2.0\times3.4\times3\times0.85+0.5\times3.4)$$
$$=65.47kN/m$$

托梁跨中截面的弯矩设计值：

$$M_{1i}=1/8\times27.38\times8.4^2=241.5kN\cdot m$$

$$M_{2i}=1/8\times(75.58+65.47)\times8.4^2=1244.1kN\cdot m$$

$$\psi_M=1.0$$

$$\alpha_M=\psi_M\left(1.7\frac{h_b}{l_{0i}}-0.03\right)=1.0\left(1.7\times\frac{0.9}{8.4}-0.03\right)=0.152$$

$$\eta_N=0.44+2.1\frac{h_w}{l_{0i}}=0.44+2.1\times\frac{3.38}{8.4}=1.285$$

$$M_{bj}=M_{1j}+\alpha_M M_{2j}=241.5+0.152\times1244.1=430.6kN\cdot m$$

$$N_{bi}=\eta_N\frac{M_{2i}}{H_0}=1.285\times\frac{1244.1}{3.83}=417.4kN$$

托梁支座剪力：

$$V_{1i} = 1/2 \times 27.38 \times 8.0 = 109.5\text{kN} \cdot \text{m}$$
$$V_{2i} = 1/2 \times (75.58 + 65.47) \times 8.0 = 564.2\text{kN} \cdot \text{m}$$
$$V_{bi} = V_{1i} + \beta_v V_{2i} = 109.5 + 0.6 \times 564.2 = 448.0\text{kN}$$

7.4　圈　　梁

为了加强房屋的整体性和空间刚度，防止地基不均匀沉降或较大振动作用对房屋产生的不利影响，在房屋的檐口、窗顶、楼层、吊车梁顶或基础顶面标高处，沿砌体墙水平方向设置封闭状的现浇钢筋混凝土圈梁。圈梁与构造柱配合还有助于提高砌体结构的抗震性能。因此，应按《砌体结构设计规范》的相关规定设置现浇钢筋混凝土圈梁。

7.4.1　圈梁的设置

圈梁设置的位置和数量通常取决于房屋的类型、层数、所受的振动荷载以及地基情况等因素。

对空旷的单层房屋，如车间、仓库、食堂等，应按下列规定设置圈梁：(1) 砖砌体房屋，当檐口标高为 5～8m 时，应在檐口标高处设置圈梁一道；当檐口标高大于 8m 时，应适当增设。(2) 砌块及料石砌体结构房屋，当檐口标高为 4～5m 时，应在檐口标高处设置圈梁一道；当檐口标高大于 5m 时，应适当增设。(3) 对有吊车或较大振动设备的单层工业房屋，当未采取有效的隔震措施，除在檐口或窗顶标高处设置现浇钢筋混凝土圈梁外，尚应在吊车梁标高处或其他适当位置增设。

对多层砌体民用房屋，如住宅、宿舍、办公楼等建筑，当房屋层数为 3～4 层时，应在底层和檐口标高处各设置圈梁一道；当层数超过 4 层时，除在底层和檐口标高处各设置圈梁一道外，至少应在所有纵、横墙上隔层设置圈梁。

对多层砌体工业房屋，应每层设置现浇混凝土圈梁。

对设置墙梁的多层砌体结构房屋，为保证使用安全，应在托梁和墙梁顶面、檐口标高处设置现浇钢筋混凝土圈梁。

建筑在软弱地基或不均匀地基上的砌体房屋，除按上述规定设置圈梁外，尚应符合《建筑地基基础设计规范》GB 50007 的有关规定。

7.4.2　圈梁的构造

砌体结构房屋在地基不均匀沉降时的空间工作比较复杂，目前对于圈梁的受力性能分析尚不成熟。因此对于圈梁不进行内力计算，而按下列构造要求设计。

圈梁宜连续地设在同一水平面上，沿纵横墙方向应形成封闭状。当圈梁被门窗洞口截断时，应在洞口上部增设相同截面的附加圈梁如图 7-29 所示。附加圈梁与圈梁的搭接长度不应小于其中垂直间距的 2 倍，且不得小于 1m。

圈梁在纵横墙交接处应有可靠的连接，在房屋转角及丁字交叉处的常用连接构造见图 7-30。刚弹性和弹性方案房屋，圈梁应保证与屋架、大梁等构件的可靠连接。

钢筋混凝土圈梁的宽度宜与墙厚相同。当墙厚 $h \geq 240$mm 时，其宽度不宜小于 $2h/3$。圈梁高度不应小于 120mm。纵向钢筋数量不应少于 4 根，直径不应小于 10mm，绑扎接

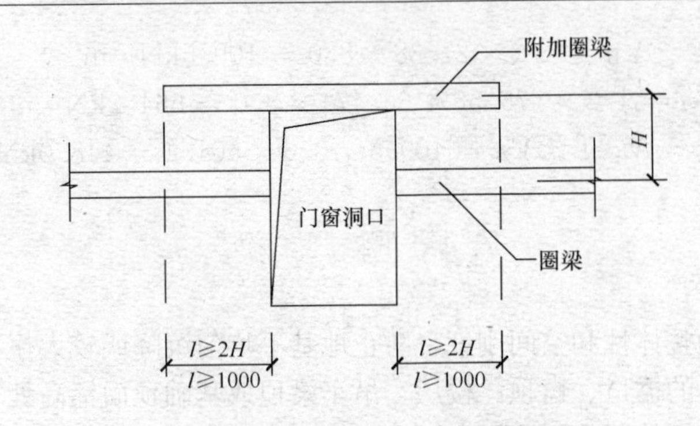

图 7-29 附加圈梁与圈梁的搭接

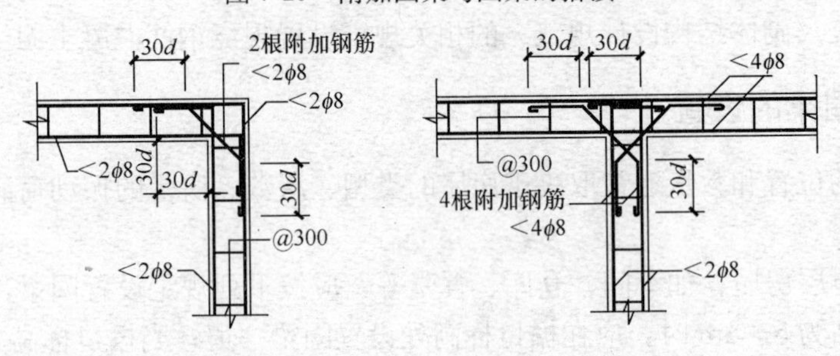

图 7-30 现浇圈梁连接构造

头的搭接长度按受拉钢筋考虑。箍筋间距不应大于 300mm。

圈梁兼作过梁时，过梁部分的钢筋应按计算用量另行增配。

采用现浇楼（屋）盖的多层砌体结构房屋，当层数超过 5 层，除应在檐口标高处设置一道圈梁外，可隔层设置现浇钢筋混凝土圈梁，并应将梁板和圈梁一起现浇。未设置圈梁的楼面板嵌入墙内的长度不应小于 120mm，并沿墙长配置不少于 2 根直径 10mm 的纵向钢筋。

思 考 题

[7-1] 常用过梁的种类及适用范围有哪些？

[7-2] 过梁上墙体荷载以及楼板传来的荷载分别应如何考虑？

[7-3] 什么是墙梁？墙梁有哪几种类型？设计时，承重墙梁必须满足哪些基本要求？

[7-4] 墙梁有哪些破坏形态？

[7-5] 考虑墙梁组合作用应如何考虑确定墙梁上的竖向荷载？

[7-6] 挑梁根据其刚度大小有哪几种类型？挑梁设计时应考虑哪些问题？

[7-7] 什么是挑梁的计算倾覆点？应如何计算挑梁的抗倾覆荷载？

[7-8] 砌体结构房屋中布置圈梁的作用是什么？应如何合理布置圈梁？

习 题

[7-1] 某房屋纵墙窗洞口立面如图 7-31 所示，已知楼板传来的荷载设计值为 15kN/m，纵墙厚 240mm，双面粉刷的墙体自重为 5.24kN/m^2，采用 MU10 烧结多孔砖 M5 混合砂浆砌筑，砌体施工质量控制等级为 B 级。洞顶设置钢筋砖过梁，钢筋采用 HPB300 级，试设计该过梁。

[7-2] 某住宅阳台雨篷板如图 7-32 所示，已知屋面恒荷载标准值为 6.5kN/m^2，活荷载标准值为 2.0kN/m^2，阳台雨篷板恒荷载标准值为 4.5kN/m^2，活荷载标准值为 2.5kN/m^2。墙体采用 MU10 烧结

多孔砖 M5 混合砂浆砌筑，墙厚为 240mm，砌体施工质量控制等级为 B 级。挑梁截面尺寸为 240mm×400mm，梁自重标准值为 2.5kN/m。阳台雨篷板封口梁自重及栏杆标准值为 4kN/m。试验算该阳台雨篷板中间挑梁及挑梁下的砌体局部受压承载力。

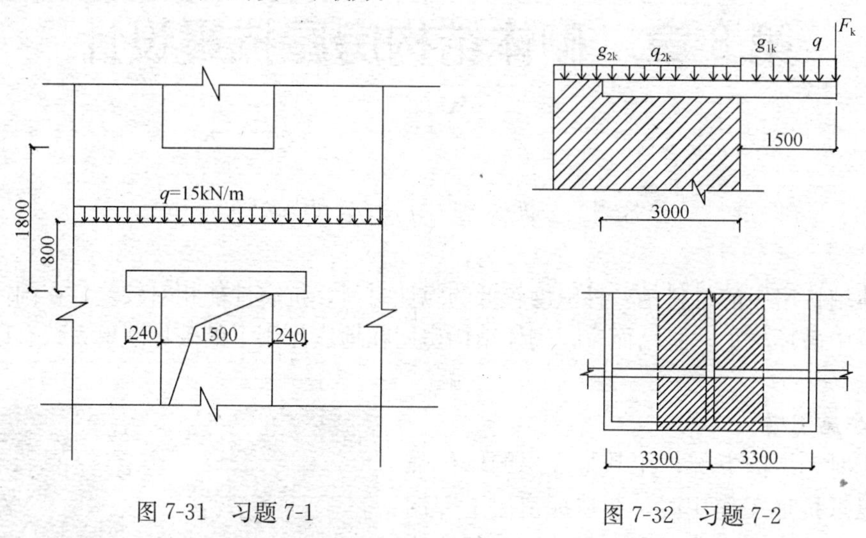

图 7-31　习题 7-1　　　　图 7-32　习题 7-2

[7-3]　某 3 层车间的外墙采用 3 跨连续承重墙梁，等跨无洞口墙梁支承在 500mm×500mm 的基础上，包括截面尺寸为 240mm×240mm 顶梁在内，托梁顶面至二层楼面高度为 3200mm，由上层楼面和砖墙传至墙梁顶面的均布荷载设计值为 80kN/m，跨度 4m 的托梁截面尺寸为 250mm×450mm，采用 C25 混凝土，托梁上砖墙采用 MU10 烧结多孔砖 M10 混合砂浆砌筑，墙体厚度为 240mm。试设计此连续墙梁。

第8章　砌体结构房屋抗震设计

8.1　砌体结构房屋的破坏

砌体结构房屋的材料是一种强度较低的脆性材料，抗震性能相对较差，在国内外历次强烈地震中破坏严重。总结而言，砌体结构房屋在地震作用下的破坏现象大致有以下几种情况。

1. *房屋倒塌*

地震时，结构下部，尤其是底层的墙体强度不足以抵抗地震作用时，会造成房屋下部倒塌，从而导致房屋整体倒塌；当结构上部墙体强度不足时，可造成上部结构倒塌，并将下部砸坏；同时，当结构局部应力集中或者连接不好时，易造成局部倒塌。图8-1是地震中房屋倒塌的照片。

图8-1　砌体房屋倒塌

2. *墙体开裂破坏*

当墙体与地震水平作用方向平行时，墙体受到平面内水平地震剪力的作用，当墙体内的主拉应力超过墙体抗拉强度时，墙体内就会产生交叉斜裂缝（图8-2）。当墙体与水平地震作用方向垂直时，墙体受到平面外作用，往往在墙体底部产生水平裂缝。

(*a*)

(*b*)

图8-2　房屋墙体裂缝

3. *纵横墙连接处破坏*

在地震作用下，纵横墙连接处受力复杂，应力集中，当纵横墙连接不好时，易出现竖向裂缝，严重时会造成纵墙外闪而出现大面积的甩落（图 8-3）。

4. 墙角破坏

墙角往往会由于地震扭转效应而产生应力集中，而纵横墙往往在此相遇，因而是抗震薄弱环节之一。其破坏形态多种多样，包括受剪斜裂缝、受压竖向裂缝、砌体压碎脱落等（图 8-4）

图 8-3　房屋外纵墙脱落

(*a*)

(*b*)

图 8-4　墙角破坏

5. 其他破坏

房屋的楼梯间墙体缺乏沿高度方向的有力支撑，约束作用弱，总体刚度小，易遭到破坏。屋盖和楼盖端部缺乏足够的拉结时在地震中受拉开裂、塌落。建筑物突出的附属构件，如烟囱、女儿墙、屋顶间等破坏及倒塌（图 8-5）。高低房屋间的相互碰撞而引起的房屋破坏（图 8-6）。

根据震害统计，砌体结构房屋的地震破坏有以下规律：

（1）刚性楼盖房屋上层破坏轻，下层破坏重，柔性楼盖房屋则相反；

（2）横墙承重房屋震害轻于纵墙承重房屋；

图 8-5　突出屋顶的小房间破坏

图 8-6　房屋碰撞

(3) 坚实地基上房屋震害轻于软弱地基或者非均匀地基上房屋;

(4) 现浇楼板房屋震害轻于预制楼板房屋。

8.2 砌体结构房屋抗震设计的基本规定

砌体结构房屋的平面、立面及结构抗震体系的选择与布置，属于结构抗震概念设计，其对整个结构的抗震性能具有全局性的影响，宜遵守以下几方面的原则。

8.2.1 结构布置

砌体结构房屋结构体系应优先选用横墙承重的结构方案，其次考虑采用纵、横墙共同承重的方案，而纵墙承重方案因横向支承少，纵墙极易受平面外弯曲破坏而导致结构倒塌，应尽量避免采用。

由于墙体是砌体结构房屋的主要抗侧力构件，因此纵横墙应对称、均匀布置，沿平面应对齐、贯通，同一轴线上墙体宜等厚，沿竖向宜上下连续，这样地震作用传递直接、路线最短，且不易在某些薄弱区域集中，可以减轻震害。

楼梯间不宜设置在房屋的尽端和转角处。烟道、风道、垃圾道等墙体被削弱的地方应对墙体采取加强措施。不宜采用无竖向配筋的附墙烟囱及出屋面的烟囱。不宜采用无锚固的钢筋混凝土预制挑檐。

不应在房屋转角处设置转角窗。

教学楼、医院等横墙较少、跨度较大的房屋，宜采用现浇钢筋混凝土楼、屋盖。

利用防震缝，可以将复杂体型的房屋划分成若干体型简单、刚度均匀的单元。当有下列情况之一时，宜设置防震缝，缝两侧均应设置墙体，缝宽应根据烈度和房屋高度确定，可采用 70～100mm。

(1) 房屋立面高度差在 6m 以上;

(2) 房屋有错层，且楼板高差大于层高的 1/4;

(3) 部分结构刚度、质量截然不同。

8.2.2 砌体房屋总高度与层数

震害调查资料表明：随着房屋层数增加，砌体房屋的破坏程度也随之加重，且倒塌率近似成正比增加。因此，有必要对砌体房屋的高度和层数给以一定的限制。我国《建筑抗震设计规范》对砌体房屋的总高度和层数限值见表 8-1。并且，对医院、教学楼等横墙较少的房屋（横墙较少指同一层内开间大于 4.2m 的房间占该层总面积 40%以上)，总高度应比表 8-1 中的规定相应减少 3m，层数相应减少一层。对各层横墙很少的多层砌体房屋（指开间不大于 4.2m 的房间占该层总面积不到 20%且开间大于 4.8m 的房间占该层总面积的 50%以上)，还应再减少一层。砌体结构房屋的层高，不宜超过 3.6m，当使用功能确有需要时，采用约束砌体等加强措施的普通砖砌体房屋的层高不应超过 3.9m。底部框架—抗震墙砌体房屋的底部，层高不应超过 4.5m，当底层采用约束砌体抗震墙时，底层的层高不应超过 4.2m。

配筋砌块砌体抗震墙房屋适用的最大高度见表 8-2。配筋砌块砌体抗震墙房屋的层高，应符合《砌体结构设计规范》GB 50003 中 10.1.1 条的规定。

砌体房屋的层数和总高度限值　　　　**表 8-1**

房屋类别		最小墙厚度(mm)	设防烈度和设计基本地震加速度											
			6		7				8				9	
			0.05g		0.10g		0.15g		0.20g		0.30g		0.40g	
			高度	层数	高度	层数	高度	层数	高度	层数	高度	层数	高度	层数
多层砌体房屋	普通砖	240	21	7	21	7	21	7	18	6	15	5	12	4
	多孔砖	240	21	7	21	7	18	6	18	6	15	5	9	3
	多孔砖	190	21	7	18	6	15	5	15	5	12	4	—	—
	混凝土砌块	190	21	7	21	7	18	6	18	6	15	5	9	3
底部框架-抗震墙砌体房屋	普通砖多孔砖	240	22	7	22	7	19	6	16	5	—	—	—	—
	多孔砖	190	22	7	19	6	16	5	13	4	—	—	—	—
	混凝土砌块	190	22	7	22	7	19	6	16	5	—	—	—	—

注：1. 房屋的总高度指室外地面到檐口或主要屋面板顶的高度，半地下室可从地下室室内地面算起，全地下室和嵌固条件好的半地下室可从室外地面算起；带阁楼的坡屋面应算到山尖墙的 1/2 高度处；
2. 室内外高差大于 0.6m 时，房屋总高度应允许比表中数据适当增加，但不应多于 1m；
3. 乙类的多层砌体房屋仍按本地区设防烈度查表，其层数应减少一层且总高度应降低 3m；不应采用底部框架—抗震墙砌体房屋。

配筋砌块砌体抗震墙房屋适用的最大高度　　　　**表 8-2**

结构类型	最小墙厚度(mm)	设防烈度和设计基本地震加速度					
		6	7		8		9
		0.05g	0.10g	0.15g	0.20g	0.30g	0.40g
		高度	高度	高度	高度	高度	高度
配筋砌块砌体抗震墙	190	60	55	45	40	30	24
部分框支抗震墙		55	49	40	31	24	—

8.2.3　砌体房屋的高宽比

当房屋的高宽比较大时，地震作用下易发生整体弯曲破坏。多层砌体房屋可不做整体弯曲验算，但为了保证房屋的整体稳定性，房屋总高度和总宽度的最大比值应满足表 8-3 的要求。

砌体房屋最大高宽比　　　　**表 8-3**

设防烈度	6	7	8	9
最大高宽比	2.5	2.5	2.0	1.5

注：单面走廊房屋的总宽度不包括走廊宽度。

8.2.4　抗震横墙的间距

抗震横墙的间距直接影响到房屋的空间刚度。横墙间距过大时，结构的空间刚度小，抗震性能差，且不能满足楼盖传递水平地震作用到相邻墙体所需水平刚度的要求。因此，为了保证结构的空间刚度、保证楼盖具有足够的水平刚度来传递水平地震作用，砌体房屋的抗震横墙间距不应超过表 8-4 中的规定值。

砌体房屋抗震横墙最大间距（m） **表 8-4**

房屋类别		设防烈度			
		6	7	8	9
多层砌体房屋	现浇和装配整体式钢筋混凝土楼、屋盖	15	15	11	7
	装配式钢筋混凝土	11	11	9	4
	木屋盖	9	9	4	—
底部框架—抗震墙砌体房屋	上部各层	同多层砌体房屋			—
	底层或底部两层	18	15	11	—

注：1. 多层砌体房屋的顶层，除木屋盖外的最大横墙间距可适当放宽；但应采取相应加强措施；
2. 多孔砖抗震墙厚度为 190mm 时，最大横墙间距应比表中数值减少 3m。

表 8-4 中所规定的间距是指一栋房屋中只有部分横墙间距较大时应满足的要求，如果房屋中横墙间距均比较大，最好按空旷房屋进行抗震验算。同时采用较高要求的构造措施和结构布置。

8.2.5 房屋的局部尺寸

为了避免结构出现薄弱部位，防止因局部破坏发展成为整体房屋的破坏，砌体房屋的墙体尺寸应符合表 8-5 的要求。

砌体房屋的局部尺寸（m） **表 8-5**

部 位	设防烈度			
	6	7	8	9
承重窗间墙最小宽度	1.0	1.0	1.2	1.5
承重外墙尽端至门窗洞边的最小距离	1.0	1.0	1.2	1.5
非承重外墙尽端至门窗洞边的最小距离	1.0	1.0	1.0	1.0
内墙阳角至门窗洞边的最小距离	1.0	1.0	1.5	2.0
无锚固女儿墙（非出入口处）的最大高度	0.5	0.5	0.5	0.0

局部尺寸不满足时，应采取局部加强措施弥补，且最小宽度不宜小于 1/4 层高和表列数据的 80%；出入口处的女儿墙应有锚固。

8.3 房屋结构抗震计算

砌体房屋的抗震计算一般可只考虑水平地震作用，而不考虑竖向地震作用。对于平立面布置规则、质量和刚度沿高度分布比较均匀、以剪切变形为主的多层砌体房屋，抗震计算可采用底部剪力法。

8.3.1　计算简图

当采用底部剪力法计算水平地震作用时，可以将砌体房屋的楼、屋盖和墙体质量集中在各层楼、屋盖处，采用下端固定的计算简图，如图 8-7 所示。第 i 层楼盖处的质点重量 G_i 称为重力荷载代表值，其包括：第 i 层楼盖自重、作用在该层楼面上的可变荷载和以该楼层为中心上下各半层的墙体自重之和。计算重力荷载代表值时，结构自重取标准值，可变荷载取组合值，组合系数可按表 8-6 采用。

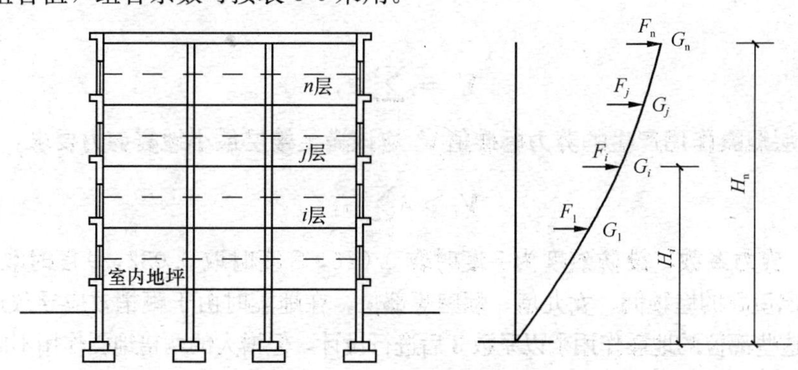

图 8-7　计算简图

底部固定端的位置按以下方式确定：

（1）当基础埋置较浅时，取为基础顶面；当基础埋置较深时，取为室外地坪下 0.5m 处；

（2）当设有整体刚度很大的全地下室时，取为地下室顶板处；

（3）当地下室整体刚度较小或为半地下室时，取为地下室室内地坪处。

可变荷载组合值系数　　　　**表 8-6**

可变荷载种类		组合值系数
雪荷载		0.5
屋面活荷载		不考虑
按实际情况考虑的楼面活荷载		1.0
按等效均布荷载考虑的楼面活荷载	书库、档案库	0.8
	其他民用建筑	0.5

8.3.2　水平地震作用和楼层地震剪力计算

砌体房屋的水平地震作用可采用底部剪力法计算，结构总水平地震作用标准值按下式确定：

$$F_{\mathrm{Ek}} = \alpha_1 G_{\mathrm{eq}} \tag{8-1}$$

其中：α_1 为结构基本自振周期对应的水平地震作用影响系数，可以根据结构自振周期按照《建筑抗震设计规范》GB 50011 取值；G_{eq} 为结构等效总重力荷载，单质点体系应取总重力荷载代表值，多质点体系可取总重力荷载代表值的 85%。

总水平地震作用分配到各楼层时，可按照以下公式分配：

$$F_i = \frac{G_i H_i}{\sum_{j=1}^{n} G_j H_j} F_{\mathrm{Ek}} \quad (i = 1,2,\cdots,n) \tag{8-2}$$

式中 F_i——第 i 层水平地震作用标准值；

G_i——集中于第 i 层的重力荷载代表值；

H_i——第 i 楼层质点的计算高度。

作用于第 i 层的地震作用产生的剪力标准值 V_i 为第 i 层以上地震作用标准值之和，也即：

$$V_i = \sum_{j=i}^{n} F_j \tag{8-3}$$

并且楼层地震作用产生的剪力标准值 V_i 应该满足楼层最小地震剪力要求：

$$V_i > \lambda \sum_{j=i}^{n} G_j \tag{8-4}$$

式中 λ——剪力系数，设防烈度为 7 度时取 0.016，8 度时取 0.032，9 度时取 0.064。

局部突出屋面的屋顶间、女儿墙、烟囱等部位，在地震时由于鞭梢效应导致地震作用放大，故宜将这些部位的地震作用乘以系数 3 后进行设计，但增大的两倍地震作用不向下传递。

8.3.3 楼层地震剪力在各墙体之间的分配

在砌体房屋中，楼层剪力通过屋盖和楼盖传递到各墙体，一般沿某一水平方向作用的楼层地震剪力全部由同一楼层中与该作用力方向平行的墙体共同承担，每片墙体所分担的剪力大小与楼、屋盖的类别以及墙体的抗侧刚度有关。

1. 墙体的抗侧刚度

如图 8-8 所示墙体，其高度、宽度和厚度分别为 h、b 和 t。当其顶端作用有单位侧向力时产生的水平位移 δ 称为该墙体的侧移柔度。如果只考虑剪切变形，其侧移柔度为：

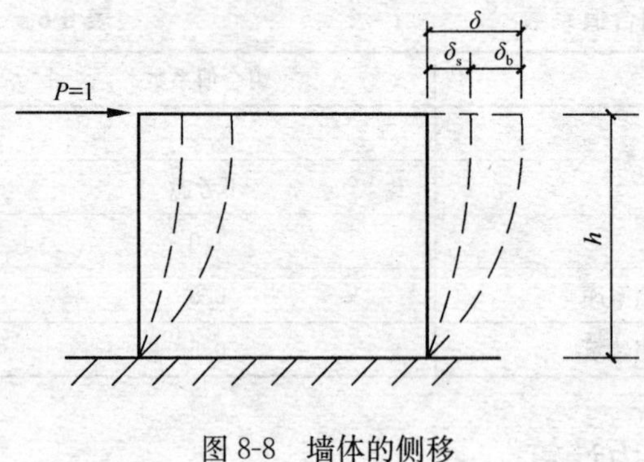

图 8-8 墙体的侧移

$$\delta_{\mathrm{s}} = \frac{\xi h}{AG} = \frac{\xi h}{btG} \tag{8-5}$$

如果只考虑弯曲变形，其侧移柔度为：

$$\delta_{\mathrm{b}} = \frac{h^3}{12EI} = \frac{1}{Et}\left(\frac{h}{b}\right)^3 \tag{8-6}$$

其中：E 和 G 分别为砌体的弹性模量和剪变模量，A 和 I 分别为墙体的水平截面面积和惯性矩，ξ 为截面剪切变形系数。

墙体抗侧刚度 K 是侧移柔度的倒数。对于同时考虑剪切变形和弯曲变形的墙体，由于砌体材料的剪切模量 $G=0.4E$，矩形截面的 $\xi=1.2$，故其抗侧刚度 K 为：

$$K = \frac{Et}{\frac{h}{b}\left[3 + \left(\frac{h}{b}\right)^2\right]} \tag{8-7}$$

如果只考虑剪切变形，其抗侧刚度为：

$$K = \frac{Ebt}{3h} \tag{8-8}$$

2. 横向水平地震剪力的分配

(1) 刚性楼盖

当抗震横墙间距符合表 8-4 的规定时，现浇和装配整体式钢筋混凝土楼、屋盖可看作刚性楼盖，即在横向水平地震作用下楼、屋盖在水平平面只发生刚性平移，此时各抗震横墙所分担的水平地震剪力与其抗侧刚度成正比。设第 i 楼层共有 m 道横墙，则其中第 j 道墙分担的水平地震剪力标准值 V_{ij} 为：

$$V_{ij} = \frac{K_{ij}}{\sum_{k=1}^{m} K_{ik}} V_i \tag{8-9}$$

式中　K_{ij}——第 i 楼层第 j 道墙的抗侧刚度。

当只考虑剪切变形，且同一层墙体的材料和高度均相同时，将公式（8-8）代入公式（8-9）可得：

$$V_{ij} = \frac{A_{ij}}{\sum_{k=1}^{m} A_{ik}} V_i \tag{8-10}$$

式中　A_{ij}——第 i 楼层第 j 道墙的水平截面面积。

(2) 柔性楼盖

对于木楼、屋盖等柔性楼盖砌体结构房屋，楼屋盖水平刚度小，在横向水平地震作用下会在自身水平平面内受弯变形，可将其视为水平支承在各抗震横墙上的多跨简支梁。各抗震横墙承担的水平地震作用为该墙体从属面积上的重力荷载所产生的水平地震作用。故 V_{ij} 为

$$V_{ij} = \frac{G_{ij}}{G_i} V_i \tag{8-11}$$

式中　G_{ij}——第 i 楼层第 j 道墙从属面积（可近似取该墙体与两边相邻横墙之间各一半范围内的楼盖面积）上的重力荷载代表值。

当楼层重力荷载均匀分布时，式（8-11）可简化为：

$$V_{ij} = \frac{A_{fij}}{A_{fi}} V_i \tag{8-12}$$

式中　A_{fij}——第 i 楼层第 j 道墙从属面积；

A_{fi}——第 i 楼层总面积。

(3) 中等刚度楼盖

采用普通预制板的装配式钢筋混凝土楼、屋盖的砌体结构房屋，楼、屋盖的水平刚度为中等，可近似采用上述两种分配方法的平均值，此时 V_{ij} 为：

$$V_{ij} = 0.5\left(\frac{K_{ij}}{\sum_{k=1}^{m} K_{ik}} + \frac{G_{ij}}{G_i}\right) V_i \tag{8-13}$$

当只考虑剪切变形，同一楼层的墙体材料和高度均相同，并且楼层重力荷载均匀分布时，公式（8-13）可简化为：

$$V_{ij} = 0.5\left(\frac{A_{ij}}{\sum_{k=1}^{m} A_{ik}} + \frac{A_{fij}}{A_{fi}}\right) V_i \tag{8-14}$$

3. 纵向水平地震剪力的分配

纵向水平地震剪力进行分配时，楼盖均可视为刚性楼盖，采用和横向水平地震剪力分配中刚性楼盖一样的方法进行分配。

4. 同一道墙各墙段间水平地震剪力的分配

砌体结构中，每一道纵墙、横墙往往分为若干个墙段，同一道墙各墙段分配的水平地震剪力可按各墙段抗侧刚度的比例分配到各墙段。设第 i 层第 j 道墙共有 s 个墙段，则其中第 r 墙段承担的水平地震剪力 V_{ijr} 为：

$$V_{ijr} = \frac{K_{ijr}}{\sum_{k=1}^{s} K_{ijk}} V_{ij} \tag{8-15}$$

式中 K_{ijr}——第 i 楼层第 j 道墙第 r 墙段的抗侧刚度。

墙段抗侧刚度按下列原则确定：

（1）当墙段的高宽比（层高和墙长的比值）小于 1 时，可只考虑剪切变形的影响，墙段抗侧刚度按公式（8-8）计算；高宽比不大于 4 且不小于 1 时，应同时考虑弯曲和剪切变形，墙段抗侧刚度按公式（8-7）计算；高宽比大于 4 时，以弯曲变形为主，此时墙体侧移大，可不考虑其刚度。

（2）墙段宜按门窗洞口划分，对小开口墙肢，为了避免计算刚度时的复杂性，可按不开洞的毛墙面计算刚度，再根据开洞率乘以表 8-7 所示的洞口影响系数。

墙肢洞口影响系数 **表 8-7**

开洞率	0.10	0.20	0.30
影响系数	0.98	0.94	0.88

注：开洞率为洞口水平截面面积与墙段水平毛截面面积之比，相邻洞口之间净宽小于 500mm 的墙段视为洞口。窗洞高度大于层高 50%时，按门洞对待。

5. 底部框架-抗震墙砌体房屋地震作用效应的调整

底层框架-抗震墙砌体房屋，底层的纵向和横向地震剪力设计值应乘以增大系数，其值在 1.2～1.5 范围内选用，第二层与底层刚度比大者应取大值。

底部框架—抗震墙砌体房屋，底层和第二层的纵向和横向地震剪力设计值应乘以增大系数，其值在 1.2～1.5 范围内选用，第三层与第二层刚度比大者应取大值。

底层或底部两层的纵向和横向地震剪力设计值应全部由该方向的抗震横墙承担，并按各墙体的侧向刚度比例分配。

8.3.4 墙体抗震承载力

1. 砌体抗震抗剪强度和抗震验算设计表达式

各类砌体沿阶梯形截面破坏的抗震抗剪强度设计值按下式确定：

$$f_{VE} = \zeta_N f_v \tag{8-16}$$

式中 f_{VE}——砌体沿阶梯形截面破坏的抗震抗剪强度设计值；

f_v——非抗震设计的砌体抗剪强度设计值；

ζ_N——砌体抗震抗剪强度的正应力影响系数，可按表 8-8 采用。

砌体抗震抗剪强度的正应力影响系数　表 8-8

砌体类别	σ_0/f_v							
	0.0	1.0	3.0	5.0	7.0	10.0	12.0	≥16.0
普通砖、多孔砖	0.8	0.99	1.25	1.47	1.65	1.90	2.05	—
小砌块	—	1.23	1.69	2.15	2.57	3.02	3.32	3.92

注：σ_0 为对应于重力荷载代表值的砌体截面平均压应力。

同时，由于地震作用是一种偶然作用，因此在承载力验算时，需要引入抗震承载力调整系数，墙体截面抗震设计的一般表达式为：

$$S \leqslant R/\gamma_{RE} \tag{8-17}$$

式中　S——结构构件内力组合的设计值；

R——结构构件承载力设计值；

γ_{RE}——抗震承载力调整系数，应按表 8-9 取用。

砌体抗震承载力调整系数 γ_{RE}　表 8-9

结构构件	受力状态	抗震承载力调整系数
两端均设有构造柱、芯柱的砌体抗震墙	受剪	0.9
组合砖墙	偏压、大偏拉和受剪	0.9
配筋砌块砌体抗震墙	偏压、大偏拉和受剪	0.85
自承重墙	受剪	1.0
其他砌体	受剪和受压	1.0

2. 墙体截面抗震承载力验算

(1) 无筋砌体截面抗震承载力验算

普通砖、多孔砖墙体的截面抗震抗剪承载力按下式计算：

$$V \leqslant f_{VE}A/\gamma_{RE} \tag{8-18}$$

式中　V——墙体剪力设计值。

(2) 配筋砖砌体截面抗震承载力验算

网状配筋或水平配筋普通砖、多孔砖墙的截面抗震承载力按下式计算：

$$V \leqslant \frac{1}{\gamma_{RE}}(f_{vE}A + \zeta_s f_{yh} A_{sh}) \tag{8-19}$$

式中　ζ_s——钢筋参与工作系数，按表 8-10 采用；

A_{sh}——层间墙体竖向截面的钢筋总截面面积，其配筋率应在 0.07%～0.17%之间。

钢筋参与工作系数　表 8-10

墙体高宽比	0.4	0.6	0.8	1.0	1.2
ζ_s	0.10	0.12	0.14	0.15	0.12

混凝土砌块墙体截面抗震抗剪承载力按下式计算：

$$V \leqslant \frac{1}{\gamma_{RE}}[f_{VE}A + (0.3f_tA_c + 0.05f_yA_s)\zeta_c] \tag{8-20}$$

式中 f_t——芯柱混凝土轴心抗拉强度设计值；

A_c——芯柱截面总面积；

f_y——芯柱钢筋抗拉强度设计值；

A_s——芯柱钢筋截面总面积；

ζ_c——芯柱参与工作系数，按表 8-11 采用。与填孔率相关，填孔率指芯柱根数（含构造柱和填实孔洞数量）与孔洞总数之比。

芯柱参与工作系数 **表 8-11**

填孔率	$\rho<0.15$	$0.15\leqslant\rho<0.25$	$0.25\leqslant\rho<0.5$	$\rho\geqslant0.5$
ζ_c	0	1.0	1.10	1.15

当墙体的水平抗剪不满足要求时，可计入基本均匀设置于墙段中部、截面不小于240mm×240mm（墙厚为 190mm 时为 240mm×190mm）且间距不大于 4m 的构造柱对受剪承载力的提高作用。

8.4 房屋抗震构造措施

对于砌体结构房屋必须采取合理可靠的抗震构造措施。抗震构造措施有助于加强砌体结构的整体性、提高结构变形能力，特别是对防止砌体房屋在大震下的倒塌具有重要作用。

8.4.1 设置钢筋混凝土构造柱、芯柱

在砌体结构房屋中设置钢筋混凝土构造柱或芯柱，可以提高墙体的抗剪强度，大大增强房屋的变形能力。当墙体周边设置有钢筋混凝土构造柱和圈梁时，墙体受到较大约束，开裂后的墙体可以靠其塑性变形、滑移和摩擦来消耗地震能量，并保证墙体在达到极限状态后仍然具有一定的承载力，不致突然倒塌。

1. 钢筋混凝土构造柱的设置要求

（1）一般情况下，多层砌体房屋应按照表 8-12 设置钢筋混凝土构造柱。

（2）外廊式和单面走廊式的多层房屋，应根据房屋增加一层的层数，按表 8-12 设置构造柱；且单面走廊两侧的纵墙均应按外墙处理。

（3）横墙较少的房屋，应根据房屋增加一层后的层数，按表 8-12 的要求设置。如果横墙较少的房屋为外廊式或单面走廊式，应按第（2）条设置构造柱，但 6 度不超过四层、7 度不超过三层和 8 度不超过二层时，应增加两层后按表 8-12 的要求设置。

（4）横墙很少的房屋，应根据房屋增加二层后的层数，按表 8-12 的要求设置。

蒸压灰砂砖、蒸压粉煤灰砖砌体房屋，当砌体的抗剪强度仅达到普通黏土砖砌体的70%时，应根据增加一层的层数按上述要求设置构造柱。但 6 度不超过四层、7 度不超过三层和 8 度不超过二层时，应增加两层的层数对待。

普通砖、多孔砖房屋构造柱设置 **表 8-12**

<table>
<tr><th colspan="4">房屋层数</th><th colspan="2" rowspan="2">设 置 部 位</th></tr>
<tr><th>6度</th><th>7度</th><th>8度</th><th>9度</th></tr>
<tr><td>四、五</td><td>三、四</td><td>二、三</td><td></td><td rowspan="3">楼、电梯间四角，楼梯斜梯段上下端对应的墙体处；
外墙四角和对应的转角；
错层部位横墙与外纵墙交接处；
较大洞口两侧；大房间内外墙交接处</td><td>隔12m或单元横墙与外纵墙交接处；
楼梯间对应的另一侧内横墙与外纵墙交接处</td></tr>
<tr><td>六</td><td>五</td><td>四</td><td>二</td><td>隔开间横墙（轴线）与外墙交接处；
山墙与内纵墙交接处，</td></tr>
<tr><td>七</td><td>≥六</td><td>≥五</td><td>≥三</td><td>内墙（轴线）与外墙交接处；
内墙的局部较小墙垛处；
内纵墙与横墙（轴线）交接处</td></tr>
</table>

构造柱最小截面尺寸可采用240mm×180mm（墙厚190mm时为180mm×190mm），纵向钢筋宜采用4ϕ12，箍筋间距不宜大于250mm，且宜在柱上下端适当加密。6、7度时超过六层，8度时超过五层和9度时，构造柱纵筋宜采用4ϕ14，箍筋间距不宜大于200mm。房屋四角的构造柱适当加大截面尺寸及配筋。

对钢筋混凝土构造柱的施工，应先砌墙、后浇柱，墙、柱连接处宜砌成马牙槎，并应沿墙高每隔0.5m设2ϕ6拉结钢筋和ϕ4分布短筋平面内点焊组成的拉结网片或ϕ4点焊钢筋网片，每边伸入墙中不少于1m。6、7度时底部1/3楼层，8度时底部1/2楼层，9度时全部楼层，上述拉结钢筋网片应沿墙体通长设置。

构造柱与圈梁连接处，构造柱的纵筋应在圈梁纵筋内侧穿过，保证构造柱纵筋上、下贯通。

构造柱可不单独设置基础，但应伸入室外地面下0.5m或与埋深小于0.5m的基础圈梁相连。

2. 钢筋混凝土芯柱的设置要求

混凝土砌块房屋，应按照表8-13的要求设置钢筋混凝土芯柱，对外廊式和单面走廊式的房屋、横墙较少的房屋、各层横墙很少的房屋，应按照钢筋混凝土构造柱设置的要求的第（2）、（3）、（4）条关于增加层数的对应要求设置芯柱。

混凝土砌块房屋混凝土芯柱尚应满足下列要求：

混凝土砌块砌体纵横墙交接处、墙段两端和较大洞口两侧宜设置不少于单孔的芯柱；有错层的多层房屋，错层部位应设置墙，墙中部的钢筋混凝土芯柱间距适当加密，在错层部位纵横墙交接处宜设置不少于4孔的芯柱；在错层部位的错层楼板位置尚应设置现浇钢筋混凝土圈梁。为提高墙体抗震受剪承载力而设置的芯柱，宜在墙体内均匀布置，最大间距不宜大于2m。

梁支座处墙内宜设置芯柱，芯柱灌实孔数不少于3个。

混凝土小型空心砌块房屋芯柱最小截面尺寸不宜小于120mm×120mm，强度等级不应低于Cb20。芯柱的竖向插筋应贯通墙身且与圈梁连接，插筋不应小于1ϕ12，6度、7度时超过五层，8度时超过四层和9度时，插筋不应小于1ϕ14。

芯柱应伸入室外地面下0.5m或锚入埋深小于0.5m的基础圈梁内。

混凝土砌块房屋芯柱设置要求　　表 8-13

房屋层数				设置部位	设置数量
6度	7度	8度	9度		
≤五	≤四	≤三		外墙四角和对应的转角； 楼、电梯间四角；楼梯斜梯段上下端对应的墙体处； 大房间内外墙交接处； 错层部位横墙与外纵墙交接处；隔 12m 或单元横墙与外纵墙交接处	外墙转角，灌实 3 个孔； 内外墙交接处，灌实 4 个孔； 楼梯斜梯段上下端对应的墙体处，灌实 2 个孔
六	五	四	一	同上； 隔开间横墙（轴线）与外纵墙交接处	
七	六	五	二	同上； 各内墙（轴线）与外纵墙交接处；内纵墙与横墙（轴线）交接处和洞口两侧	外墙转角，灌实 5 个孔； 内外墙交接处，灌实 4 个孔； 内墙交接处，灌实 4—5 个孔； 洞口两侧各灌实 1 个孔
	七	六	三	同上； 横墙内芯柱间距不宜大于 2m	外墙转角，灌实 7 个孔； 内外墙交接处，灌实 5 个孔； 内墙交接处，灌实 4—5 个孔； 洞口两侧各灌实 1 个孔

8.4.2 合理设置圈梁

圈梁在砌体结构抗震中可以发挥多方面的作用。圈梁可以加强纵横墙的连接以及墙体与楼盖间的连接；圈梁和构造柱一起，不仅增强了房屋的整体性和空间刚度，还可以限制裂缝的展开，提高墙体的稳定性，减少不均匀沉降的不利影响。震害调查表明：合理设置圈梁的砌体房屋，其震害远远轻于设置不合理以及不设置圈梁的砌体房屋。

装配式钢筋混凝土楼、屋盖或木楼、屋盖的多层砖砌体房屋，应按表 8-14 的要求设置圈梁；纵墙承重时，抗震墙上的圈梁间距应比表 8-14 中要求适当加密。现浇或装配整体式钢筋混凝土楼、屋盖与墙体有可靠连接的房屋，应允许不另设圈梁，但楼板沿墙体周边应加强配筋并应与相应的构造柱钢筋可靠连接。

多层砖砌体房屋现浇钢筋混凝土圈梁设置要求　　表 8-14

墙体类别	设防烈度		
	6度、7度	8度	9度
外墙和内纵墙	屋盖处及每层楼盖处	屋盖处及每层楼盖处	屋盖处及每层楼盖处
内横墙	同上； 屋盖处间距不应大于 4.5m； 楼盖处间距不应大于 7.2m； 构造柱对应部位	同上； 各层所有横墙，且间距不应大于 4.5m； 构造柱对应部位	同上； 各层所有横墙

现浇钢筋混凝土圈梁应闭合，遇有洞口应上下搭接。圈梁宜与预制板设在同一标高处或紧靠板底；圈梁在表 8-14 要求的间距内无横墙时，应利用梁或板缝配筋替代圈梁；圈梁的截面高度不应小于 120mm，配筋应符合表 8-15 的要求。基础圈梁的截面高度不应小于 180mm，配筋不应少于 4ϕ12。

多层砖砌体房屋圈梁配筋要求　　　　表 8-15

配筋	6 度、7 度	8 度	9 度
最小纵筋	4ϕ10	4ϕ12	4ϕ14
箍筋最大间距（mm）	250	200	150

多层小砌块房屋的现浇混凝土圈梁的设置同转砌体房屋，圈梁宽度不应小于 190mm，配筋不应少于 4ϕ12，箍筋间距不应大于 200mm。

8.4.3　楼梯间的抗震构造要求

楼梯间是砌体结构中受地震作用较大且抗震较为薄弱的部位。在地震中，楼梯间的震害往往比较严重。在抗震设计时，楼梯间不宜布置在房屋端部的第一开间及转角处，不宜开设过大的窗洞。

顶层楼梯间墙体应沿墙高每隔 500mm 设 2ϕ6 通长钢筋和 ϕ4 分布短筋平面内点焊组成的拉结网片或 ϕ4 点焊钢筋网片；7～9 度时其他各层楼梯间墙体应在休息平台或楼层半高处设置 60mm 厚、纵向钢筋不应少于 2ϕ10 的钢筋混凝土带或配筋砖带，配筋砖带不少于 3 皮，每皮的配筋不少于 2ϕ6，砂浆强度等级不应低于 M7.5 且不低于同层墙体的砂浆强度等级。

楼梯间及门厅内墙阳角处的大梁支承长度不应小于 500mm，并应与圈梁连接。

装配式楼梯段应与平台板的梁可靠连接，8 度、9 度时不应采用装配式楼梯段；不应采用墙中悬挑式踏步或踏步竖肋插入墙体的楼梯，不应采用无筋砖砌栏板。

突出屋顶的楼、电梯间，构造柱应伸到顶部，并与顶部圈梁连接，所有墙体应沿墙高每隔 500mm 设 2ϕ6 通长拉结筋和 ϕ4 分布短筋平面内点焊组成的拉结网片或 ϕ4 点焊钢筋网片。

8.4.4　加强结构的连接

1. 加强楼屋盖构件与墙体之间的连接及楼屋盖的整体性

对房屋端部大房间的楼板以及 8 度时房屋的屋盖和 9 度时房屋的楼、屋盖，应加强钢筋混凝土预制板之间的拉结以及板与梁、墙和圈梁的连接。

现浇钢筋混凝土楼板或屋面板伸入纵、横墙内的长度不应小于 120mm。对装配式钢筋混凝土楼板或屋面板，当圈梁未设在板的同一标高时，板端伸入外墙的长度不应小于 120mm，板端伸入内墙的长度不应小于 100mm 或采用硬架支模连接，在梁上不应小于 80mm 或采用硬架支模连接。当板的跨度大于 4.8m 并与外墙平行时，靠外墙的预制板侧边应与墙或圈梁拉结。

2. 墙体间的连接及其他部位的连接

设防烈度为 6 度、7 度时长度大于 7.2m 的大房间，以及 8 度、9 度时外墙转角及内外墙交接处，应沿墙高每隔 500mm 配置 2ϕ6 拉结钢筋和 ϕ4 分布短筋平面内点焊组成的拉结网片或 ϕ4 点焊钢筋网片。

楼、屋盖的钢筋混凝土梁或屋架应与墙、柱（包括构造柱）或圈梁可靠连接；不得采用独立砖柱。跨度不小于6m大梁的支承构件应采用组合砌体等加强措施，并满足承载力要求。

房屋端部大开间的楼盖，6度时房屋的屋盖和7～9度时房屋的楼、屋盖，当圈梁设在板底时，钢筋混凝土预制板应相互拉结，并应与梁、墙或圈梁拉结。

后砌的非承重隔墙应沿墙高每隔0.5～0.6m配置2ϕ6钢筋与承重墙或柱拉结，且每边伸入墙内不少于0.5m。8度和9度时长度大于5m的后砌隔墙，墙顶应与楼板或梁拉结，独立墙肢端部及大门洞边宜设钢筋混凝土构造柱。

混凝土小砌块房屋墙体交接处或芯柱与墙体连接处应沿墙高每隔0.6m设置ϕ4点焊钢筋网片，并沿墙体通长布置。6度、7度时底部1/3楼层，8度时底部1/2楼层，9度时全部楼层，上述拉结网片沿墙高间距不大于400mm。

8.5 配筋砌块砌体房屋抗震设计

配筋砌块砌体房屋是砌体结构中一种抗震性能良好的结构体系。这种结构形式承载力高、延性好，受力性能和现浇钢筋混凝土剪力墙结构相似，且具有施工方便、造价较低的特点，在欧美等发达国家得到了广泛的应用。

8.5.1 配筋砌块砌体房屋抗震设计的一般规定

1. 房屋高度和高宽比限制

多层砌体承重房屋的层高，不应超过3.6m。底部框架-抗震墙砌体房屋的底部层高不应超过4.5m；当底层采用约束砌体抗震时，底层的层高不应超过4.2m。配筋砌块砌体房屋适用的最大高宽比应满足表8-16的要求。

配筋砌块砌体房屋适用的最大高宽比　　表8-16

设防烈度	6度	7度	8度
最大高宽比	5	4	3

2. 纵横向砌体抗震墙的布置应符合下列要求：

配筋砌块砌体房屋的结构布置应优先采用横墙或纵横墙共同承重的结构体系。

（1）宜均匀对称，沿平面内宜对齐，沿竖向上下连续，且纵横墙体的数量不宜相差过大。

（2）平面轮廓凹凸尺寸，不应超过典型尺寸的50%；当超过典型尺寸的25%时，房屋转角处应采取加强措施。

（3）楼板局部开洞的尺寸不宜超过楼板宽度的30%，且不应在墙体两侧同时开洞。

（4）房屋错层的楼板高差超过500mm时，应按两层计算；错层部位的墙体应采取加强措施。

（5）同一轴线上窗间墙宽度宜均匀，墙面洞口的面积6度、7度时不宜大于墙面总面积的55%，8度、9度时不宜大于墙面总面积的50%。

（6）配筋砌块砌体房屋应尽量避免设置防震缝，当必须设置时，缝两侧必须设置墙体，其最小宽度应符合下列要求：房屋高度不超过 20m 时，可采用 70mm；当超过 20m 时，6 度、7 度、8 度相应每增加 6m、5m、4m，宜加宽 20mm。

(7) 楼梯间不宜设在房屋的尽端或转角处。

(8) 不应在房屋的转角处设置转角窗。

8.5.2　配筋砌块砌体房屋抗震计算

1. 地震作用计算

配筋砌块砌体房屋应按照《建筑抗震设计规范》的规定进行地震作用计算。一般可只考虑水平地震作用的影响，按照反应谱方法来进行计算。当房屋高度不超过 40m，以剪切变形为主且质量和刚度沿高度分布比较均匀的房屋可采用 8.3 节中介绍的底部剪力法。

2. 配筋砌块砌体墙体抗震承载力验算

配筋砌块砌体墙体抗震承载力验算的一般表达式同 8.3 节中的公式 (8-17)。

(1) 墙体正截面抗震承载力验算

可以采用前面第 5 章中的非抗震设计计算公式，但需要在公式右端除以抗震承载力调整系数。

(2) 墙体斜截面抗震承载力验算

1) 剪力设计值的调整

为提高配筋砌块墙体的整体抗震能力，防止剪力墙底部在弯曲破坏前出现剪切破坏，保证强剪弱弯的要求，故在进行斜截面抗震承载力验算且抗震等级为一、二、三级时，应对墙体底部加强区范围内的剪力设计值 V 进行调整。

$$V_w = \eta_{VW} V \tag{8-21}$$

式中　V_W——底部加强部位考虑地震作用组合的计算截面的剪力设计值；

η_{VW}——剪力放大系数，一级抗震等级取 1.6，二级取 1.4，三级取 1.2，四级取 1.0。

2) 配筋砌块砌体墙体的截面尺寸应符合下列要求：

剪跨比大于 2 时：

$$V_w \leqslant \frac{1}{\gamma_{RE}}(0.2 f_g bh) \tag{8-22}$$

剪跨比小于或等于 2 时：

$$V_w \leqslant \frac{1}{\gamma_{RE}}(0.15 f_g bh) \tag{8-23}$$

3) 偏心受压配筋砌块砌体墙体斜截面受剪承载力按下式验算：

$$V_w \leqslant \frac{1}{\gamma_{RE}}\left[\frac{1}{\lambda - 0.5}\left(0.48 f_{vg} bh_0 + 0.1 N \frac{A_W}{A}\right) + 0.72 f_{yh} \frac{A_{sh}}{s} h_0\right] \tag{8-24}$$

式中　$\lambda = M/Vh_0$——计算截面剪跨比，当 $\lambda \leqslant 1.5$ 时，取 1.5；当 $\lambda \geqslant 2.2$ 时，取 2.2；

M——考虑地震作用组合的墙体计算截面的弯矩设计值；

V——考虑地震作用组合的墙体计算截面的剪力设计值；

N——考虑地震作用组合的剪力墙计算截面的轴向力设计值，取值不大于 $0.2 f_g bh$。

4）偏心受拉配筋砌块砌体墙体斜截面受剪承载力按下式验算：

$$V_{w} \leqslant \frac{1}{\gamma_{RE}}\left[\frac{1}{\lambda-0.5}\left(0.48 f_{vg} b h_{0}-0.17 N \frac{A_{W}}{A}\right)+0.72 f_{yh} \frac{A_{sh}}{s} h_{0}\right] \tag{8-25}$$

当 $0.48 f_{vg} b h_{0}-0.17 N \frac{A_{W}}{A}<0$ 时，取 $0.48 f_{vg} b h_{0}-0.17 N \frac{A_{W}}{A}=0$。

3. 连梁抗震承载力验算

（1）正截面抗震承载力验算

当采用钢筋混凝土连梁时，可按现行《混凝土结构设计规范》GB 50010 中受弯构件有关公式进行计算；当连梁跨高比大于 2.5 时，应采用钢筋混凝土连梁，并按照《混凝土结构设计规范》进行设计。

当采用配筋砌块砌体连梁时，应采用相应的计算参数和指标。但需要在公式右端除以相应的抗震承载力调整系数。

（2）斜截面抗震承载力验算

1）剪力设计值的调整。

进行斜截面抗震承载力验算且抗震等级为一、二、三级时，连梁的剪力设计值 V_{b} 按下式进行计算。

$$V_{b}=\eta_{V} \frac{M_{b}^{l}+M_{b}^{r}}{l_{n}}+V_{Gb} \tag{8-26}$$

式中 V_{b}——连梁的剪力设计值；

η_{V}——剪力放大系数，一级抗震等级取 1.3，二级取 1.2，三级取 1.1；

M_{b}^{l}、M_{b}^{r}——分别为梁左、右端考虑地震作用组合的弯矩设计值；

V_{Gb}——重力荷载代表值作用下，按简支梁计算的截面剪力设计值；

l_{n}——连梁净跨。

2）连梁的截面尺寸应符合下列要求：

$$V_{b} \leqslant \frac{1}{\gamma_{RE}}\left(0.15 f_{g} b h\right) \tag{8-27}$$

3）连梁斜截面受剪承载力按下式验算：

$$V_{b} \leqslant \frac{1}{\gamma_{RE}}\left(0.56 f_{vg} b h_{0}+0.7 f_{yv} \frac{A_{sv}}{s} h_{0}\right) \tag{8-28}$$

8.5.3 配筋砌块砌体房屋抗震构造措施

配筋砌块砌体房屋除了按承载力要求进行设计外，还应满足一些构造措施，以保证结构良好的抗震性能。

（1）配筋砌块砌体抗震墙的厚度，一级抗震等级墙体不应小于层高的 1/20，二、三、四级剪力墙不应小于层高的 1/25，且不应小于 190mm。

（2）配筋砌块砌体抗震墙的水平和竖向分布钢筋应符合表 8-17 和表 8-18 的要求，墙体底部加强区的高度不应小于房屋高度的 1/6，且不小于房屋底部两层的高度。

抗震墙水平分布钢筋的配筋构造　　表 8-17

抗震等级	最小配筋率（%）		最大间距（mm）	最小直径（mm）
	一般部位	加强部位		
一级	0.13	0.15	400	ϕ8
二级	0.13	0.13	600	ϕ8
三级	0.11	0.13	600	ϕ6
四级	0.10	0.10	600	ϕ6

抗震墙竖向分布钢筋的配筋构造　　表 8-18

抗震等级	最小配筋率（%）		最大间距（mm）	最小直径（mm）
	一般部位	加强部位		
一级	0.15	0.15	400	ϕ12
二级	0.13	0.13	600	ϕ12
三级	0.11	0.13	600	ϕ12
四级	0.10	0.10	600	ϕ12

（3）受力钢筋的锚固和接头。考虑地震作用组合的配筋砌块砌体剪力墙，其配置的受力钢筋的锚固和接头，除应符合基本的规定外，墙体的水平分布钢筋（网片）应沿墙长连续设置，尚应满足下列规定：

水平分布钢筋可绕主筋弯 180 度弯钩，弯钩端部直线长度不宜小于 12d，也可垂直弯入端部灌孔混凝土中锚固，一、二级抗震时弯折段长度不应小于 250mm，三、四级抗震等级时不应小于 200mm；

采用焊接网片作为墙体水平钢筋时，应在钢筋网片的弯折端部加焊两根直径与抗剪钢筋相同的横向钢筋，弯入灌孔混凝土的长度不应小于 150mm。

（4）配筋砌块砌体抗震墙应在底部加强部位和轴压比大于 0.4 的其他部位的墙肢设置边缘构件。边缘构件的配置范围：无翼墙端部为 3 孔配筋；L 形转角节点为 3 孔配筋；T 形转角节点为 4 孔配筋；边缘构件范围内应设置水平箍筋；配筋砌块砌体抗震墙边缘构件的配筋尚应符合表 8-19 的要求。

边缘构件构造配筋　　表 8-19

抗震等级	每孔竖向钢筋最小量		箍筋或拉结筋直径和间距
	底部加强区	其他部位	
一级	1ϕ20（4ϕ16）	1ϕ18（4ϕ16）	ϕ8@200
二级	1ϕ18（4ϕ16）	1ϕ16（4ϕ14）	ϕ6@200
三级	1ϕ16（4ϕ12）	1ϕ14（4ϕ12）	ϕ6@200
四级	1ϕ14（4ϕ12）	1ϕ12（4ϕ12）	ϕ6@200

注：当抗震等级为二、三级时，边缘构件箍筋应采用 HRB400 级或 RRB400 级钢筋。

（5）配筋砌块砌体抗震墙在重力荷载代标值作用下的轴压比，应满足下列要求：

一般墙体的底部加强部位，一级（9 度）不宜大于 0.4，一级（8 度）不宜大于 0.5，二、三级不宜大于 0.6，一般部位均不宜大于 0.6。

短肢墙体全高范围，一级不宜大于 0.5，二、三级不宜大于 0.6，对于无翼缘的一字形短肢墙，其轴压比限值应相应降低 0.1。

各向墙肢截面均为3～5倍墙厚的独立小墙肢，一级不宜大于0.4，二、三级不宜大于0.5，对于无翼缘的一字形短肢墙，其轴压比限值应相应降低0.1。

（6）当连梁采用钢筋混凝土时，应符合《混凝土结构设计规范》中地震区连梁构造要求；当连梁采用配筋砌块砌体时，除应符合配筋砌块砌体连梁的一般规定外，尚应满足下列规定：

连梁上下水平钢筋锚入墙体内长度，一、二级抗震等级不应小于$1.1l_a$，三、四级抗震等级不应小于l_a，且均不应小于600mm。

连梁的箍筋应沿梁长布置，并应符合表8-20的要求。顶层连梁伸入墙体的钢筋长度范围内，应设置间距不大于200mm的构造箍筋，箍筋直径应与连梁的箍筋直径相同。

连梁箍筋的构造要求 **表8-20**

抗震等级	箍筋加密区			箍筋非加密区	
	长度	箍筋最大间距（mm）	直径	间距（mm）	直径
一级	$2h$	100mm，$6d$，$1/4h$中的小值	$\phi10$	200	$\phi10$
二级	$1.5h$	100mm，$8d$，$1/4h$中的小值	$\phi8$	200	$\phi8$
三级	$1.5h$	150mm，$8d$，$1/4h$中的小值	$\phi8$	200	$\phi8$
四级	$1.5h$	150mm，$8d$，$1/4h$中的小值	$\phi8$	200	$\phi8$

注：h为连梁截面高度，加密区长度不小于600mm。

连梁不宜开洞，当必须开洞时，应在跨中梁高1/3处埋设外径不大于200mm的钢套管，且洞口上下的有效高度不应小于1/3梁高，且不小于200mm。洞口处应配补强钢筋并在洞周边浇筑灌孔混凝土，被洞口削弱的截面应进行受剪承载力验算。

（7）配筋砌块砌体房屋的楼、屋盖宜采用现浇钢筋混凝土结构，且在楼、屋盖处，应按下列规定设置钢筋混凝土圈梁：

圈梁混凝土抗压强度不应小于相应灌孔砌块砌体的强度，且不应低于C20；

圈梁的宽度宜为墙厚，高度不宜小于200mm；

纵向钢筋直径不应小于墙中分布钢筋的直径，且不应小于$4\phi12$；箍筋直径不应小于$\phi8$，间距不应大于200mm。当圈梁高度大于300mm时，应沿梁截面高度方向设置腰筋，其间距不应大于200mm，直径不应小于$\phi10$；

圈梁底部嵌入墙顶砌块孔洞内，深度不宜小于30mm；圈梁顶部应是毛面。

思 考 题

［8-1］ 砌体结构房屋主要有哪些震害？哪些方面应通过计算或验算解决？哪些方面应通过构造措施解决？

［8-2］ 抗震设防区对砌体结构房屋的高度、层数、高宽比等有哪些要求和限制？为什么？

［8-3］ 简述圈梁和构造柱对砌体结构房屋的抗震作用？

［8-4］ 砌体房屋楼层地震剪力在各墙体间的分配原则是什么？

［8-5］ 砌体房屋加强构件或结构连接的措施主要有哪些？

［8-6］ 底部框架—抗震墙砌体房屋底部的地震作用效应为什么要进行放大？

参 考 文 献

[1] 苏小卒．砌体结构设计．上海：同济大学出版社，2002.
[2] 施楚贤．砌体结构理论与设计．北京：中国建筑工业出版社．2008.
[3] 朱伯龙．砌体结构设计原理．上海：同济大学出版社，1991.
[4] 张建勋．砌体结构．武汉：武汉理工大学出版社．2009.
[5] 刘立新．砌体结构．武汉：武汉工业大学出版社．2001.
[6] 杨伟军，司马玉洲．砌体结构．北京：高等教育出版社．2004.
[7] 砌体结构设计规范 GB 50003—2001．北京：中国建筑工业出版社，2002.
[8] 胡乃君．砌体结构(第二版)．北京：高等教育出版社，2008.
[9] 东南大学，郑州工学院．砌体结构(第二版)．北京：中国建筑工业出版社，1995.
[10] 张洪学．砌体结构设计．哈尔滨：哈尔滨工业大学出版社，2008.
[11] 卫军．砌体结构．广州：华南理工大学出版社．2004.
[12] 砌体结构设计规范 GB 50003—2011．北京：中国建筑工业出版社.
[13] 建筑抗震设计规范 GB 50011—2010．北京：中国建筑工业出版社.
[14] 砌体工程施工质量验收规范 GB 50203—2002．北京：中国建筑工业出版社.
[15] 建筑结构可靠度设计统一标准 GB 50068—2002．北京：中国建筑工业出版社.
[16] 唐岱新，龚绍熙，周炳章．砌体结构设计规范理解与应用．北京：中国建筑工业出版社，2002.
[17] 李翔，龚绍熙．多跨框支墙梁的有限元分析及承载力计算//现代砌体结构—2000 年全国砌体结构学术会议论文集．北京：中国建筑工业出版社，2000.
[18] 龚绍熙，李翔．框支墙梁的低周反复荷载试验、有限元分析及抗震计算//现代砌体结构—2000 年全国砌体结构学术会议论文集．北京：中国建筑工业出版社，2000.
[19] 东南大学，郑州工学院．砌体结构．北京：中国建筑工业出版社，1990.
[20] 东南大学，同济大学，天津大学．混凝土结构(中册)：混凝土结构与砌体结构设计(第四版)．北京：中国建筑工业出版社，2008.
[21] 杨晓光，张颂娟．混凝土结构与砌体结构．北京：清华大学出版社，2006.